普通高等学校"十四五"规划机械类专业精品教材

互换性与技术测量

（第二版）

主　编　任桂华　周　丽

副主编　黄丽容　陈银清　王晓晶

参　编　陈　君　程玉兰　张玲莉　王莉静

主　审　胡凤兰　杨练根

华中科技大学出版社

中国·武汉

内 容 简 介

本书为普通高等学校机械类和近机械类专业技术基础课教材。全书共分为9章，包括绪论、极限与配合、技术测量基础、几何公差、表面粗糙度、光滑极限量规、常用结合件的互换性、圆柱齿轮的互换性及尺寸链等内容。各章均附有习题。

本书系统而精炼地阐述了互换性与技术测量的基本知识。对于互换性部分，介绍了极限与配合、几何公差等相关的最新国家标准及其在机械设计中的应用；对于技术测量部分，主要介绍了检测的基本知识。

本书可供高等院校机械类和近机械类各专业“互换性与技术测量”课程教学之用，也可供机械制造工程技术人员参考。

图书在版编目(CIP)数据

互换性与技术测量/任桂华，周丽主编. —2版. —武汉：华中科技大学出版社，2022.2 (2025.1重印)
ISBN 978-7-5680-7791-0

Ⅰ. ①互… Ⅱ. ①任… ②周… Ⅲ. ①零部件-互换性-高等学校-教材 ②零部件-技术测量-高等学校-教材 Ⅳ. ①TG801

中国版本图书馆CIP数据核字(2022)第019541号

互换性与技术测量(第二版) 任桂华 周 丽 主编
Huhuanxing yu Jishu Celiang(Di-er Ban)

策划编辑：万亚军
责任编辑：姚同梅
封面设计：原色设计
责任监印：周治超
出版发行：华中科技大学出版社(中国·武汉) 电话：(027)81321913
武汉市东湖新技术开发区华工科技园 邮编：430223
录 排：华中科技大学惠友文印中心
印 刷：武汉开心印印刷有限公司
开 本：787mm×1092mm 1/16
印 张：11.75
字 数：303千字
版 次：2025年1月第2版第3次印刷
定 价：36.00元

再版前言

“互换性与技术测量”是与制造业发展紧密联系的一门综合性应用技术基础学科，是高等院校机械类、仪器仪表类和机电结合类各专业必修的重要技术基础课程，是联系设计系列课程和工艺系列课程的纽带，也是架设在基础课、实践教学课和专业课之间的桥梁。其将标准化和工程计量学有关内容有机结合在一起进行介绍，并与机械设计、机械制造、质量控制等多方面技术密切相关。这些都是机械工程技术人员和管理人员必须掌握的基本知识。

本书是参考高等工业院校“互换性与测量技术基础”课程教学指导小组审定的高等工业院校“互换性与测量技术基础”课程教学基本要求而编写的。根据教学改革及学科发展的需要，考虑到高等院校“互换性与技术测量”课程的基本要求和多数学校本门课程教学学时都较少(一般为30～50学时)，在保证教材的全面性、系统性的前提下，本书取材力求少而精，突出重点，以便通过教学使学生掌握本课程的最基本的内容，为后续课程的学习及以后从事机电产品的设计、制造、维修和管理工作打下一定的基础。在编写过程中我们参考了多种版本的同类教材，并尽量采用最新国家标准，重点介绍基本概念和标准的应用，力求语言简练、条理清楚。

互换性与技术测量学科以计量数学为基础，把标准与计量用不确定度的传递关系联系起来，将产品的尺寸公差、几何公差、表面粗糙度、测量原理和仪器标准、功能、规范与论证集成于一体，实现了对产品的数字化控制(从定义、描述、规范到实际检验评定)。本书对这方面内容进行了简要叙述。另外，本书还融入了编者多年来的教学实践经验。

本书由任桂华、周丽任主编，黄丽容、陈银清和王晓晶任副主编，具体分工为：天津城建大学张玲莉负责第1章、第5章；湖北理工学院任桂华负责第2章；天津城建大学王莉静负责第3章；湖南工程学院周丽负责第4章；广东石油化工学院陈银清负责第6章；江西理工大学黄丽容负责第7章；湖南工程学院程玉兰、湖北理工学院陈君负责第8章；安阳工学院王晓晶负责第9章。全书由任桂华统稿，湖南工程学院胡凤兰教授、湖北工业大学杨练根教授任主审。

在本书编写和出版过程中，我们得到了各参编院校机械院系领导和任课教师的大力支持，并得到了众多专家、学者及同行的热诚指导和帮助。特别是湖南工程学院胡凤兰教授、湖北工业大学杨练根教授对本书的编写给予了精心指导，并对书稿进行了细致的审阅，提出了许多建设性的意见。在此，编者一并表示衷心的感谢。此外，本书在编写中还引用了部分标准和技术文献资料，在此谨致谢意。

由于编者水平有限，书中不足在所难免，敬请广大读者批评指正。

编　者

2021年8月

目　录

第1章 绪 论

机械设计通常可分为机械的系统设计、机械的参数设计和机械的精度设计三个阶段。

机械的系统设计是确定机械的基本工作原理和总体布局的设计，以保证总体方案的合理性和先进性。机械的参数设计是确定机械各零件几何要素的标称值(公称值)的设计。机械的精度设计是根据机械的功能要求，正确地对机械零件的尺寸精度、几何精度以及表面精度要求进行设计，并将它们正确地标注在零件图和装配图上的过程。本课程主要研究机械的精度设计。

1.1 互换性概述

1.1.1 互换性的定义

互换性的概念在日常生活中到处都能遇到。例如：机械或仪器上掉落一个螺钉，换上一个相同规格的新螺钉就能继续使用；灯泡坏了，买一个相同规格的新灯泡安上就能发光照明；汽车、拖拉机、自行车、电视、计算机、手表中某个机件磨损了，换上一个新的便能继续使用。更换零件之所以这样方便，是因为这些合格的产品和零部件具有在尺寸、功能上能够彼此相互替换的性能，即它们都具有互换性。

互换性的定义：在同一规格的零部件中任取一件，不需经过任何选择、修配或调整，就能装配成满足预定使用功能要求的机器或仪器，零部件所具有的这种性能就称为互换性。

显然，具备互换性的零部件在装配(或维修、更换)过程中应该同时满足以下条件：装配前不需选择，装配时不需修配和调整，装配后可以实现预定的功能。

互换性原则是重要的生产原则，在日用工业品、机床、汽车、电子产品、军工产品等的生产部门得到了广泛的应用。

1.1.2 互换性的种类

在不同的场合，零部件互换的形式和程度有所不同。互换性可分为完全互换性和不完全互换性。

完全互换性简称互换性，具有完全互换性的零件在装配或更换时不需选择、辅助加工或修配。例如，要求将一批孔和轴装配后的间隙控制在某一范围内，按此要求设计规定了孔和轴的尺寸允许变动范围。孔和轴加工后只要符合设计的规定，它们就具有完全互换性。

不完全互换性也称有限互换性，具有不完全互换性的零件在装配时允许有附加的选择或调整。不完全互换性可以用分组装配法、调整法或其他方法来实现。

当装配精度要求较高时，若采用完全互换性原则，会使零件制造公差过小、加工困难、成本增高，甚至无法加工。这时可采用分组装配法，以满足装配要求。分组装配法就是将零件的制造公差适当放大，使之便于加工，而在零件加工完后、装配前用测量仪器将零件按实际尺寸的大小分为若干组,使每组零件间实际尺寸的差别减小,装配时按相应组进行(即大孔与大轴配合,小孔与小轴配合)装配。这样既能保证装配精度和使用要求,又能降低加工难度和加工成本。此时,仅组内零件可以互换,组与组之间不可以互换。

调整法是在机械装配或使用过程中,对某一特定零件按所需要的尺寸进行调整,以达到装配精度的要求。

一般说来:对于厂际协作,应遵循完全互换性原则;对于厂内生产的零部件的装配,可遵循不完全互换性原则。

1.1.3 互换性的作用

在现代化机械制造业中,应用互换性原则已成为提高生产水平和促进技术进步的强有力手段之一。互换性的作用表现在如下几个方面。

(1) 在设计方面,零部件(如螺钉、销钉、滚动轴承等)具有互换性,就可以最大限度地采用标准件、通用件和标准部件,大大简化绘图和计算等工作,缩短设计周期,这对发展系列产品和促进产品结构、性能的不断改善有很大的帮助。

(2) 在制造方面,互换性有利于组织专业化的生产,有利于采用先进工艺和高效率的专用设备,如采用计算机辅助制造(CAM)方法,有利于实现加工过程和装配过程的机械化、自动化,从而使产品的数量和质量明显提高,使成本显著降低。

(3) 在使用和维修方面,零部件具有互换性,可以及时更换那些已经磨损或损坏的零部件,因此可以减少机器的维修时间和费用,保证机器工作的连续性和持久性,延长机器的使用寿命,提高机器的使用价值。在某些情况下,互换性所起的作用是难以衡量的,特别是在工业、军事方面,保证零部件具有互换性是极为重要的。

综上所述,互换性在提高产品质量和可靠性、提高经济效益等方面均具有重大的意义。互换性原则已成为现代机器制造工业中一个普遍遵守的原则。但是,互换性原则并不是在任何情况下都适用的。有时,只有采用单个配制才符合经济原则,这时零件虽不能互换,但也存在公差与检测的要求。

1.1.4 互换性生产的实现

任何机械都是由若干个最基本的零件构成的。零件在加工过程中,由于受种种因素的影响,其尺寸、圆度、垂直度、平行度、表面粗糙度等几何量难以达到理想值,总是存在或大或小的偏差。但从零件的功能上看,零件几何量可不必绝对准确,只要求其在某一规定范围内变动,保证同一规格零件彼此充分近似。这个允许变动的范围称为公差。只要将零件加工后各几何量所产生的误差控制在公差范围内,就可以保证零件的使用功能,实现互换性。因此,建立各种几何量的公差标准是实现对零件误差的控制和保证互换性的基础。

完工后的零件是否满足公差要求,要通过检测加以判断。检测是检验和测量的统称。检验是指确定零件的几何量是否在规定的极限范围内,并判断其是否合格;测量是将被测量与作为计量单位的标准量进行比较,以确定被测量的具体数据的过程。检测不仅用来评定产品质量,而且用于分析产生不良品的原因,及时调整生产,监督工艺过程,预防不良品产生,从而保证零件互换性生产的实现。

现代工业生产具有规模大、分工细、协作单位多、互换性要求高等特点。为保证生产中各部门的协调和各生产环节的衔接,必须有一种手段,使分散的、局部的生产部门和生产环节保持必要统一,成为一个有机的整体,以实现互换性生产。标准化正是维持这种关系的主要途径和手段,是互换性生产的基础。因此,采用标准化手段合理地确定零件几何量公差与正确地进行检测是保证产品质量、实现互换性生产的必不可少的条件和手段。

1.2 标准化概述

1.2.1 标准化及其作用

标准化是在经济、技术、科学及管理等社会实践中,通过制定、发布、实施标准,使重复性事物和概念达到统一状态,以获得最佳秩序和社会效益的过程。这个过程从探索标准化对象开始,然后是调查、实验和分析,接下来是起草、制定和贯彻标准,最后是修订标准。因此,标准化不是一个孤立的概念,而是一个不断循环而又不断提高的过程。标准化的重要意义在于改进产品、过程和服务的适用性,防止贸易壁垒,并促进技术合作。

标准化在经济发展的历程中发挥着重要的作用。实践证明,标准化是国民经济和社会发展的技术基础,是科技成果转化为生产力的桥梁,是组织现代化、节约化生产的重要条件,是实现专业化协作生产的必要前提,是科学管理的重要组成部分。标准化同时也是推动技术进步、产业升级,提高产品质量、工程质量和服务质量,加速我国实现现代化,推进工业化建设,从而向信息化社会迈进的重要技术基础。

标准按照其管辖范围可以分为国际标准和国家标准两大类。国际标准是指在国际范围内由众多国家、团体共同参与制定的标准。目前,世界上约有300个国际和区域性组织制定标准或技术规则,其中国际标准化组织(ISO)、国际电工委员会(IEC)、国际电信联盟(ITU)制定的标准为国际标准。此外,被ISO认可、收入国际标准内关键词索引中的其他25个国际组织制定的标准,也被视为国际标准。加入WTO后,我国为加强与国际先进工业国家的技术交流及促进国际贸易发展,更应加快采用国际标准的步伐。

我国自发布第一个国家标准《工程制图》以来,基本形成了以国家标准为主体,行业标准、地方标准和企业标准相互协调配套的标准体系。针对需要在全国范围内统一的技术要求,应当制定国家标准。国家标准由国务院标准化行政主管部门制定。针对没有国家标准规定而又需要在全国某个行业范围内统一的技术要求,可以制定行业标准。行业标准由国务院有关行政主管部门制定,并报国务院标准化行政主管部门备案,若有相应的国家标准公布,该项行业标准即行废止。针对没有国家标准和行业标准规定而需要在省、自治区、直辖市范围内统一的工业产品的安全、卫生要求,可以制定地方标准。地方标准由省、自治区、直辖市标准化行政主管部门制定,并报国务院标准化行政主管部门和国务院有关行政主管部门备案,若有相应的国家标准或行业标准公布,该项地方标准即行废止。对于企业生产的产品,如果没有国家标准、行业标准和地方标准对其技术要求做出规定,企业应当制订相应的标准,作为组织生产的依据。企业的产品标准须报当地政府标准化行政主管部门和有关行政主管部门备案。如果已有国家标准、行业标准和地方标准,企业也可以制定严于国家标准、行业标准、地方标准要求的企业标准。

另外,对于技术尚在发展中,需要有相应的标准文件引导其发展或具有标准化价值,尚不能制定相应标准的项目,以及采用国际标准化组织、国际电工委员会及其他国际组织的技术报告的项目,可以制定国家标准化指导性技术文件。

由前述可知,我国标准分为国家标准、行业标准、地方标准、企业标准。按我国《标准化法》的规定:国家标准分为强制性标准和推荐性标准。保障人体健康,人身、财产安全的标准和法律、行政法规规定为强制执行的标准是强制性标准,其他标准是推荐标准。

中国国家标准及标准化指导性技术文件的代号见表 1-1。

表 1-1 中国国家标准及标准化指导性技术文件的代号

代 号	含 义
GB	中华人民共和国强制性国家标准
GB/T	中华人民共和国推荐性标准
GB/Z	中华人民共和国国家标准化指导性技术文件

1.2.2 优先数系和优先数

1. 优先数系

在生产中,为了满足用户各种各样的要求,常常对同一品种的同一参数从大到小取不同的值,从而形成不同规格的产品系列。优先数系就是对各种技术参数的数值进行协调、简化和统一而形成的科学的标准数值系列。为了保证互换性,必须合理确定零件公差,公差数值标准化的理论基础,即为优先数系和优先数。

人们在设计机械产品和制定标准过程中,常常和很多数值打交道。当选定一个数值作为某种产品的参数指标时,这个数值就会按照一定的规律,向一切有关的制品和材料中有关指标传播。例如,需要设计减速器箱体上的螺孔,当螺孔的直径(螺纹尺寸)确定时,与之相配合的螺钉尺寸、加工用的丝锥尺寸、检验用的螺纹塞规尺寸,甚至螺孔用丝锥尺寸、攻螺纹之前的钻孔和所用钻头尺寸、与螺母相配合的垫圈尺寸、端盖上通孔的尺寸也随之而定。由于参数的不断关联、不断传播,常常出现牵一发而动全身的现象,这就牵涉许多部门和领域。这种技术参数的传播性,在生产实际中极为普遍,并且跨越了行业和部门的界限。工程技术上的参数数值,即使只有很小的差别,经过反复传播后,也会造成尺寸规格繁多杂乱,给组织生产、协作配套、使用维修带来很大困难。因此,对各种技术参数必须从全局出发加以协调。

国家标准《优先数和优先数系》(GB/T 321—2005)规定十进等比数列为优先数系,并规定了五个系列。它们分别用系列符号 R5、R10、R20、R40 和 R80 表示,称为 Rr 系列,公比 $q_r=\sqrt[r]{10}$。五个系列中,R80 为补充系列,仅用于分级很细的特殊场合,其余四种为基本系列。各系列的公比 q_r 如下。

R5:公比 $q_5=\sqrt[5]{10}\approx1.6$　　R10:公比 $q_{10}=\sqrt[10]{10}\approx1.25$

R20:公比 $q_{20}=\sqrt[20]{10}\approx1.12$　　R40:公比 $q_{40}=\sqrt[40]{10}\approx1.06$

R80:公比 $q_{80}=\sqrt[80]{10}\approx1.03$

在五个系列中,R5 中的项值包含在 R10 中,R10 中的项值包含在 R20 中,R20 中的项值包含在 R40 中,R40 中的项值包含在 R80 中。优先数系中的基本系列(常用值)见表 1-2。

表 1-2　优先数系中的基本系列(常用值)(摘自 GB/T 321—2005)

基本系列(常用值)				基本系列(常用值)			
R5	R10	R20	R40	R5	R10	R20	R40
1.00	1.00	1.00	1.00		3.15	3.15	3.15
		—	1.06			—	3.35
		1.12	1.12			3.55	3.55
		—	1.18			—	3.75
				4.00	4.00	4.00	4.00
	1.25	1.25	1.25			—	4.25
		—	1.32			4.50	4.50
		1.40	1.40			—	4.75
		—	1.50				
					5.00	5.00	5.00
1.60	1.60	1.60	1.60			—	5.30
		—	1.70			5.60	5.60
		1.80	1.80			—	6.00
		—	1.90				
				6.30	6.30	6.30	6.30
	2.00	2.00	2.00				6.70
		—	2.12			7.10	7.10
		2.24	2.24			—	7.50
		—	2.36				
					8.00	8.00	8.00
2.50	2.50	2.50	2.50			—	8.50
		—	2.65			9.00	9.00
		2.80	2.80			—	9.50
		—	3.00	10.00	10.00	10.00	10.00

实际使用时,应按 R5、R10、R20、R40 的顺序优先选用。当基本系列不能满足要求时,才采用补充系列 R80。

2. 优先数

五个优先数系中任一个项值均称为优先数,其理论值为 $(\sqrt[r]{10})^N$,式中 N 为任意整数。按照公比计算得到的优先数的理论值,除 10 的整数幂外,都是无理数,在工程技术上不能直接应用。而实际应用的数值都是经过化整后的近似值,根据取值的精确程度,数值可以分为以下几种。

(1) 计算值。优先数的计算值是对理论值取五位有效数字的近似值,供精确计算用。

(2) 常用值。优先数的常用值即符合 R5、R10、R20、R40 和 R80 系列的圆整值,见表 1-2。

(3) 优先数的化整值。化整值是对基本系列中的常用值做进一步圆整后所得的值,一般取两位有效数字,供特殊情况使用。例如,R20 系列中常用值 1.12 的化整值为 1.1,常用值 6.30的化整值为 6.0 等。

为了使优先数系有更强的适应性,在基本系列的基础上,还可以获得派生系列。即从 Rr 系列中,每 p 项选取一个优先数,组成新的系列——派生系列,以符号 Rr/p 表示,公比 $q_{r/p} = q_r^p = (\sqrt[r]{10})^p = 10^{p/r}$。

例如,经常使用的派生系列 R5/2 就是从基本系列 R5 中,自 1 开始每两项取一个优先数组成的,即

$$1.00, 2.50, 6.30, 16.0, 40.0, 100, \cdots$$

再如,首项为 1 的派生系列 R10/3 就是从基本系列 R10 中,自 1 开始每三项取一个优先数组成的,即

$$1.00, 2.00, 4.00, 8.00, 16.0, 32.0, \cdots$$

3. 优先数系的应用

优先数系有很广泛的应用,它适用于各种尺寸、参数的系列化和质量指标的分级,对保证各种工业产品品种、规格的合理简化分档和协调配套具有重大的意义。

(1) 在确定产品的参数或参数系列时,如果没有特殊原因而必须选用其他数值,只要能满足技术和经济上的要求,就应当尽量选用优先数。应遵守先疏后密的规则,按照 R5、R10、R20 和 R40 的顺序,优先选用公比较大的基本系列;当一个产品的所有特性参数不可能都采用优先数时,也应使一个或几个主要参数采用优先数;即使是单个参数值,也应该按上述顺序选用优先数。这样做既可使得在产品发展时,插入中间值后仍保持原有规律或逐步发展成为有规律的系列,又便于与其他相关产品协调配套。

(2) 当基本系列的公比不能满足分级要求时,可选用派生系列。选用时应优先采用公比较大和延伸项中含 1 的派生系列。

(3) 按优先数常用值分级的参数系列,公比是不均等的。在特殊情况下,为了获得公比精确相等的系列,可采用计算值。

(4) 若无特殊原因,应尽量避免使用化整值。因为化整值带有任意性,不易协调统一。若系列中含有化整值,就会使其以后向较小公比系列的转换变得较为困难,化整值系列公比的均匀性差,化整值的相对误差经乘、除运算后往往进一步增大。

1.3 产品几何技术规范

1.3.1 GPS 的含义

产品几何技术规范(geometrical product specification,GPS)是面向产品开发全过程而构建的控制产品几何特性的一套完整标准,全面覆盖了从宏观到微观的产品几何特征的描述,全面规范了产品(工件)的尺寸、形状和位置及表面特征的控制要求和检测方法,贯穿于一切几何产品的研究、开发、设计、制造、检验、销售、使用和维修等整个过程。

1.3.2 GPS 的作用

GPS 是国际标准中影响最广的重要基础标准之一,不仅是产品信息传递与交换的基础标准,也是产品市场流通领域中合格评定的依据,是工程领域必须依据的技术规范。在国际标准

中,GPS标准体系与质量管理(ISO9000)、产品模型数据交换(STEP)等重要标准体系有着密切的联系,是制造业信息化、质量管理、工业自动化系统与集成等工作的基础。随着新世纪知识的快速扩张和经济全球化,GPS标准体系的重要作用日益为国际社会所认同,其水平不但影响一个国家的经济发展,而且对一个国家的科学技术和制造业水平有决定性的作用。其具体作用主要表现在以下方面。

(1) GPS为企业的产品开发提供了一套全新的工具,为产品的数字化设计和制造提供了基础支撑。

(2) GPS能实现产品的精确几何定义及规范的精度过程定义,有助于我们更加合理、经济和有效地利用设计、制造和检测的资源,显著降低产品的开发成本。

(3) GPS标准不仅是产品开发的重要依据,而且成为规范相关计量器具研制、软件开发的重要准则。

(4) GPS为国际通用的技术语言,它的应用有利于促进国际技术交流和合作,有利于消除贸易中的技术壁垒,大大减少沟通的困难和问题。

(5) GPS标准的实施可显著提高产品的质量,提高企业的市场竞争力。

1.4　本课程的研究对象及任务

本课程是高等学校机械类、仪器仪表类和机电结合类各专业必修的主干技术基础课程,是整个教学过程中联系设计课程与工艺课程的纽带,是从基础课学习过渡到专业课学习的桥梁。本课程由几何量公差与几何量检测两部分组成。前一部分的内容主要通过课堂教学和课外作业来完成,后一部分的内容主要通过实验课来完成。本课程把标准化和计量学两个领域的有关部分有机地结合在一起,与机械设计、机械制造、质量控制等多方面密切相关,是机械工程技术人员和管理人员必备的基本知识技能。

任何一台机器的设计,除了运动分析、结构设计、强度计算和刚度计算以外,还包括精度设计。机器的精度直接影响到机器的工作性能、振动、噪声、寿命和可靠性等。本课程的研究对象就是几何参数的互换性,即在研究机器精度的同时,要处理好机器使用要求与制造工艺的矛盾,解决的方法是规定合理的公差,并用检测手段保证精度设计的实施。学习本课程可以使学生熟悉机器零件的精度设计,合理确定几何量公差,以保证满足使用要求。

学生在学习本课程时,应具有一定的理论知识和生产实践知识,即能够读图,懂得图样标注方法,了解机械加工的一般知识和熟悉常用机构的原理。学生在学完本课程后应达到下列要求。

(1) 建立互换性的基本概念,掌握标准化和互换性的基本概念及有关的基本术语和定义;掌握各有关公差标准的基本内容、特点和应用原则;初步学会根据机器和零件的功能要求,选用几何量公差与配合;能够查用本课程介绍的公差表格,并正确标注图样。

(2) 建立技术测量的基本概念,熟悉各种典型几何量的检测方法和初步学会使用常用的计量器具。通过实验,初步掌握测量操作技能,并分析测量误差与处理测量结果。

总之,本课程的任务是使学生获得互换性与技术测量的基本理论、基本知识和基本技能,了解互换性和技术测量学科的现状和发展。而后续课程的教学和毕业后实际工作的锻炼,则可使学生进一步加深理解和逐步熟练掌握本课程的内容。

习　题

1-1　什么是互换性？为什么说互换性已成为现代化机械制造业中一个普遍遵守的原则？互换性是否只适用于大批生产？

1-2　生产中常用的互换性有哪几种？它们有何区别？

1-3　什么是公差、标准和标准化？它们与互换性有何关系？

1-4　什么是优先数系？优先数系的基本系列有哪些？公比分别为多少？

第2章　极限与配合

2.1　概　述

孔与轴的配合是机械产品中应用最为广泛的一种结合，极限与配合标准是机械工程中应用广泛、涉及面大的重要基础标准。

为使零件在几何尺寸方面具有互换性，就要进行几何尺寸允许范围的设计，也就是根据机器的使用性能的要求，考虑制造成本及工艺性等进行尺寸精度的设计。极限用于协调机器零件使用要求与制造要求之间的矛盾，配合反映组成机器零件间的关系。极限与配合的标准化，有利于机器的设计、制造、使用、维修，直接影响产品的精度、性能和使用寿命，是评定产品质量的重要技术指标。因此，在精度设计过程中，必须按照极限与配合相关标准的规定确定精度方面的参数。

产品几何技术规范对孔与轴的线性尺寸的公差、偏差和配合做出了规定，这方面标准不仅是机械工业各部门进行产品设计、工艺设计和制定其他标准的基础，也是广泛、高效地组织协作和专业化生产的重要依据。《产品几何技术规范(GPS)　线性尺寸公差ISO代号体系》标准几乎涉及国民经济的各个部门，在机械工业中具有重要的作用，是国际上公认的特别重要的基础标准之一。

我国1959年参照苏联标准制定和颁布了公差与配合相关国家标准(GB 159～174—59)。由于科学技术的飞速发展，产品的精度不断提高，国际技术交流日益扩大，自1979年开始，我国又参照国际标准并结合实际生产情况颁布了一系列的公差与配合国家标准，并于1994年开始陆续对这些标准进行了修订，2020年又对部分标准进行了进一步修订。

现行的极限与配合标准主要有：

《产品几何技术规范(GPS)　线性尺寸公差ISO代号体系　第1部分：公差、偏差和配合的基础》(GB/T 1800.1—2020)；

《产品几何技术规范(GPS)　线性尺寸公差ISO代号体系　第2部分：标准公差带代号和孔、轴的极限偏差表》(GB/T 1800.2—2020)；

《公差与配合 尺寸至18 mm孔、轴公差带》(GB/T 1803—2003)；

《一般公差 未注公差的线性和角度尺寸的公差》(GB/T 1804—2000)；

《产品几何量技术规范(GPS)　几何要素　第1部分：基本术语和定义》(GB/T 18780.1—2002)；

《产品几何量技术规范(GPS)　几何要素　第2部分：圆柱面和圆锥面的提取中心线、平行平面的提取中心面、提取要素的局部尺寸》(GB/T 18780.2—2003)。

这些标准是尺寸精度设计的重要依据。

2.2 基本术语和定义

2.2.1 要素的基本术语和定义

1. 几何要素

构成零件几何特征的点、线、面称为几何要素(geometrical feature),简称要素。

1) 组成要素

组成要素(integral feature)指面或面上的线,属于工件的实际表面或表面模型的几何要素。

2) 导出要素

由一个或几个组成要素得到的中心点、中心线或中心面称为导出要素(derived feature)。

例如,球的中心是从球面中得到的导出要素,球面本身是一个组成要素。圆柱的中心线是从圆柱面得到的导出要素,圆柱面是一个组成要素。

2. 尺寸要素

由一定大小的线性尺寸或角度尺寸确定的几何形状称为尺寸要素(feature of size)。

线性尺寸要素指具有线性尺寸的尺寸要素,即有一个或多个本质特征的几何要素,其中只有一个可以作为变量参数,其他的参数是"单参数族"的一员,且这些参数遵守单调抑制性。线性尺寸要素可以是一个球体、一个圆、两条直线、两平行相对面、一个圆柱体、一个圆环,等等。

角度尺寸要素属于回转恒定类别的几何要素,其母线名义上倾斜于一个不等于0°和90°的角度;或属于棱柱面恒定类别,两个方位要素之间的角度由具有相同形状的两个表面组成。一个圆锥和一个楔块是角度尺寸要素。

本书主要介绍的是线性尺寸要素。

3. 公称要素

由设计者在产品技术文件中定义的理想要素称为公称要素(nominal feature)。例如,在图样中,按照特定的数学公式定义的一个理想圆柱是一个公称要素。

4. 公称组成要素

公称组成要素(nominal integral feature)指由设计者在产品技术文件中定义的理想要素(见图2-1(a))。

5. 公称导出要素

公称导出要素(nominal derived feature)是由一个或几个公称组成要素导出的中心点、轴线或中心平面(见图2-1(a))。例如,公称圆柱的轴线是一个公称导出要素。

6. 实际(组成)要素

由接近实际(组成)要素(real (integral) feature)所限定的工件实际表面的组成要素部分称为实际(组成)要素(见图2-1(b))。

7. 提取要素

由有限个点组成的几何要素称为提取要素(extracted feature)。

8. 提取组成要素

提取组成要素(extracted integral feature)指按规定方法,由实际(组成)要素提取有限数目的点所形成的实际(组成)要素的近似替代(见图2-1(c))。

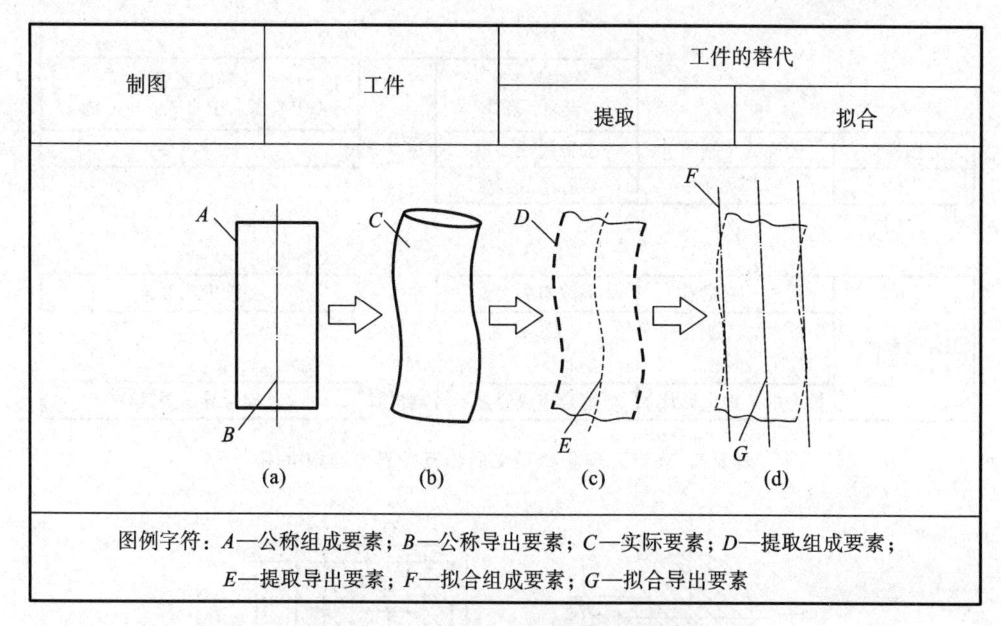

图 2-1　几何要素定义之间的相互关系

9. 提取导出要素

提取导出要素(extracted derived feature)是由一个或几个提取组成要素得到的中心点、中心线或中心面(见图 2-1(c))。为方便起见，提取圆柱面的导出中心线称为提取中心线；两相对提取平面的导出中心面称为提取中心面。

10. 拟合要素

通过拟合操作，由非理想表面模型或由实际要素建立的理想要素称为拟合要素(associated feature)。一个拟合要素可以由提取的、滤波的导出要素或实际的、提取的、滤波的组成要素建立。

11. 拟合组成要素

按规定方法，由提取组成要素形成的具有理想形状的组成要素称为拟合组成要素(associated integral feature，见图 2-1(d))。

12. 拟合导出要素

拟合导出要素(associated derived feature)是由一个或几个拟合组成要素导出的中心点、轴线或中心平面(见图 2-1(d))。

表示几何要素定义间相互关系的结构框图如图 2-2 所示，其图解如图 2-1 所示。

2.2.2　孔和轴

1. 孔

孔(hole)指工件的内尺寸要素，包括非圆柱形的内尺寸要素。

2. 轴

轴(shaft)指工件的外尺寸要素，包括非圆柱形的外尺寸要素。

图 2-3 中，由尺寸 D_1、D_2、D_3、D_4 所确定的部分都为孔，由尺寸 d_1、d_2、d_3、d_4 所确定的部分都为轴。

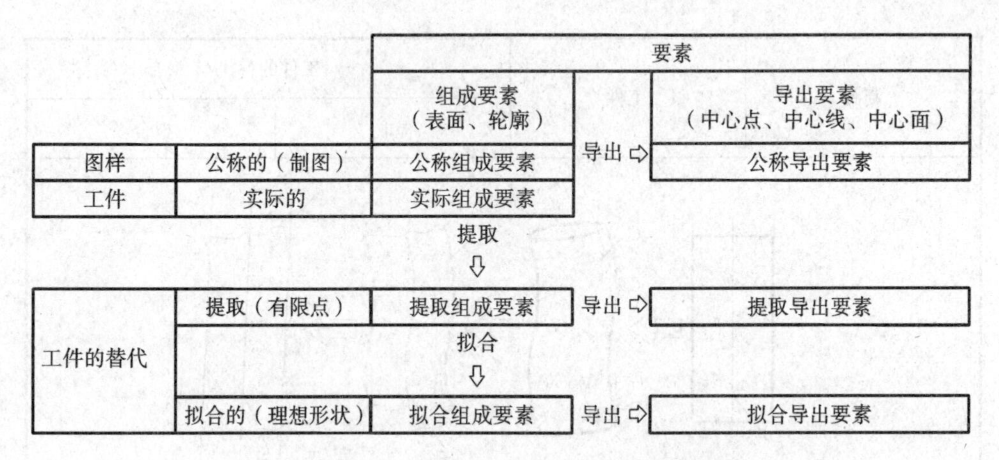

图 2-2　表示几何要素定义间相互关系的结构框图

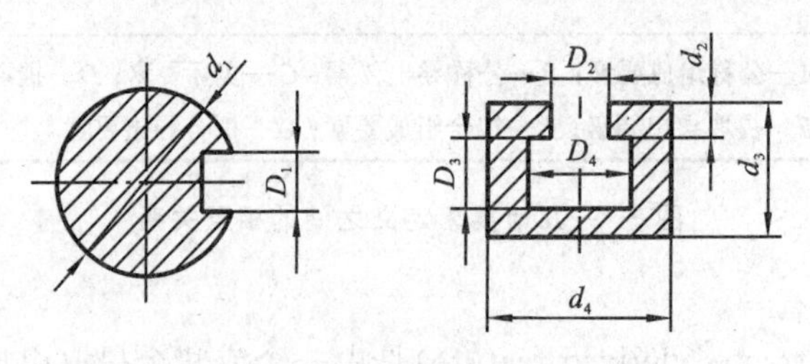

图 2-3　孔、轴示意图

2.2.3　尺寸相关术语和定义

1. 尺寸

尺寸(size)是以特定单位表示长度值的数字,如直径、宽度、高度、中心距等。

2. 公称尺寸

公称尺寸(nominal size)是指由图样规范定义的理想形状要素的尺寸(旧标准中称为基本尺寸)。

公称尺寸是在机械设计过程中,根据强度、刚度、运动等条件,结合工艺需要、结构合理性等,通过计算确定或直接选用的。公称尺寸可以是一个整数或一个小数值,一般应符合公称尺寸系列标准的规定,以减少定值刀具、量具、夹具等的规格数量。

孔的公称尺寸常用 D 表示,轴的公称尺寸常用 d 表示。

3. 实际尺寸

拟合组成要素的尺寸称为实际尺寸(actual size)。实际尺寸通过测量得到。

4. 提取组成要素的局部尺寸

提取组成要素的局部尺寸(local size of an extracted integral feature)是一切提取组成要素上两对应点之间距离的统称,简称提取要素的局部尺寸。例如:提取圆柱面的局部直径,要求两对应点之间的连线通过拟合圆圆心、横截面垂直于提取表面得到的拟合圆柱面的轴线;两平行提取表面的局部尺寸,要求所有对应点的连线均垂直于拟合中心平面,拟合中心平面是由两平行提取表面得到的两拟合平行平面的中心平面(两拟合平行平面之间的距离可能与公称距离不同)。

孔、轴的提取要素的局部尺寸分别用 D_a、d_a 表示。由于存在测量误差,提取组成要素的局部尺寸并非工件尺寸的真值。同时，由于形状误差等的影响，零件同一表面不同部位的提取组成要素的局部尺寸往往是不相等的。

5. 极限尺寸

极限尺寸(limits of size)为尺寸要素的尺寸所允许的极限值。为了满足要求，实际尺寸位于上、下极限尺寸之间，含极限尺寸。

1）上极限尺寸

尺寸要素允许的最大尺寸称为上极限尺寸(upper limits of size，ULS)。

2）下极限尺寸

尺寸要素允许的最小尺寸称为下极限尺寸(lower limits of size，LLS)。

孔、轴的上极限尺寸分别用 D_{UP} 和 d_{UP} 表示，孔、轴的下极限尺寸分别用 D_{LOW}、d_{LOW} 表示，如图 2-4 所示。

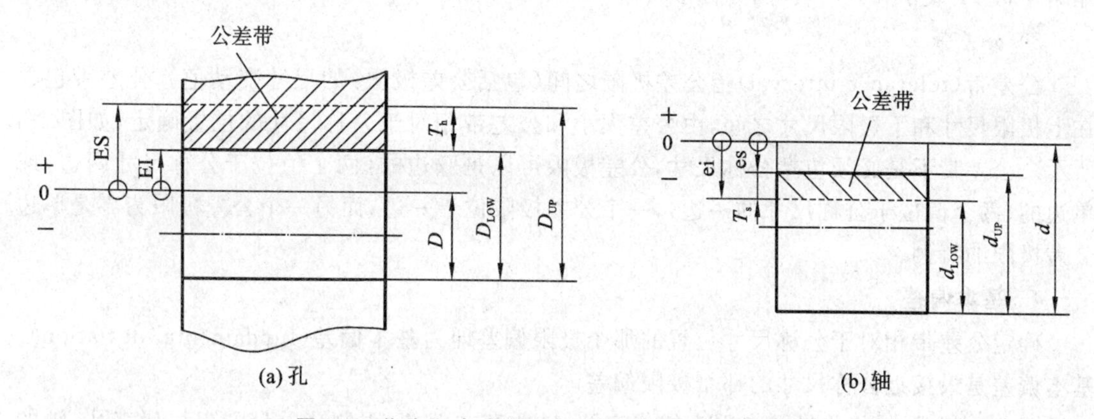

图 2-4 公称尺寸、极限尺寸、极限偏差、公差示意图

极限尺寸以公称尺寸为基数，也是在设计时确定的，它可能大于、等于或小于公称尺寸。

2.2.4 公差、偏差相关术语和定义

1. 尺寸偏差

某一尺寸减去其公称尺寸所得的代数差称为尺寸偏差(size deviation)，简称偏差。

2. 极限偏差

相对于公称尺寸的上极限偏差和下极限偏差即为极限偏差(limit deviation)。

1）上极限偏差

上极限尺寸减其公称尺寸所得的代数差称为上极限偏差(upper limit deviation)。孔的上极限偏差用 ES 表示，轴的上极限偏差用 es 表示。

2）下极限偏差

下极限尺寸减其公称尺寸所得的代数差称为下极限偏差(lower limit deviation)。孔的下极限偏差用 EI 表示，轴的下极限偏差用 ei 表示。

极限偏差是一个带符号的值，其可以是正值、负值或零。

孔和轴的上、下极限偏差用公式表示为

$$ES = D_{UP} - D,\quad es = d_{UP} - d$$

$$EI = D_{LOW} - D,\quad ei = d_{LOW} - d$$

3. 公差

上极限尺寸与下极限尺寸之差即为公差(tolerance)。公差也可以是上极限偏差与下极限偏差之差。公差是一个没有符号的绝对值。

孔和轴的公差分别用 T_h 和 T_s 表示,公差、极限尺寸和极限偏差的关系为

$$T_h = ES - EI = D_{UP} - D_{LOW}$$

$$T_s = es - ei = d_{UP} - d_{LOW}$$

1) 公差极限

公差极限(tolerance limits)指确定允许值上界限和/或下界限的特定值。

2) 标准公差

标准公差(standard tolerance)指线性尺寸公差 ISO 代号体系中的任一公差。标准公差用缩略字母 IT 表示,IT 代表“国际标准”。

3) 公差带

公差带(tolerance interval)指公差极限之间(包括公差极限)的尺寸变动值。公差带包含在上极限尺寸和下极限尺寸之间,由公差大小和公差带相对于公称尺寸的位置确定,如图 2-4 所示。公差带不是必须包括公称尺寸,公差极限可以是双边的(两个值位于公称尺寸两边)或单边的(两个值位于公称尺寸的一边),一个公差极限位于一边,而另一个公差极限为零是单边公差极限的特例。

4. 基本偏差

确定公差带相对于公称尺寸位置的那个极限偏差即为基本偏差(fundamental deviation)。基本偏差是最接近公称尺寸的那个极限偏差。

图 2-4 中,限制公差带的水平实线代表孔、轴的基本偏差,限制公差带的虚线代表孔、轴的另一个极限偏差。

基本偏差用字母表示,如 B、b。

公差与偏差的比较:

(1) 公差是一个正值(设计给定的);极限偏差是代数值(设计给定的),其值可为正值、负值或零。

(2) 公差反映制造精度,可用来衡量加工难易程度或成本高低;极限偏差不反映加工难易,反映了极限尺寸的不同。

(3) 公差反映一批零件尺寸的均匀程度,用来限制误差,但不能用误差不超过公差范围来判断零件的合格性;极限偏差用来限制偏差的大小,可作为判断工件尺寸是否合格的依据,合格零件的偏差应在其极限偏差范围内。

2.2.5　实体状态及实体尺寸

1. 最大实体状态和最大实体尺寸

当尺寸要素的提取组成要素的局部尺寸处处位于极限尺寸且使其具有材料量最多(实体最大)时的状态称为最大实体状态(maximum material condition,MMC)。

确定要素最大实体状态的尺寸称为最大实体尺寸(maximum material size,MMS),即外尺寸要素的上极限尺寸,内尺寸要素的下极限尺寸。孔和轴的最大实体尺寸分别以 D_M 和 d_M 表示。

2. 最小实体状态和最小实体尺寸

假定提取组成要素的局部尺寸处处位于极限尺寸且使其具有材料量最少(实体最小)时的状态称为最小实体状态(least material condition,LMC)。

确定要素最小实体状态的尺寸称为最小实体尺寸(least material size,LMS),即外尺寸要素的下极限尺寸,内尺寸要素的上极限尺寸。孔和轴的最小实体尺寸分别以 D_L 和 d_L 表示。

实体尺寸和极限尺寸有以下关系:

$$D_M = D_{LOW},\quad D_L = D_{UP}$$

$$d_M = d_{UP},\quad d_L = d_{LOW}$$

例 2-1　已知公称尺寸为 $\phi 20$ mm 的孔和轴,孔的上极限尺寸 $D_{UP}=\phi 20.030$ mm、下极限尺寸 $D_{LOW}=\phi 20$ mm,轴的上极限尺寸 $d_{UP}=\phi 19.935$ mm、下极限尺寸 $d_{LOW}=\phi 19.902$ mm,求出孔、轴的极限偏差和公差。

解　孔的上极限偏差为　$ES = D_{UP} - D = (20.030 - 20)\ \text{mm} = +0.030\ \text{mm}$

孔的下极限偏差为　$EI = D_{LOW} - D = (20 - 20)\ \text{mm} = 0$

轴的上极限偏差为　$es = d_{UP} - D = (19.935 - 20)\ \text{mm} = -0.065\ \text{mm}$

轴的下极限偏差为　$ei = d_{LOW} - d = (19.902 - 20)\ \text{mm} = -0.098\ \text{mm}$

孔的公差为　$T_h = D_{UP} - D_{LOW} = (20.030 - 20)\ \text{mm} = 0.030\ \text{mm}$

轴的公差为　$T_s = d_{UP} - d_{LOW} = (19.935 - 19.902)\ \text{mm} = 0.033\ \text{mm}$

2.2.6　有关配合的相关术语的定义

1. 间隙

当相配合的轴的直径小于孔的直径时,孔和轴的尺寸之差即为间隙(clearance),其值为正。

2. 过盈

当相配合的轴的直径大于孔的直径时,孔和轴的尺寸之差即为过盈(interference),其值为负。

3. 配合

配合(fit)是指类型相同且待装配的外尺寸要素(轴)和内尺寸要素(孔)之间的关系。

根据装配时孔、轴公差带之间的关系,配合分为间隙配合、过盈配合和过渡配合三类,如图 2-5 所示。

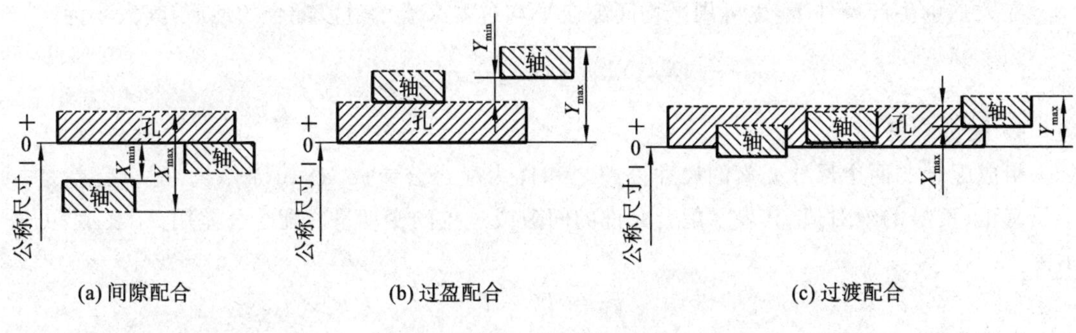

(a) 间隙配合　(b) 过盈配合　(c) 过渡配合

图 2-5　三类配合

1）间隙配合

孔和轴装配时总是存在间隙的配合称为间隙配合(clearance fit)。此时，孔的下极限尺寸大于或等于(在极端情况下)轴的上极限尺寸。

由于孔、轴有公差，所以实际间隙的大小随着孔、轴实际尺寸的变化而变化。在间隙配合中：孔的上极限尺寸与轴的下极限尺寸之差称为最大间隙，用 X_{max} 表示；孔的下极限尺寸与轴的上极限尺寸之差称为最小间隙，用 X_{min} 表示(见图 2-5)。即

$$X_{max} = D_{UP} - d_{LOW} = ES - ei$$

$$X_{min} = D_{LOW} - d_{UP} = EI - es$$

最大间隙和最小间隙统称为极限间隙。在大批量生产条件下，工件的实际尺寸大多在公差带的中部，则可用平均间隙来表示间隙配合的性质，平均间隙用 X_{av} 表示，其大小为

$$X_{av} = \frac{X_{max} + X_{min}}{2}$$

2）过盈配合

孔和轴装配时总是存在过盈的配合称为过盈配合(interference fit)。此时，孔的上极限尺寸大于或等于(在极端情况下)轴的下极限尺寸。

在过盈配合中：孔的上极限尺寸与轴的下极限尺寸之差为最小过盈，用 Y_{min} 表示；孔的下极限尺寸与轴的上极限尺寸之差为最大过盈，用 Y_{max} 表示。

$$Y_{min} = D_{UP} - d_{LOW} = ES - ei$$

$$Y_{max} = D_{LOW} - d_{UP} = EI - es$$

最大过盈和最小过盈统称为极限过盈。同样，在大批量生产条件下，可用平均过盈来表示过盈配合的性质，平均过盈用 Y_{av} 表示，其大小为

$$Y_{av} = \frac{Y_{max} + Y_{min}}{2}$$

3）过渡配合

孔和轴装配时可能具有间隙或过盈的配合称为过渡配合(transition fit)。过渡配合中，孔的公差带与轴的公差带完全重叠或部分交叠。

在过渡配合中：孔的上极限尺寸与轴的下极限尺寸之差称为最大间隙，用 X_{max} 表示；孔的下极限尺寸与轴的上极限尺寸之差称为最大过盈，用 Y_{max} 表示。即

$$X_{max} = D_{UP} - d_{LOW} = ES - ei$$

$$Y_{max} = D_{LOW} - d_{UP} = EI - es$$

在大批量生产条件下，也可用平均间隙或平均过盈来表示过渡配合的性质，其大小为

$$X_{av}(Y_{av}) = \frac{X_{max} + Y_{max}}{2}$$

4. 配合公差

组成配合的两个尺寸要素的尺寸公差之和称为配合公差(span of a fit)。配合公差是一个没有正、负号的绝对值，其表示配合允许的间隙或过盈的变动量。配合公差用 T_f 表示，可表示为

$$T_f = T_h + T_s$$

配合公差也可用极限间隙或极限过盈表示。

对于间隙配合，有　　$T_f = | X_{max} - X_{min} | = T_h + T_s$

对于过盈配合，有 $T_f = |Y_{max} - Y_{min}| = T_h + T_s$

对于过渡配合，有 $T_f = |X_{max} - Y_{max}| = T_h + T_s$

当公称尺寸一定时，配合公差表示配合的精确程度，是评定配合质量的一个重要综合指标，反映了使用要求。而孔、轴的公差分别表示孔、轴加工的精确程度，反映了制造要求，即工艺要求。由配合公差的计算式可知，若要提高使用要求，即减小 T_f，则孔、轴的公差也要减小（$T_h + T_s$ 减小），则制造要求或工艺要求提高，即加工难度将提高，制造成本也将提高。所以，设计时要综合考虑使用要求和制造要求两个方面，协调好二者之间的矛盾。

例 2-2 $\phi30^{+0.021}_{0}$ 孔分别与 $\phi30^{0}_{-0.013}$ 轴、$\phi30^{+0.028}_{+0.015}$ 轴、$\phi30^{+0.035}_{+0.022}$ 轴形成配合，试画出配合的孔、轴的公差带图解，说明配合类别，并求出极限过盈或极限间隙及配合公差。

解 （1）画出孔、轴的公差带图解，如图 2-6 所示。

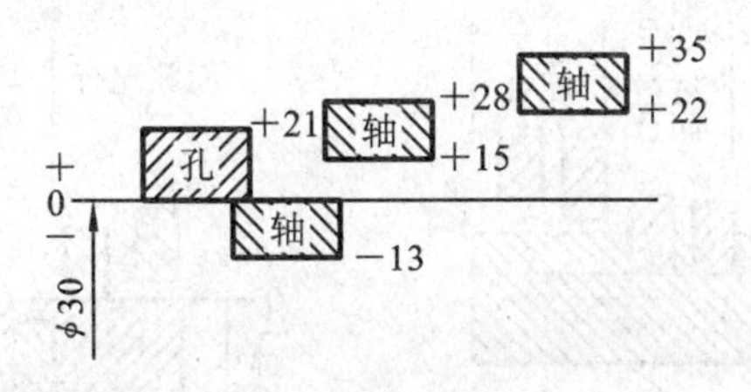

图 2-6 例 2-2 的公差带图解

（2）由三种配合的孔和轴的公差带的关系可知，$\phi30^{+0.021}_{0}$ 孔与 $\phi30^{0}_{-0.013}$ 轴、$\phi30^{+0.028}_{+0.015}$ 轴、$\phi30^{+0.035}_{+0.022}$ 轴分别形成间隙配合、过渡配合、过盈配合。

（3）计算极限过盈或极限间隙及配合公差。

$\phi30^{+0.021}_{0}$ 孔与 $\phi30^{0}_{-0.013}$ 轴形成间隙配合，有

$$X_{max} = ES - ei = [+0.021 - (-0.013)]\ \text{mm} = +0.034\ \text{mm}$$

$$X_{min} = EI - es = 0 - 0 = 0$$

$$T_f = |X_{max} - X_{min}| = 0.034\ \text{mm}$$

$\phi30^{+0.021}_{0}$ 孔与 $\phi30^{+0.028}_{+0.015}$ 轴形成过渡配合，有

$$Y_{max} = EI - es = (0 - 0.028)\ \text{mm} = -0.028\ \text{mm}$$

$$X_{max} = ES - ei = (0.021 - 0.015)\ \text{mm} = +0.006\ \text{mm}$$

$$T_f = |X_{max} - Y_{max}| = 0.034\ \text{mm}$$

$\phi30^{+0.021}_{0}$ 孔与 $\phi30^{+0.035}_{+0.022}$ 轴形成过盈配合，有

$$Y_{max} = EI - es = (0 - 0.035)\ \text{mm} = -0.035\ \text{mm}$$

$$Y_{min} = ES - ei = (0.021 - 0.022)\ \text{mm} = -0.001\ \text{mm}$$

$$T_f = |Y_{max} - Y_{min}| = 0.034\ \text{mm}$$

2.2.7 ISO 配合制相关术语

ISO 配合制指由线性尺寸公差代号确定公差的孔和轴的一种配合制度。形成配合要素的线性尺寸公差 ISO 代号体系应用的前提条件是孔和轴的公称尺寸必须相等。国家标准中规定有基孔制配合、基轴制配合两种配合制度。

1. 基孔制配合

孔的基本偏差为零的配合，即其下极限偏差等于零的配合称为基孔制配合（hole-basic system of fits）。如图 2-7(a)所示，它是基本偏差为一定的孔的公差带，与不同基本偏差的轴

的公差带形成各种配合的一种制度。

基孔制配合中的孔称为基准孔。国家标准规定,基准孔的下极限偏差 EI 为基本偏差,其值为零,代号为 H。

2. 基轴制配合

轴的基本偏差为零的配合,即其上极限偏差等于零的配合称为基轴制配合(shaft-basic system of fits)。如图 2-7(b)所示,它是基本偏差为一定的轴的公差带,与不同基本偏差的孔的公差带形成各种配合的一种制度。

基轴制配合中的轴称为基准轴。国家标准规定,基准轴的上极限偏差 es 为基本偏差,其值为零,代号为 h。

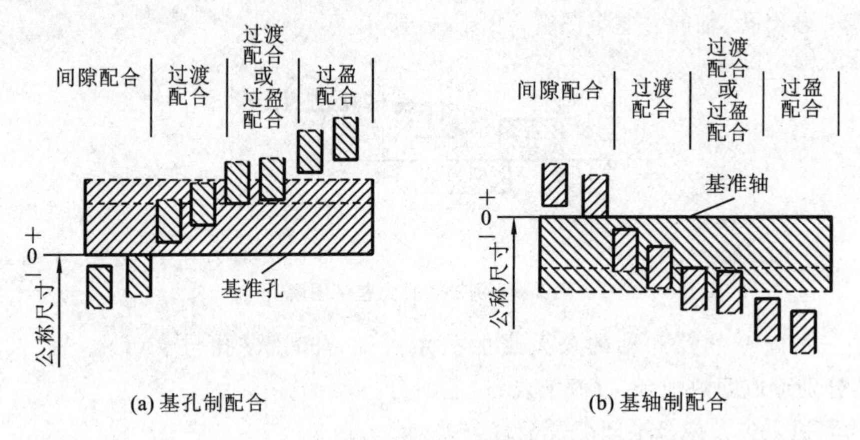

(a) 基孔制配合　　　　(b) 基轴制配合

图 2-7　基孔制配合和基轴制配合

2.3　极限与配合公差制国家标准

极限与配合公差制国家标准是标准化的公差与偏差制度,它包含标准公差的数值系列和基本偏差的数值系列。

2.3.1　标准公差系列

标准公差系列是国家标准规定的用以确定公差带大小的一系列标准公差数值,如表 2-1 所示。由表可见,标准公差值的大小与公称尺寸和公差等级有关。

表 2-1　标准公差数值(摘自 GB/T 1800.1—2020)

公称尺寸/mm		标准公差等级																			
		IT01	IT0	IT1	IT2	IT3	IT4	IT5	IT6	IT7	IT8	IT9	IT10	IT11	IT12	IT13	IT14	IT15	IT16	IT17	IT18
大于	至	标准公差值																			
		μm											mm								
—	3	0.3	0.5	0.8	1.2	2	3	4	6	10	14	25	40	60	0.10	0.14	0.25	0.40	0.60	1.0	1.4
3	6	0.4	0.6	1	1.5	2.5	4	5	8	12	18	30	48	75	0.12	0.18	0.30	0.48	0.75	1.2	1.8
6	10	0.4	0.6	1	1.5	2.5	4	6	9	15	22	30	58	90	0.15	0.22	0.36	0.58	0.9	1.5	2.2
10	18	0.5	0.8	1.2	2	3	5	8	11	18	27	43	70	110	0.18	0.27	0.43	0.70	1.10	1.8	2.7

续表

公称尺寸/mm		标准公差等级																			
		IT01	IT0	IT1	IT2	IT3	IT4	IT5	IT6	IT7	IT8	IT9	IT10	IT11	IT12	IT13	IT14	IT15	IT16	IT17	IT18
大于	至	标准公差值																			
		μm											mm								
18	30	0.6	1	1.5	2.5	4	6	9	13	21	33	52	84	130	0.21	0.33	0.52	0.84	1.30	2.1	3.3
30	50	0.6	1	1.5	2.5	4	7	11	16	25	39	62	100	160	0.25	0.39	0.62	1.00	1.60	2.5	3.9
50	80	0.8	1.2	2	3	5	8	13	19	30	46	74	120	190	0.30	0.46	0.74	1.20	1.90	3.0	4.6
80	120	1	1.5	2.5	4	6	10	15	22	35	54	87	140	220	0.35	0.54	0.87	1.40	2.20	3.5	5.4
120	180	1.2	2	3.5	5	8	12	18	25	40	63	100	160	250	0.40	0.63	1.00	1.60	2.50	4.0	6.3
180	250	2	3	4.5	7	10	14	20	29	46	72	115	185	290	0.46	0.72	1.15	1.85	2.90	4.6	7.2
250	315	2.5	4	6	8	12	16	23	32	52	81	130	210	320	0.52	0.81	1.30	2.10	3.20	5.2	8.1
315	400	3	5	7	9	13	18	25	36	57	89	140	230	360	0.57	0.89	1.40	2.30	3.60	5.7	8.9
400	500	4	6	8	10	15	20	27	40	63	97	155	250	400	0.63	0.97	1.55	2.50	4.00	6.3	9.7
500	630			9	11	16	22	32	44	70	110	175	280	440	0.7	1.1	1.75	2.8	4.4	7	11
630	800			10	13	18	25	36	50	80	125	200	320	500	0.8	1.25	2	3.2	5	8	12.5
800	1000			11	15	21	28	40	56	90	140	230	360	560	0.9	1.4	2.3	3.6	5.6	9	14
1000	1250			13	18	24	33	47	66	105	165	260	420	660	1.05	1.65	2.6	4.2	6.6	10.5	16.5
1250	1600			15	21	29	39	55	78	125	195	310	500	780	1.25	1.95	3.1	5	7.8	12.5	19.5
1600	2000			18	25	35	46	65	92	150	230	370	600	920	1.5	2.3	3.7	6	9.2	15	23
2000	2500			22	30	41	55	78	110	175	280	440	700	1100	1.75	2.8	4.4	7	11	17.5	28
2500	3150			26	36	50	68	96	135	210	330	540	860	1350	2.1	3.3	5.4	8.6	13.5	21	33

1. 标准公差等级

标准公差等级是用常用标示符表征的线性尺寸公差组。在线性尺寸公差 ISO 代号体系中，标准公差等级标示符由 IT 及其之后的数字(即标准公差等级数)组成。例如 IT7 表示标准公差等级为 IT7，其中 7 是标准公差等级数。

国家标准规定，对于 500 mm 以内的公称尺寸，标准公差分为 20 级，即 IT01、IT0、IT1～IT18，从 IT01～IT18 等级依次降低，相应的标准公差值依次增大。对于大于 500 mm 且不大于 3 150 mm 的公称尺寸，国家标准规定了 IT1～IT18 共 18 个标准公差等级。

标准公差等级表征了尺寸精确程度，同一公差等级对所有公称尺寸的一组公差被认为具有同等精确程度。

2. 标准公差值

标准公差大小(即标准公差值)可通过表 2-1 由公称尺寸和标准公差等级查得。表 2-1 中，每列给出了标准公差等级 IT01～IT18 间任一个标准公差等级的公差值，每一行对应一个尺寸范围，第一列对尺寸范围进行了限定。

例如，当公称尺寸为 90 mm、标准公差等级为 IT7 时，标准公差值在表 2-1 中公称尺寸大于 80 mm～120 mm 的行和标准公差等级 IT7 对应的列中查取，得标准公差值为 35 μm。

3. 标准公差的由来

1) 标准公差因子

标准公差因子是极限与配合制中,用以确定标准公差的基本单位,它是公称尺寸的函数。

公称尺寸≤500 mm 时,公差因子 i(μm)按下式计算:

$$i = 0.45\sqrt[3]{D} + 0.001D \tag{2-1}$$

式中:D 为公称尺寸分段的几何平均值(mm)。

式中第一项主要反映加工误差,根据生产实际和统计分析,公称尺寸≤500 mm 时,加工误差与尺寸基本成立方抛物线关系;第二项用于补偿与直径成正比的误差,主要是测量偏离标准温度及量规变形等引起的测量误差。当直径较小时,第二项所占比例较小;当直径较大时,第二项比例增大,公差因子 i 值也相应增大,公差值增大。

公称尺寸在 500~3 150 mm 的范围内时,公差因子 I(μm)按下式计算:

$$I = 0.004D + 2.1 \tag{2-2}$$

对大尺寸而言,与直径成正比的误差因素的影响快速增大,特别是温度变化的影响大,这种温度变化引起的误差与直径成线性关系。所以,国家标准规定的大尺寸公差因子采用线性关系。

2) 标准公差的计算及规律

对于公称尺寸≤500 mm 的常用尺寸范围,国家标准规定的公差值的计算公式见表2-2。可见,IT5~IT18 的标准公差都按公差因子与公差等级系数的乘积来计算。从 IT6 以下,各级的公差等级系数按 R5 优先数增加,公比为 $\sqrt[5]{10} \approx 1.6$,即每增加 5 个公差等级,公差值增加至 10 倍。对于 IT01、IT0、IT1 高精度公差等级,主要考虑测量误差,标准公差与公称尺寸成线性关系,且三个公差等级之间的常数和系数均采用优先数系的派生系列 R10/2。IT2~IT4 三个公差等级是在 IT1~IT5 之间插入三级,使之成为等比数列,公比为$(\mathrm{IT5}/\mathrm{IT1})^{1/4}$。

表 2-2 公称尺寸≤500 mm 的标准公差计算公式

公差等级	IT01	IT0	IT1	IT2	IT3	IT4
公差	$0.3+0.008D$	$0.5+0.012D$	$0.8+0.020D$	$\mathrm{IT1}\left(\frac{\mathrm{IT5}}{\mathrm{IT1}}\right)^{\frac{1}{4}}$	$\mathrm{IT1}\left(\frac{\mathrm{IT5}}{\mathrm{IT1}}\right)^{\frac{1}{2}}$	$\mathrm{IT1}\left(\frac{\mathrm{IT5}}{\mathrm{IT1}}\right)^{\frac{3}{4}}$

公差等级	IT5	IT6	IT7	IT8	IT9	IT10	IT11	IT12	IT13	IT14	IT15	IT16	IT17	IT18
公差	$7i$	$10i$	$16i$	$25i$	$40i$	$64i$	$100i$	$160i$	$250i$	$400i$	$640i$	$1\ 000i$	$1\ 600i$	$2\ 500i$

对于公称尺寸>500~3 150 mm 的大尺寸范围,国家标准规定了 IT1~IT18 共 18 个公差等级,各级标准公差的计算式见表 2-3。

表 2-3 公称尺寸>500~3 150 mm 的标准公差计算公式

公差等级	IT1	IT2	IT3	IT4	IT5	IT6	IT7	IT8	IT9	IT10	IT11	IT12	IT13	IT14	IT15	IT16	IT17	IT18
公差	$2I$	$2.7I$	$3.7I$	$5I$	$7I$	$10I$	$16I$	$25I$	$40I$	$64I$	$100I$	$160I$	$250I$	$400I$	$640I$	$1\ 000I$	$1\ 600I$	$2\ 500I$

4. 公称尺寸分段

根据标准公差计算公式,每一个公称尺寸都有一个相对应的公差值。生产实践中的公称尺寸很多,这样就会形成一个庞大的公差数值表,给生产、设计带来很多麻烦,同时也不利于公差值的标准化和系列化。为简化标准公差的数量,统一公差值,简化公差表格,国家标准将公称尺寸分成若干段,其分段情况如表 2-4 所示。

表 2-4　公称尺寸分段　(mm)

<table>
<tr><th colspan="2">主段落</th><th colspan="2">中间段落</th><th colspan="2">主段落</th><th colspan="2">中间段落</th></tr>
<tr><th>大于</th><th>至</th><th>大于</th><th>至</th><th>大于</th><th>至</th><th>大于</th><th>至</th></tr>
<tr><td rowspan="2">—
3
6</td><td rowspan="2">3
6
10</td><td rowspan="2" colspan="2">无细分段</td><td>250</td><td>315</td><td>250
280</td><td>280
315</td></tr>
<tr><td>315</td><td>400</td><td>315
355</td><td>355
400</td></tr>
<tr><td>10</td><td>18</td><td>10
14</td><td>14
18</td><td>400</td><td>500</td><td>400
450</td><td>450
500</td></tr>
<tr><td>18</td><td>30</td><td>18
24</td><td>24
30</td><td>500</td><td>630</td><td>500
560</td><td>560
630</td></tr>
<tr><td>30</td><td>50</td><td>30
40</td><td>40
50</td><td>630</td><td>800</td><td>630
710</td><td>710
800</td></tr>
<tr><td>50</td><td>80</td><td>50
65</td><td>65
80</td><td>800</td><td>1 000</td><td>800
900</td><td>900
1 000</td></tr>
<tr><td>80</td><td>120</td><td>80
100</td><td>100
120</td><td>1 000</td><td>1 250</td><td>1 000
1 120</td><td>1 120
1 250</td></tr>
<tr><td rowspan="2">120</td><td rowspan="2">180</td><td rowspan="2">120
140
160</td><td rowspan="2">140
160
180</td><td>1 250</td><td>1 600</td><td>1 250
1 400</td><td>1 400
1 600</td></tr>
<tr><td>1 600</td><td>2 000</td><td>1 600
1 800</td><td>1 800
2 000</td></tr>
<tr><td rowspan="2">180</td><td rowspan="2">250</td><td rowspan="2">180
200
225</td><td rowspan="2">200
225
250</td><td>2 000</td><td>2 500</td><td>2 000
2 240</td><td>2 240
2 500</td></tr>
<tr><td>2 500</td><td>3 150</td><td>2 500
2 800</td><td>2 800
3 150</td></tr>
</table>

尺寸分段后，同一尺寸分段内的所有公称尺寸，在相同公差等级的情况下具有相同的标准公差因子，即具有相同的标准公差值。此时，标准公差因子的计算式中用于计算的公称尺寸 D 为每一尺寸段中首尾两个数（$D_{首}$、$D_{尾}$）的几何平均值，即

$$D=\sqrt{D_{首}\cdot D_{尾}}$$

在公差标准中，一般使用主段落，而在基本偏差表中，对过盈配合或间隙比较敏感的一些配合才使用中间段落。

表 2-1 中的数值就是按几何平均值计算出公差值，并按规定的尾数化整规则进行圆整后得出的标准公差数值。

2.3.2　基本偏差系列

基本偏差是公差带相对于公称尺寸位置标准化的唯一参数。

1. 基本偏差标示符及规律

基本偏差的信息由一个或多个字母标示,称为基本偏差标示符。国家标准对孔和轴分别规定了 28 种基本偏差标示符,形成了基本偏差系列,如图 2-8 所示。基本偏差标示符用拉丁字母表示。对于孔,用大写字母(A,B,…,ZC)标示,见表 2-5;对于轴,用小写字母(a,b,…,zc)标示,见表 2-6。为避免混淆,不能使用字母 I、i,L、l,O、o,Q、q,W、w 标示。28 个基本偏差标示符反映了 28 种公差带的位置,公差带相对于公称尺寸的位置如图 2-8 所示。

当公差带位于零线上方时,基本偏差为下极限偏差;当公差带位于零线下方时,基本偏差为上极限偏差。

对于孔:A～H 的基本偏差为下极限偏差 EI,其绝对值逐渐减小;J～ZC 的基本偏差为上极限偏差 ES,其绝对值逐渐增大;H 的基本偏差为下极限偏差 EI,其值为零。

对于轴:a～h 的基本偏差为上极限偏差 es,其绝对值逐渐减小;j～zc 的基本偏差为下极限偏差 ei,其绝对值逐渐增大;h 的基本偏差为上极限偏差 es,其值为零。

在图 2-8 中,公差带仅画出一端(基本偏差)的界线,而另一端的界线没有画出,因为它取决于公差值的大小。

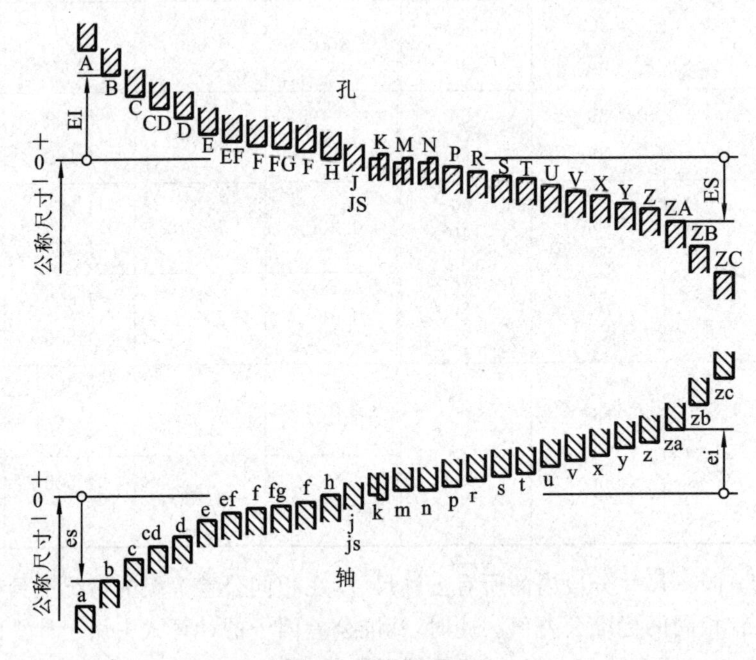

图 2-8 基本偏差系列

关于 J/j、K/k、M/m 和 N/n 的基本偏差如表 2-7 和表 2-8 所示。

2. 极限偏差的确定

通常情况下,孔、轴的基本偏差可使用孔的基本偏差数值表(见表 2-5)和轴的基本偏差数值表(见表 2-6)由公称尺寸和基本偏差标示符查得。表 2-5 和表 2-6 中分别给出了用于孔公差和轴公差的带有正负号的基本偏差值。当由基本偏差标示的公差极限位于公称尺寸之上时,用"+"号;而当由基本偏差标示的公差极限位于公称尺寸之下时,用"−"号。表中的每一列给出了一种基本偏差标示符的基本偏差值,每一行表示尺寸的一个范围。尺寸范围由表中的第一列限定。

表 2-5　公称尺寸 $D \leqslant 500$ mm 孔的基本偏差数值表(摘自 GB/T 1800.1—2020)　(μm)

基本偏差		下偏差 EI												上偏差 ES								
		A	B	C	CD	D	E	EF	F	FG	G	H	JS	J			K		M		N	
公称尺寸/mm		标准公差等级																				
大于	至	所有公差等级												6	7	8	≤8	>8	≤8	>8	≤8	>8
—	3	+270	+140	+60	+34	+20	+14	+10	+6	+4	+2	0	偏差等于 $\pm \mathrm{IT}n/2$	+2	+4	+6	0	0	−2	−2	−4	−4
3	6	+270	+140	+70	+46	+30	+20	+14	+10	+6	+4	0		+5	+6	+10	1	0	−4+Δ	−4	−8+Δ	0
6	10	+280	+150	+80	+56	+40	+25	+18	+13	+8	+5	0		+5	+8	+12	2	0	−6+Δ	−6	−10+Δ	0
10	14	+290	+150	+95	+70	+50	+32	+23	+16	—	+6	0		+6	+10	+15	3	—	−7+Δ	−7	−12+Δ	0
14	18																					
18	24	+300	+160	+110	+85	+65	+40	+28	+20	—	7	0		+8	+12	+20	−2+Δ	—	−8+Δ	−8	−15+Δ	0
24	30																					
30	40	+310	+170	+120	+100	+80	+50	+35	+25	—	+9	0		+10	+14	+24	−2+Δ	0	−9+Δ	−9	−17+Δ	0
40	50	+320	+180	+130																		
50	65	+340	+190	+140	—	+100	+60	—	+30	—	+10	0		+13	+18	+28	−2+Δ	0	−11+Δ	−11	−20+Δ	0
65	80	+360	+200	+150																		
80	100	+380	+220	+170	—	+120	+72	—	+36	—	+12	0		+16	+22	+34	−3+Δ	0	−13+Δ	−13	−23+Δ	0
100	120	+410	+240	+180																		
120	140	+460	+260	+200	—	+145	+85	—	+43	—	+14	0		+18	+26	+41	−3+Δ	0	−15+Δ	−15	−27+Δ	0
140	160	+520	+280	+210																		
160	180	+580	+310	+230																		
180	200	+660	+340	+240	—	+170	+100	—	+50	—	+15	0		+22	+30	+47	−4+Δ	0	−17+Δ	−17	−31+Δ	0
200	225	+740	+380	+260																		
225	250	+820	+420	+280																		
250	280	+920	+480	+300	—	+190	+110	—	+56	—	+17	0		+25	+36	+55	−4+Δ	0	−20+Δ	−20	−34+Δ	0
280	315	+1050	+540	+330																		
315	355	+1200	+600	+360	—	+210	+125	—	+62	—	+18	0		+29	+39	+60	−4+Δ	0	−21+Δ	−21	−37+Δ	0
355	400	+1350	+680	+400																		
400	450	+1500	+760	+440	—	+230	+135	—	+68	—	+20	0		+33	+43	+66	−5+Δ	0	−23+Δ	−23	−40+Δ	0
450	500	+1650	+840	+480																		

基本偏差		上偏差 ES													Δ					
		P 到 ZC	P	R	S	T	U	V	X	Y	Z	ZA	ZB	ZC						
公称尺寸/mm		标准公差等级																		
大于	至	≤7	>7 级												3	4	5	6	7	8
—	3	在大于 IT7 级的相应数值上增加一个 Δ 值	−6	−10	−14	—	−18	—	−20	—	−26	−32	−40	−60	0					
3	6		−12	−15	−19	—	−23	—	−28	—	−35	−42	−50	−80	1	1.5	1	3	4	6
6	10		−15	−19	−23	—	−28	—	−34	—	−42	−52	−67	−97	1	1.5	2	3	6	7
10	14		−18	−23	−28	—	−33	—	−40	—	−50	−64	−90	−130	1	2	3	3	7	9
14	18							−39	−45	—	−60	−77	−108	−150						
18	24		−22	−28	−35	—	−41	−47	−54	−63	−73	−98	−136	−188	1.5	2	3	4	8	12
24	30					−41	−48	−55	−64	−75	−88	−118	−160	−218						
30	40		−26	−34	−43	−48	−60	−68	−80	−94	−112	−148	−200	−274	1.5	3	4	5	9	14
40	50					−54	−70	−81	−97	−114	−136	−180	−242	−325						
50	65		−32	−41	−53	−66	−87	−102	−122	−144	−172	−226	−300	−405	2	3	5	6	11	16
65	80			−43	−59	−75	−102	−120	−146	−174	−210	−274	−360	−480						
80	100		−37	−51	−71	−91	−124	−146	−178	−214	−258	−335	−445	−585	2	4	5	7	13	19
100	120			−54	−79	−104	−144	−172	−210	−254	−310	−400	−525	−690						
120	140		−43	−63	−92	−122	−170	−202	−248	−300	−365	−470	−620	−800	3	4	6	7	15	23
140	160			−65	−100	−134	−190	−228	−280	−340	−415	−535	−700	−900						
160	180			−68	−108	−146	−210	−252	−310	−380	−465	−600	−780	−1000						
180	200		−50	−77	−122	−166	−236	−284	−350	−425	−520	−670	−880	−1150	3	4	6	9	17	26
200	225			−80	−130	−180	−258	−310	−385	−470	−575	−740	−960	−1250						
225	250			−84	−140	−196	−284	−340	−425	−520	−640	−820	−1050	−1350						
250	280		−56	−94	−158	−218	−315	−385	−475	−580	−710	−920	−1200	−1550	4	4	7	9	20	29
280	315			−98	−170	−240	−350	−425	−525	−650	−790	−1000	−1300	−1700						
315	355		−62	−108	−190	−268	−390	−475	−590	−730	−900	−1150	−1500	−1900	4	5	7	11	21	32
355	400			−114	−280	−294	−435	−530	−660	−820	−1000	−1300	−1650	−2100						
400	450		−68	−126	−232	−330	−490	−595	−740	−920	−1100	−1450	−1850	−2400	5	5	7	13	23	34
450	500			−132	−252	−360	−540	−660	−820	−1000	−1250	−1600	−2100	−2600						

注:①公称尺寸 $D \leqslant 1$ mm 时,不适用基本偏差 A 和 B。

②特例:对于公称尺寸大于 250 mm~315 mm 的公差带代号 M6,ES=−9 μm(计算结果不是−11 μm)。

③为确定 K、M、N 和 P~ZC 的值,对于标准公差等级不低于 IT8 的 K、M、N 和标准公差等级不低于 IT7 的 P~ZC 的基本偏差,考虑表格右边几列中的 Δ 值。

④公称尺寸 $D \leqslant 1$ mm 时,不使用标准公差等级低于 IT8 的基本偏差 N。

表 2-6　公称尺寸 $d \leqslant 500$ mm 轴的基本偏差数值(摘自 GB/T 1800.1—2020)　(μm)

基本偏差		上偏差 es											js	下偏差 ei																		
		a	b	c	cd	d	e	ef	f	fg	g	h		j			k		m	n	p	r	s	t	u	v	x	y	z	za	zb	zc
公称尺寸/mm		公差等级																														
大于	至	所有的级												5、6	7	8	4～7	≤3 >7	所有的级													
—	3	-270	-140	-60	-34	-20	-14	-10	-6	-4	-2	0	偏差等于±ITn/2	-2	-4	-6	0	0	+2	+4	+6	+10	+14	—	+18	—	+20	—	+26	+32	+40	+60
3	6	-270	-140	-70	-46	-30	-20	-14	-10	-6	-4	0		-2	-4	—	+1	0	+4	-8	+12	+15	+19	—	+23	—	+28	—	+35	+42	+50	+80
6	10	-280	-150	-80	-56	-40	-25	-18	-13	-8	-5	0		-2	-5	—	+1	0	+6	+10	+15	+19	+23	—	+28	—	+34	—	+42	+52	+67	+97
10	14	-290	-150	-95	—	-50	-32	—	-16	—	-6	0		-3	-6	—	+1	0	+7	+12	+18	+23	+28	—	+33	—	+40	—	+50	+64	+90	+130
14	18																									+39	+45	—	+60	+77	+108	+150
18	24	-300	-160	-110	—	-65	-40	—	-20	—	-7	0		-4	-8	—	+2	0	+8	+15	+22	+28	+35	—	+41	+47	+54	+63	+73	+90	+136	+188
24	30																							+41	+48	+55	+64	+75	+88	+118	+160	+218
30	40	-310	-170	-120	—	-80	-50	—	-25	—	-9	0		-5	-10	—	+2	0	+9	+17	+26	+34	+43	+48	+60	+68	+80	+94	+112	+148	+200	+274
40	50	-320	-180	-130																				+54	+70	+81	+97	+114	+136	+180	+242	+325
50	65	-340	-190	-140	—	-100	-60	—	-30	—	-10	0		-7	-12	—	+2	0	+11	+20	+32	+41	+53	+66	+87	+102	+122	+144	+172	+226	+300	+405
65	80	-360	-200	-150																		+43	+59	+75	+102	+120	+146	+174	+210	+274	+360	+480
80	100	-380	-220	-170	—	-120	-72	—	-36	—	-12	0		-9	-15	—	+3	0	+13	+23	+37	+51	+71	+91	+124	+146	+178	+214	+258	+335	+445	+585
100	120	-410	-240	-180																		+54	+79	+104	+144	+172	+210	+254	+310	+400	+525	+690
120	140	-460	-260	-200	—	-145	-85	—	-43	—	-14	0		-11	-18	—	+3	0	+15	+27	+43	+63	+92	+122	+170	+202	+248	+300	+365	+470	+620	+800
140	160	-520	-280	-210																		+65	+100	+134	+190	+228	+280	+340	+415	+535	+700	+900
160	180	-580	-310	-230																		+68	+108	+146	+210	+252	+310	+380	+465	+600	+780	+1000
180	200	-660	-340	-240	—	-170	-100	—	-50	—	-15	0		-13	-21	—	+4	0	+17	+31	+50	+77	+122	+166	+236	+284	+350	+425	+520	+670	+880	+1150
200	225	-740	-380	-260																		+80	+130	+180	+258	+310	+385	+470	+575	+740	+960	+1250
225	250	-820	-420	-280																		+84	+140	+196	+284	+340	+425	+520	+640	+820	+1050	+1350
250	280	-920	-480	-300	—	-190	-110	—	-56	—	-17	0		-16	-26	—	+4	0	+20	+34	+56	+94	+158	+218	+315	+385	+475	+580	+710	+920	+1200	+1550
280	315	-1050	-540	-300																		+98	+170	+240	+350	+425	+525	+650	+790	+1000	+1300	+1700
315	355	-1200	-600	-360	—	-210	-125	—	-62	—	-18	0		-18	-28	—	+4	0	+21	+37	+62	+108	+190	+268	+390	+475	+590	+730	+900	+1150	+1500	+1900
355	400	-1350	-680	-400																		+114	+208	+294	+435	+530	+660	+820	+1000	+1300	+1650	+2100
400	450	-1500	-760	-440	—	-230	-135	—	-68	—	20	0		-20	-32	—	+5	0	+23	+40	+68	+126	+232	+330	+490	+595	+740	+920	+1100	+1450	+1850	+2400
450	500	-1650	-840	-480																		+132	+252	+360	+540	+660	+820	+1000	+1250	+1600	+2100	+2600

注：公称尺寸≤1 mm 时，不使用基本偏差 a 和 b。

对于标准公差等级至 IT8 级的 K、M、N 和标准公差等级至 IT7 级的 P～ZC 的基本偏差，确定其值时应考虑表 2-5 的右侧几列中的 Δ 值。Δ 值是为得到内尺寸要素的基本偏差而给一定值增加的变量值。例如：对于公称尺寸为 18 mm$<D\leqslant$30 mm 的 K7 级孔，$\Delta=8\ \mu$m，所以 ES$=(-2+8)\ \mu$m$=+6\ \mu$m。

基本偏差的概念不适用于 JS 和 js，它们的公差极限是相对公称尺寸线对称分布的。

孔、轴的另一个极限偏差（上极限偏差或下极限偏差）根据基本偏差值和标准公差确定，如表 2-7 和表 2-8 所示。

表 2-7　孔的极限偏差

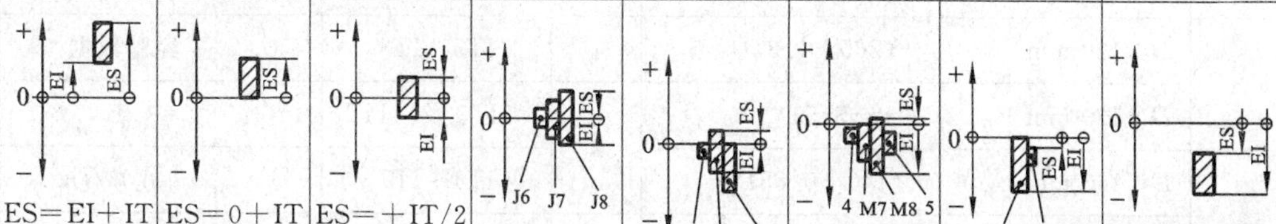

等级	A～G	H	JS	J	K	M	N	P～ZC
公差图	ES＝EI＋IT EI＞0 （见表 2-5）	ES＝0＋IT EI＝0	ES＝＋IT/2 EI＝－IT/2	ES＞0 （见表 2-5）		ES （见表 2-5） EI＝ES－IT		ES＜0

注：①IT 值见表 2-1。

②所代表的公差带近似对应于 10 mm$<D\leqslant$18 mm 的范围。

表 2-7 中：

1——$D\leqslant$3 mm 时为 K1～K3，K4～K8。

2——3 mm$<D\leqslant$500 mm 时为 K4～K8。

3——K9～K18；$D>$500 mm 时为 K4～K8。

4——M1～M6；

5——M9～M18；$D>$500 mm 时为 M7～M8。

6——1 mm$<D\leqslant$3 mm 或 $D>$500 mm 时为 N1～N8，N9～N18。

7——3 mm$<D\leqslant$500 mm 时为 N9～N18。

表 2-8　轴的极限偏差

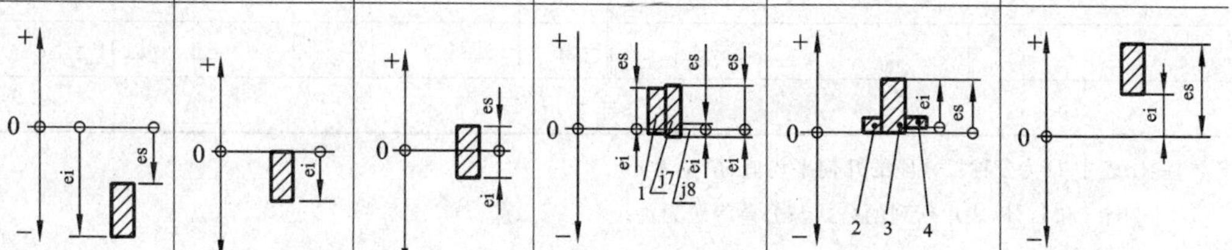

等级	a～g	h	js	j	k	m～zc
公差图	es＜0 （见表 2-6） ei＝es－IT	es＝0 ei＝0－IT	es＝＋IT/2 ei＝－IT/2	es＝ei＋IT ei＜0 （见表 2-6）	es＝ei＋IT ei＝0 或＞0 （见表 2-6）	es＝ei＋IT ei＝0 或＞0 （见表 2-6）

注：①IT 值见表 2-1。

②所代表的公差带近似对应于 10 mm$<d\leqslant$18 mm 的范围。

表 2-8 中：

1——j5,j6。

2——k1～k3;公称尺寸 $d \leqslant 3$ mm 时为 k4～k7。

3——3 mm$<d \leqslant$500 mm 时为 k4～k7。

4——k8～k18;$d>$500 mm 时为 k4～k7。

3. 基本偏差的由来

轴的基本偏差计算公式如表 2-9 所示。

表 2-9 公称尺寸不大于 500 mm 的轴的基本偏差计算公式 (μm)

代号	适用范围	基本偏差为上偏差(es)	代号	适用范围	基本偏差为下偏差(ei)
a	$D \leqslant 120$ mm	$-(265+1.3D)$	j	IT5～IT8	经验数据
	$D>120$ mm	$-3.5D$	k	≤IT3 及≥IT8	0
b	$D \leqslant 160$ mm	$-(140+0.85D)$		IT4～IT7	$+0.6\sqrt[3]{D}$
	$D>160$ mm	$-1.8D$	m		$+\mathrm{IT7}-\mathrm{IT6}$
c	$D \leqslant 40$ mm	$-52D^{0.2}$	n		$+5D^{0.34}$
	$D>40$ mm	$-(95+0.8D)$	p		$+\mathrm{IT7}+(0\sim5)$
cd		$-\sqrt{\mathrm{cd}}$	r		$+\sqrt{\mathrm{ps}}$
d		$-16D^{0.44}$	s	$D \leqslant 500$ mm	$+\mathrm{IT8}+(1\sim4)$
e		$-11D^{0.41}$		$D>500$ mm	$+\mathrm{IT7}+0.4D$
ef		$-\sqrt{\mathrm{ef}}$	t		$+\mathrm{IT7}+0.63D$
f		$-5.5D^{0.41}$	u		$+\mathrm{IT7}+D$
fg		$-\sqrt{\mathrm{fg}}$	v		$+\mathrm{IT7}+1.25D$
g		$-2.5D^{0.34}$	x		$+\mathrm{IT7}+1.6D$
h		0	y		$+\mathrm{IT7}+2D$
			z		$+\mathrm{IT7}+2.5D$
			za		$+\mathrm{IT8}+3.15D$
			zb		$+\mathrm{IT9}+4D$
			zc		$+\mathrm{IT10}+5D$
$\mathrm{js}=\pm\mathrm{IT}/2$					

注:①表中 D 为公称尺寸段的几何平均值,单位为 mm;

②除 j 和 js 外,表中所列的公式与公差等级无关。

轴的基本偏差的计算公式是以基孔制为基础,根据各种配合要求的不同,在科学实验和生产实践的基础上,依据统计分析的结果整理出的一系列公式。

轴的另一个极限偏差(上极限偏差或下极限偏差)根据轴的基本偏差和标准公差,按下列公式计算：

$$\mathrm{ei}=\mathrm{es}-\mathrm{IT}, \quad \mathrm{es}=\mathrm{ei}+\mathrm{IT}$$

孔的基本偏差是根据相同字母代号轴的基本偏差,在相应的公差等级的基础上按一定的规则换算得来的。换算的原则是:基本偏差字母代号同名的孔和轴,分别构成的基轴制和基孔制的配合(即同名配合),在孔、轴为同一公差等级或孔比轴低一级的条件下(如$\frac{H9}{f9}$与$\frac{F9}{h9}$、$\frac{H7}{P6}$与$\frac{P7}{h6}$),其配合性质相同。

一般同一字母的孔的基本偏差与轴的基本偏差相对零线是完全对称的。也就是说,孔与轴的基本偏差对应时(例如 A 对应 a),两者的基本偏差的绝对值相等,而符号相反,即

$$EI=-es,\quad ES=-ei$$

这种确定孔的基本偏差的规则称为通用规则。确定孔的基本偏差时,该规则不适用于以下情况。

(1) 公称尺寸为 $3<D\leqslant 500$ mm,标准公差等级大于 IT8 的孔的基本偏差 N,其数值(ES)等于零。

(2) 在公称尺寸为 $3<D\leqslant 500$ mm 的基孔制或基轴制配合中,给定某一公差等级的孔(标准公差不小于 IT8 的孔的基本偏差 K、M、N 和标准公差不小于 IT7 的孔的基本偏差 P～ZC)要与更精一级的轴相配(例如$\frac{H7}{p6}$和$\frac{P7}{h6}$),并要求具有大小相同的间隙或过盈。此时,孔的基本偏差 ES 与同字母的轴的基本偏差 ei 的符号相反,而绝对值相差一个 Δ 值。即

$$ES=-ei+\Delta$$

$$\Delta=IT\,n-IT\,(n-1)$$

式中:IT n——孔的标准公差;

IT $(n-1)$——比孔高一级的轴的标准公差。

这种确定孔的基本偏差的规则称为特殊规则。

按上述公式和规则进行计算,并将计算结果按一定的规则圆整尾数后,即列成孔、轴的基本偏差数值表。

孔的另一个极限偏差(下极限偏差或上极限偏差),根据孔的基本偏差和标准公差,按以下关系计算:

$$EI=ES-IT,\quad ES=EI+IT$$

例 2-3 查表确定 ϕ25H7/f6、ϕ25F7/h6 的极限偏差,并计算其极限尺寸、确定配合的种类及配合公差。

解 (1) 确定孔和轴的极限偏差及极限尺寸。

由表 2-1 查得: $IT7=21\ \mu m,\quad IT6=13\ \mu m$

对于 ϕ25H7 孔,有:

下极限偏差 $EI=0$

上极限偏差 $ES=EI+IT7=+21\ \mu m$

因此,有:

上极限尺寸 $D_{UP}=D+ES=(25+0.021)\ mm=25.021\ mm$

下极限尺寸 $D_{LOW}=D+EI=(25+0)\ mm=25\ mm$

对于 ϕ25f6 轴,基本偏差为上极限偏差,由表 2-5 查得 $es=-20\ \mu m$。则下极限偏差

$$ei=es-IT6=(-20-13)\ \mu m=-33\ \mu m$$

因此,有:

上极限尺寸　$d_{UP}=d+es=(25-0.020)\ mm=24.980\ mm$

下极限尺寸　$d_{LOW}=d+ei=(25-0.033)\ mm=24.967\ mm$

对于孔 ϕ25F7,基本偏差为下极限偏差,由表 2-5 查得 EI=+20 μm。则上极限偏差为

$$ES=EI+IT7=(+20+21)\mu m=+41\ \mu m$$

因此,有:

上极限尺寸　$D_{UP}=D+ES=(25+0.041)\ mm=25.041\ mm$

下极限尺寸　$D_{LOW}=D+EI=(25+0.020)\ mm=25.020\ mm$

对于轴 ϕ25h6,基本偏差为上极限偏差 es=0。则下极限偏差为

$$ei=es-IT6=(0-13)\ \mu m=-13\ \mu m$$

因此,有:

上极限尺寸　$d_{UP}=d+es=(25+0)\ mm=25\ mm$

下极限尺寸　$d_{LOW}=d+ei=(25-0.013)\ mm=24.987\ mm$

(2) 确定配合种类、配合公差。

对于 ϕ25H7/f6,有

$$D_{UP}-d_{LOW}=(25.021-24.967)\ mm=+0.054\ mm$$

$$D_{LOW}-d_{UP}=(25-24.980)\ mm=+0.020\ mm$$

可见,该配合是具有最大间隙 $X_{max}=0.054$ mm、最小间隙 $X_{min}=+0.020$ mm 的间隙配合。

其配合公差为

$$T_f=X_{max}-X_{min}=(0.054-0.020)\ mm=0.034\ mm$$

对 ϕ25F7/h6,有

$$D_{UP}-d_{LOW}=(25.041-24.987)\ mm=+0.054\ mm$$

$$D_{LOW}-d_{UP}=(25.020-25)\ mm=+0.020\ mm$$

可见,该配合是具有最大间隙 $X_{max}=0.054$ mm、最小间隙 $X_{min}=+0.020$ mm 的间隙配合。

其配合公差为

$$T_f=X_{max}-X_{min}=(0.054-0.020)\ mm=0.034\ mm$$

例 2-4　查表确定 ϕ30H7/p6、ϕ30P7/h6 的极限偏差,计算其极限尺寸、确定配合的种类及配合公差。

解　(1) 确定孔和轴的极限偏差、极限尺寸。

由表 2-1 查得:　IT7=21 μm,　IT6=13 μm

对于孔 ϕ30H7,有:

下极限偏差为　EI=0

则上极限偏差为　ES=EI+IT7=+21 μm

因此,有:

上极限尺寸　$D_{UP}=D+ES=(30+0.021)\ mm=30.021\ mm$

下极限尺寸　$D_{LOW}=D+EI=(30+0)\ mm=30\ mm$

对于轴 ϕ30p6,基本偏差为下极限偏差,由表 2-6 查得:

$$ei=+22\ \mu m$$

则上极限偏差为

$$es=ei+IT6=(+22+13)\ \mu m=+35\ \mu m$$

因此，有：

上极限尺寸　$d_{UP}=d+es=(30+0.035)$ mm $=30.035$ mm

下极限尺寸　$d_{LOW}=d+ei=(30+0.022)$ mm $=30.022$ mm

对于孔 ϕ30P7，基本偏差为上极限偏差，由表 2-5 查得

$$ES=(-22+\Delta)\ \mu m=(-22+8)\ \mu m=-14\ \mu m$$

则依表 2-7 中的公式，下极限偏差为

$$EI=ES-IT7=(-14-21)\ \mu m=-35\ \mu m$$

因此，有：

上极限尺寸　$D_{UP}=D+ES=(30-0.014)$ mm $=29.986$ mm

下极限尺寸　$D_{LOW}=D+EI=(30-0.035)$ mm $=29.965$ mm

对于轴 ϕ30h6，基本偏差为上极限偏差，有

$$es=0$$

依表 2-8 中的公式，下极限偏差为

$$ei=es-IT6=(0-13)\ \mu m=-13\ \mu m$$

因此，有：

上极限尺寸　$d_{UP}=d+es=(30+0)$ mm $=30$ mm

下极限尺寸　$d_{LOW}=d+ei=(30-0.013)$ mm $=29.987$ mm

(2) 确定配合种类、配合公差。

对于 ϕ30H7/p6 孔轴配合，有

$$D_{UP}-d_{LOW}=(30.021-30.022)\ mm=-0.001\ mm$$

$$D_{LOW}-d_{UP}=(30-30.035)\ mm=-0.035\ mm$$

可见，该配合是具有最小过盈 $Y_{min}=-0.001$ mm、最大过盈 $Y_{max}=-0.035$ mm 的过盈配合。

其配合公差为

$$T_f=Y_{min}-Y_{max}=-0.001\ mm-(-0.035\ mm)=0.034\ mm$$

对于 ϕ30P7/h6 孔轴配合，有

$$D_{UP}-d_{LOW}=(29.986-29.987)\ mm=-0.001\ mm$$

$$D_{LOW}-d_{UP}=(29.965-30)\ mm=-0.035\ mm$$

可见，该配合是具有最小过盈 $Y_{min}=-0.001$ mm、最大过盈 $Y_{max}=-0.035$ mm 的过盈配合。

其配合公差为

$$T_f=Y_{min}-Y_{max}=-0.001\ mm-(-0.035\ mm)=0.034\ mm$$

例 2-5　查表确定 ϕ36H7/n6 的极限偏差，并计算其极限尺寸、确定配合的种类及配合公差。

解　(1) 确定孔和轴的极限偏差、极限尺寸。

由表 2-1 查得：　$IT7=25\ \mu m$，　$IT6=16\ \mu m$

对于孔 ϕ36H7，下极限偏差为

$$EI=0$$

依表 2-7 中的公式，上极限偏差为

$$ES=EI+IT7=+25\ \mu m$$

因此,有:

上极限尺寸　　$D_{UP}=D+ES=(36+0.025)\ mm=36.025\ mm$

下极限尺寸　　$D_{LOW}=D+EI=(36+0)\ mm=36\ mm$

对于轴 $\phi36n6$,基本偏差为上极限偏差,由表 2-6 查得:

$$es=+33\ \mu m$$

则依表 2-8 中的公式,下极限偏差为

$$ei=es-IT6=(+33-16)\ \mu m=+17\ \mu m$$

因此,有:

上极限尺寸　　$d_{UP}=d+es=(36+0.033)\ mm=36.033\ mm$

下极限尺寸　　$d_{LOW}=d+ei=(36+0.017)\ mm=36.017\ mm$

(2) 确定配合种类、配合公差。

对于 $\phi36H7/n6$ 孔轴配合:

$$D_{UP}-d_{LOW}=(36.025-36.017)\ mm=+0.008\ mm$$

$$D_{LOW}-d_{UP}=(36-36.033)\ mm=-0.033\ mm$$

可见,该配合是具有最大间隙为 0.008 mm、最大过盈为 0.033 mm 的过盈配合。

其配合公差为

$$T_f=X_{max}-Y_{max}=+0.008\ mm-(-0.033\ mm)=0.041\ mm$$

2.3.3　公差带与配合的标示

1. 公差带的标示

1) 公差带代号标示

在线性尺寸公差 ISO 代号体系中,公差带代号由基本偏差标示符与公差等级组成,例如 H7 表示孔的公差带,h7 表示轴的公差带。

2) 注公差尺寸的标示

注公差的尺寸用公称尺寸后跟所要求的公差带代号或用公称尺寸及正和/或负极限偏差标示,如图 2-9 所示的 $\phi18H7$、$\phi18^{+0.029}_{+0.018}$、$\phi14h7(^{\ 0}_{-0.018})$。

2. 配合的标示

配合用相同的公称尺寸后跟孔、轴公差带标示。孔、轴公差带写成分数形式,分子为孔公差带,分母为轴公差带。如图 2-9 所示的 $\phi18\ \dfrac{H7}{p6}$、$\phi14\ \dfrac{F8}{h7}$。

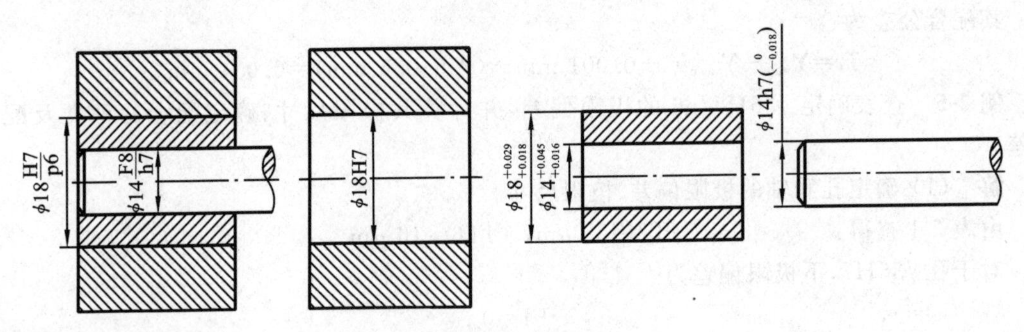

图 2-9　公差与配合的标示

2.4　公差带与配合的标准化

国家标准对公称尺寸不大于 500 mm 的孔和轴分别规定了 20 个公差等级和 28 个基本偏差代号，其中，基本偏差 J 限用 IT6、IT7、IT8 三个标准公差等级，基本偏差 j 限用 IT5、IT6、IT7、IT8 四个公差等级。因此可组成孔的公差带有(28－1)×20＋3＝543 种，轴的公差带有(28－1)×20＋4＝544 种，由这些孔和轴的公差带可组成近 30 万对的配合。使用如此多的公差带和配合显然是不经济的，因为这会导致定值刀具、量具和工艺装备的品种和规格过多，所以对公差带和配合的选用应加以限制。为此，根据生产实际情况，国家标准规定了一系列标准公差带以供选用。

本节主要介绍常用尺寸孔、轴公差带(见 GB/T 1800.1—2020、GB/T 1800.2—2020)。

2.4.1　一般、常用和优先的孔、轴公差带

国家标准(GB/T 1800.1—2020、GB/T 1800.2—2020)推荐了孔、轴的一般、常用和优先的公差带。国家标准推荐的公称尺寸 $d\leqslant500$ mm 的轴的一般、常用和优先公差带如图 2-10 所示。

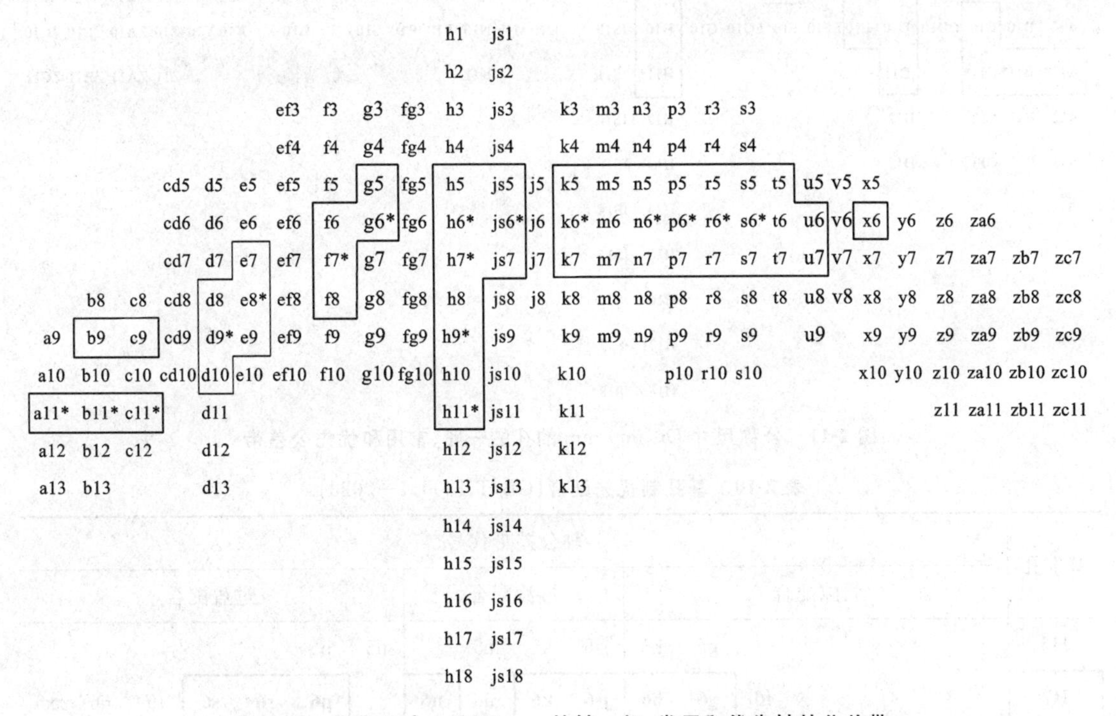

图 2-10　公称尺寸 $d\leqslant500$ mm 的轴一般、常用和优先轴的公差带

同时，国家标准推荐的公称尺寸 $d\leqslant500$ mm 的孔的一般、常用和优先公差带如图 2-11 所示。

其中方框内公差带为常用公差带，带 * 的公差带为优先公差带。选用时，应首先考虑选用优先公差带，其次为常用公差带，再次为一般用途公差带。

2.4.2　优先配合

国家标准在推荐一般、常用和优先孔、轴公差带的基础上，还推荐了公差带的配合，这些配合可满足普通工程机构的需要。基孔制优先配合如表 2-10 所示，基轴制优先配合如表 2-11 所示。

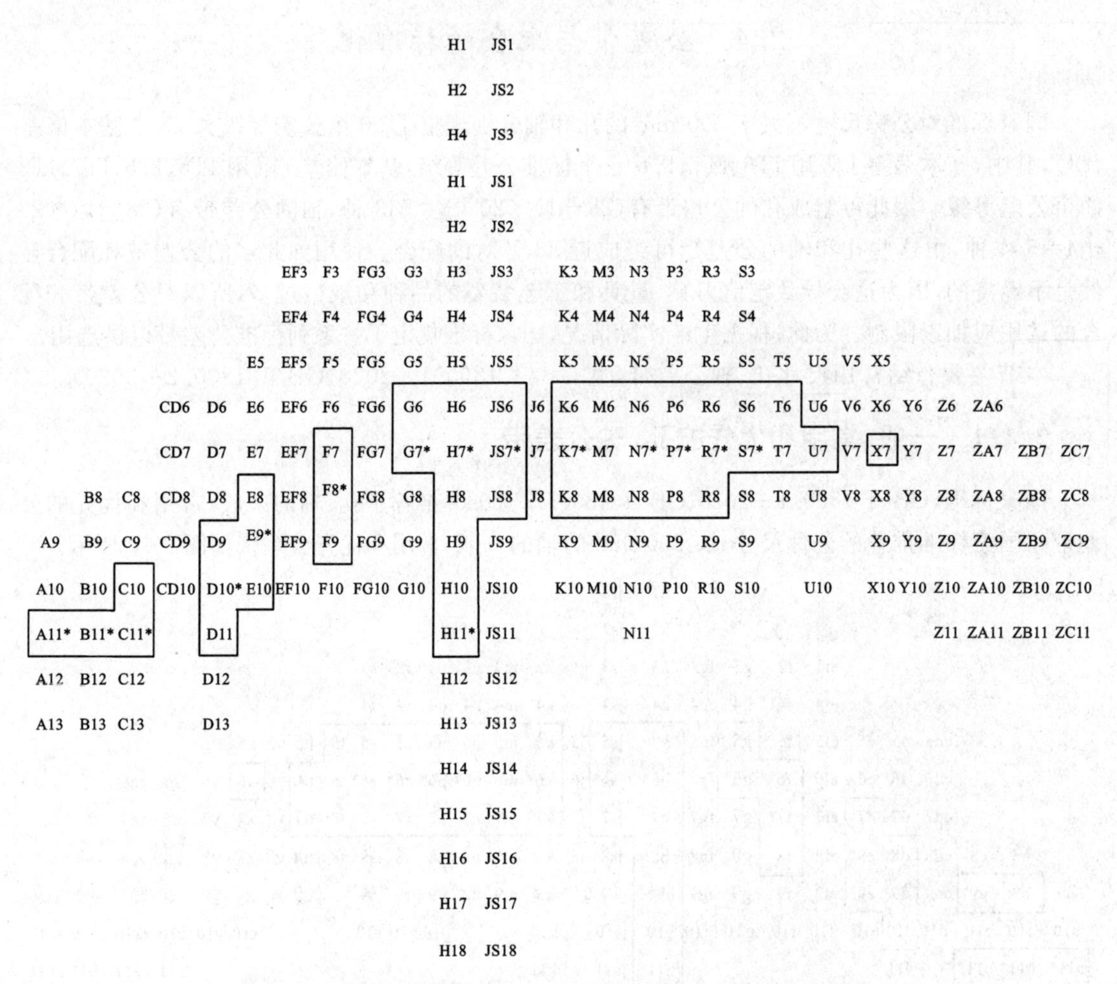

图 2-11　公称尺寸 $D \leqslant 500$ mm 的孔的一般、常用和优先公差带

表 2-10　基孔制优先配合(GB/T 1800.1—2020)

基准孔	轴公差带代号																
	间隙配合							过渡配合				过盈配合					
H6						g5	h5	js5	k5	m5		n5	p5				
H7					f6	**g6**	**h6**	**js6**	**k6**	m6	**n6**		**p6**	**r6**	**s6**	t6	u6	x6
H8				e7	**f7**		**h7**	js7	k7	m7					s7		u7	
			d8	**e8**	f8		h8											
H9			d8	**e8**	f8		h8											
H10	b9	c9	d9	e9			h9											
H11	**b11**	**c11**	d10				h10											

表 2-11　基轴制优先配合(GB/T 1800.1—2020)

基准轴	孔公差带代号																	
	间隙配合							过渡配合				过盈配合						
h5						G6	H6	JS6	K6	M6		N6	P6					
h6					F7	**G7**	**H7**	**JS7**	**K7**	M7	**N7**		**P7**	**R7**	**S7**	T7	U7	X7
h7				E8	**F8**		**H8**											
h8			D9	E9	F9		H9											
h9				E8	**F8**		**H8**											
			D9	**E9**			**H9**											
	B11	C10	**D10**				H10											

2.5　极限与配合的应用

例 2-6　某基孔制配合，公称尺寸为 ϕ40 mm，要求配合的间隙为 +0.020～+0.066 mm，试确定其孔、轴的公差等级和配合种类。

解　(1) 确定公差等级。

由已知条件 $X_{min}=+0.020$ mm，$X_{max}=+0.066$ mm，则允许的配合公差为

$$T_f=|X_{max}-X_{min}|=|0.066-0.020|\text{ mm}=0.046\text{ mm}$$

而 $T_f=T_h+T_s$，则 $T_h+T_s\leqslant0.046$ mm。

查表 2-1 知，公称尺寸为 ϕ40 mm 的孔、轴公差之和不大于并接近 0.046 mm 的标准公差为 IT7=0.025 mm，IT6=0.016 mm。

按工艺等价原则，取孔为 IT7 级、轴为 IT6 级，即 $T_h=0.025$ mm，$T_s=0.016$ mm，则

$$T_h+T_s=(0.025+0.016)\text{ mm}=0.041\text{ mm}<0.046\text{ mm}$$

符合设计要求。

(2) 确定配合种类，即确定轴的基本偏差代号。

因为是基孔制配合，则孔的公差带代号为 $\phi40\text{H}7(^{+0.025}_{\ \ 0})$。

在基孔制间隙配合中，轴的基本偏差为上偏差 es，由 $X_{min}=\text{EI}-\text{es}$ 及 $X_{min}\geqslant0.020$ 可得：

$$\text{es}\leqslant(0-0.020)\text{ mm}=-0.020\text{ mm}$$

查表 2-6，基本偏差不大于并接近 −0.020 mm 的轴的基本偏差代号为 f，其基本偏差 es=−0.025 mm，轴的公差带代号为 $\phi40\text{f}6(^{-0.025}_{-0.041})$。

(3) 验算。

ϕ40H7 孔和 ϕ40f6 轴的配合的极限间隙为

$$X_{min}=\text{EI}-\text{es}=[0-(-0.025)]\text{ mm}=+0.025\text{ mm}$$

$$X_{max}=\text{ES}-\text{ei}=[0.025-(-0.041)]\text{ mm}=+0.066\text{ mm}$$

间隙在 +0.020～+0.066 mm 之间，故所选配合符合要求。

2.6 一般公差 线性尺寸的未注公差

图样上所有的尺寸都有相应的功能要求,根据功能要求的不同这些尺寸都应受到一定的公差约束。为了简化制图,使图样清晰易读,节省设计时间,简化产品的检验要求,对于较低精度等级的非配合尺寸、不太重要的尺寸等,就未注出公差。这样也突出了图样上注出公差的尺寸,使其在加工和检验时易引起重视。但为了保证使用要求及避免产生不必要的纠纷,国家标准《一般公差 线性尺寸的未注公差》(GB/T 1804—2000),对一般公差、线性尺寸的未注公差做出了明确规定。

2.6.1 一般公差的概念

线性尺寸的一般公差是指在车间普通工艺条件下,机床设备一般加工能力可保证的公差。在正常维护和操作条件下,它代表车间的一般加工的经济加工精度。

采用一般公差的尺寸在正常车间精度保证的条件下,一般可不检验。如对其合格性存在争议,可将 GB/T 1804—2000 规定的一般公差的极限偏差值作为判断的依据。

2.6.2 线性尺寸的一般公差标准的有关规定

国家标准规定了线性尺寸的一般公差等级和相应的极限偏差数值,如表 2-12 所示。线性尺寸的一般公差分为四个级别,即精密级、中等级、粗糙级和最粗级,分别用字母 f、m、c 和 v 表示。由表可见,各公差等级的极限偏差数值均对称分布,即上、下极限偏差的绝对值相等,符号相反。国家标准还对倒圆半径与倒角高度尺寸的极限偏差数值做了规定,如表 2-13 所示。

表 2-12 线性尺寸的极限偏差数值(摘自 GB/T 1804—2000) (mm)

公差等级	尺寸分段							
	0.5~3	>3~6	>6~30	>30~120	>120~400	>400~1 000	>1 000~2 000	>2 000~4 000
精密级(f)	±0.05	±0.05	±0.1	±0.15	±0.2	±0.3	±0.5	—
中等级(m)	±0.1	±0.1	±0.2	±0.3	±0.5	±0.8	±1.2	±2
粗糙级(c)	±0.2	±0.3	±0.5	±0.8	±1.2	±2	±3	±4
最粗级(v)	—	±0.5	±1	±1.5	±20	±4	±6	±8

表 2-13 倒圆半径与倒角高度尺寸的极限偏差数值(摘自 GB/T 1804—2000) (mm)

<table>
<tr><th rowspan="2">公差等级</th><th colspan="4">尺寸分段</th></tr>
<tr><th>0.5~3</th><th>>3~6</th><th>>6~30</th><th>>30</th></tr>
<tr><td>精密级(f)</td><td rowspan="2">±0.2</td><td rowspan="2">±0.5</td><td rowspan="2">±1</td><td rowspan="2">±2</td></tr>
<tr><td>中等级(m)</td></tr>
<tr><td>粗糙级(c)</td><td rowspan="2">±0.4</td><td rowspan="2">±1</td><td rowspan="2">±2</td><td rowspan="2">±4</td></tr>
<tr><td>最粗级(v)</td></tr>
</table>

2.6.3 线性尺寸的一般公差的表示方法

采用国家标准规定的一般公差,在图样的尺寸后不注出极限偏差,而是在图样的技术要求或有关技术文件中，用标准号和公差等级代号做出总的表示。例如：选用中等级时，表示为 GB/T 1804—m；选用粗糙级时，表示为 GB/T 1804—c。

习　题

2-1　根据题 2-1 表中的已知数值，确定表中其余各项数值(单位为 mm)。

题 2-1 表

孔或轴	上极限尺寸	下极限尺寸	上极限偏差	下极限偏差	公　差	尺寸标注
孔：ϕ40	40.025	40				
孔：ϕ30	30.012			−0.009		
孔：ϕ18			0.017	0		
轴：ϕ20			0		0.033	
轴：ϕ40						$\phi 40^{-0.050}_{-0.112}$
轴：ϕ60		59.981			0.019	

2-2　图样上给定的轴直径为 $\phi 45k6(^{+0.018}_{+0.002})$，根据此要求加工了一批轴，实测后得其中最大直径(即最大实际(组成)要素)为 ϕ45.018 mm，最小直径(即最小实际(组成)要素)为 ϕ45.000 mm。试问：加工后的这批轴是否全部合格？为什么？若不全部合格，写出不合格零件的尺寸范围。

2-3　已知有下列三对孔、轴配合，分别计算三对配合的极限过盈(Y_{min}、Y_{max})或极限间隙(X_{min}、X_{max})及配合公差，绘出公差带图并说明其配合类型。

(1) 孔：$\phi 50^{+0.039}_{0}$ mm　轴：$\phi 50^{-0.025}_{-0.050}$ mm

(2) 孔：$\phi 35^{+0.014}_{-0.011}$ mm　轴：$\phi 35^{0}_{-0.016}$ mm

(3) 孔：$\phi 80^{+0.030}_{0}$ mm　轴：$\phi 80^{+0.121}_{+0.102}$ mm

2-4　在同一加工条件下，加工 ϕ50H7 孔和 ϕ100H7 孔的难易程度是否相当？为什么？加工 ϕ30h6 轴和 ϕ30m6 轴的难易程度是否相当？为什么？

2-5　下列配合分别属于哪种基准制的配合和哪类配合？确定各配合的极限过盈或极限间隙。

(1) $\phi 18\dfrac{H9}{d9}$　(2) $\phi 30\dfrac{H7}{p6}$　(3) $\phi 60\dfrac{K7}{h6}$

2-6　将下列基孔(轴)制配合改换成配合性质相同的基轴(孔)制配合并查表确定改换后的极限偏差。

(1) $\phi 60\dfrac{H8}{f8}$　(2) $\phi 50\dfrac{S7}{h6}$　(3) $\phi 180\dfrac{H6}{m5}$

2-7　查表确定下列公差带的极限偏差。

(1) ϕ25f7　(2) ϕ60d8　(3) ϕ50k6　(4) ϕ40m5

(5) ϕ50D9　(6) ϕ40P7　(7) ϕ30M7　(8) ϕ80JS8

2-8　查表确定下列各尺寸的公差带的代号。

(1) 轴 $\phi 18^{0}_{-0.011}$ mm　(2) 孔 $\phi 120^{+0.087}_{0}$ mm　(3) 轴 $\phi 50^{-0.050}_{-0.075}$ mm　(4) 孔 $\phi 65^{+0.005}_{-0.041}$ mm

2-9　设有某一孔、轴配合，公称尺寸为 25 mm，要求配合的最大间隙为＋0.086 mm，最小间隙为+0.020 mm,试确定基准制以及孔、轴公差等级和配合种类。

2-10　有一配合,公称尺寸为 40 mm,要求配合的最大过盈为−0.076 mm,最小过盈为−0.035 mm,试确定孔、轴的公差等级,按基孔制确定适当的配合(写出代号)并绘出公差带图。

2-11　有一配合,公称尺寸为 60 mm,要求配合的最大过盈为−0.032 mm,最大间隙为+0.046 mm,试确定孔、轴的公差等级,按基轴制确定适当的配合(写出代号)并绘出公差带图。

第3章 技术测量基础

机械工业的发展离不开检测技术，因为零件的设计、制造及检测是互换性生产中的重要环节。在实际生产中，为保证机械零件的互换性和精度，必须对完工零件的几何量进行检验或测量，并判断这些几何量是否符合设计要求。在测量过程中，应保证计量单位的统一和量值的准确；同时，应正确选择计量器具和测量方法，完成对完工零件几何量的测量，并研究对不同测量误差和测量数据的处理。

3.1 技术测量的基础知识

3.1.1 技术测量的基本概念

1. 测量

测量是将被测几何量与计量单位的标准量进行比较，从而确定被测几何量量值的过程。如果 x 为被测几何量，E 为采用的计量单位，则它们的比值 q 为

$$q = \frac{x}{E} \tag{3-1}$$

所以，被测几何量的量值为

$$x = qE \tag{3-2}$$

由此，被测几何量的量值应由两部分组成：表征几何量的数值和该几何量的计量单位。

2. 测量四要素

测量时，首先应明确被测对象和确定计量单位；其次应选择与被测对象相适应的测量方法；同时，测量结果需达到所要求的测量精度。因此，一个完整的几何量测量过程应包括以下四要素。

1）被测对象

在几何量测量中，被测对象包括长度、角度、表面粗糙度、几何公差，以及螺纹、齿轮等零件的几何参数等。

2）计量单位

计量单位通常是指几何量中的长度和角度单位。

在我国法定计量单位中，长度的基本单位为米(m)，常用单位有毫米(mm)和微米(μm)，在超高精度测量中采用纳米(nm)作为长度单位。常用的角度计量单位是弧度(rad)、微弧度(μrad)和度、分、秒。度、分、秒采用60进制，即 $1^\circ=60'$，$1'=60''$。

3）测量方法

测量方法一般指获得测量结果的方式、方法，包含测量时采用的测量原理、测量器具以及测量条件。在测量过程中，应根据被测零件的特点(如材料硬度、外形尺寸、批量大小等)和被测对象的定义及精度要求来拟定测量方案、选择计量器具和规定测量条件。

4）测量精度

测量精度是指测量结果与其真实值的一致程度，即测量结果的可靠程度。由于在测量过程中不可避免地会出现测量误差，因此，测量结果只能是在一定范围内近似于真值。测量误差的大小反映测量精度的高低，即测量误差越小，测量精度越高。

3.1.2　测量基准和尺寸传递系统

1. 长度基准和量值的传递系统

在1983年10月召开的第17届国际计量大会上，规定了米的定义：1 m是光在真空中于1/299 792 458 s的时间间隔内的行程长度。1985年3月，我国用碘吸收稳频的0.633 μm氦氖激光辐射波长作为国家长度基准来复现“米”。

在实际应用中，不能直接使用光波波长作为长度基准。所以，为保证长度量值的准确、统一，需要建立长度量值传递系统，即把复现的长度基准量值逐级、准确地传递到生产中所应用的计量器具和被测工件上，如图3-1所示。

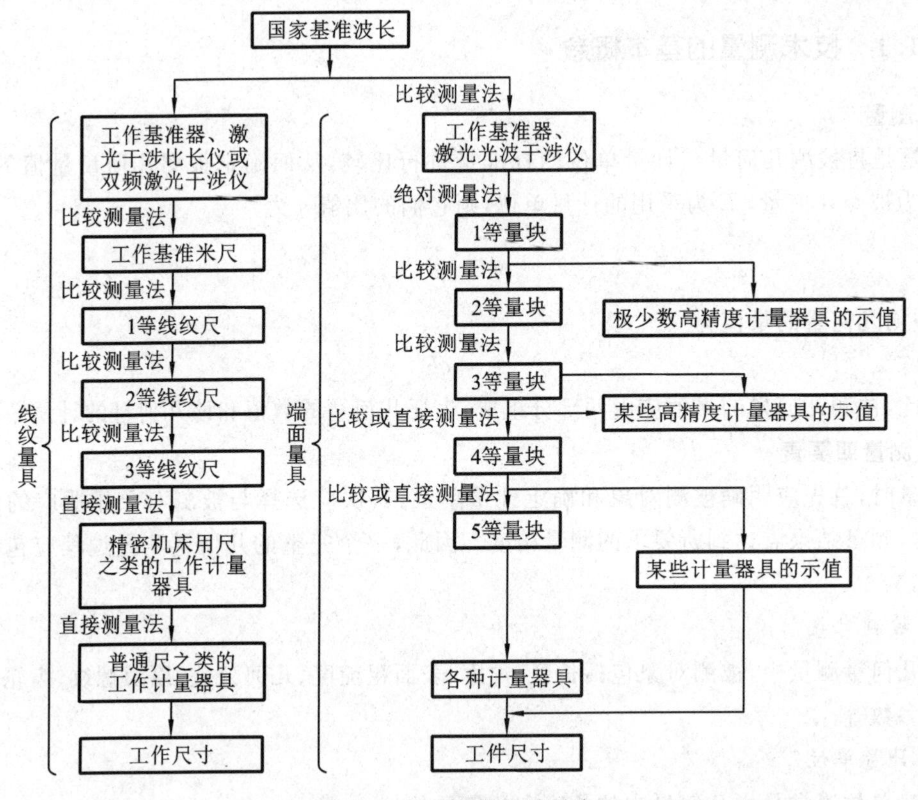

图3-1　长度量值传递系统

长度量值传递系统是从国家基准波长开始，分两个平行系统向下传递，这两个平行系统分别是端面量具(量块)系统和线纹量具(线纹尺)系统。量块和线纹尺是长度量值的传递媒介，在实际生活中，量块的应用更为广泛。

2. 角度基准和量值的传递系统

平面角的计量单位弧度是指一个圆的圆周上截取的弧长与该圆的半径相等时所对的中心平面角。可以通过等分圆周获得任意大小的角度。在实际应用中，为便于特定角度的测量和对测角量具量仪进行检定，仍需建立角度量值传递系统，如图3-2所示。目前，常用的实物基准是标准多面棱体。

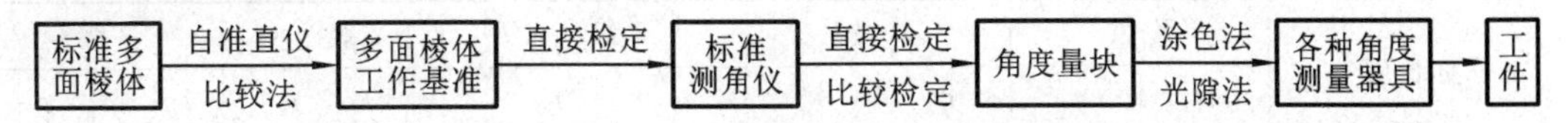

图 3-2　角度量值传递系统

3. 量块

量块是无刻度的标准端面量具，通常用线膨胀系数小、性能稳定、耐磨、不易变形的材料(如合金钢或硬质合金钢)制成。量块的形状一般为长方六面体结构，有两个相互平行的面为测量平面，两测量平面之间具有精确的工作尺寸，如图 3-3 所示。可使用量块检定和调整计量器具、机床、工具和其他设备，也可直接使用量块测量工件。

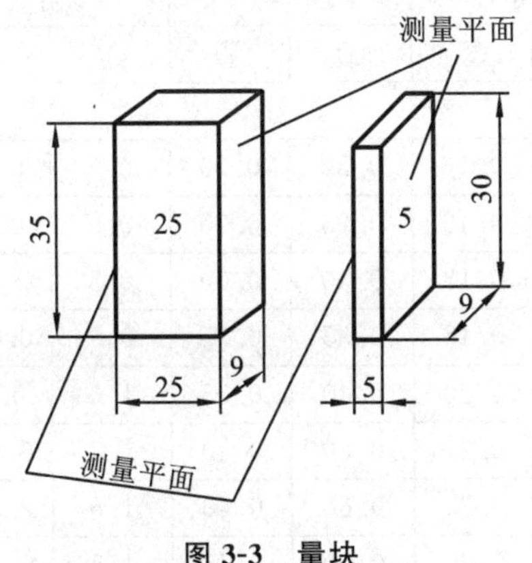

图 3-3　量块

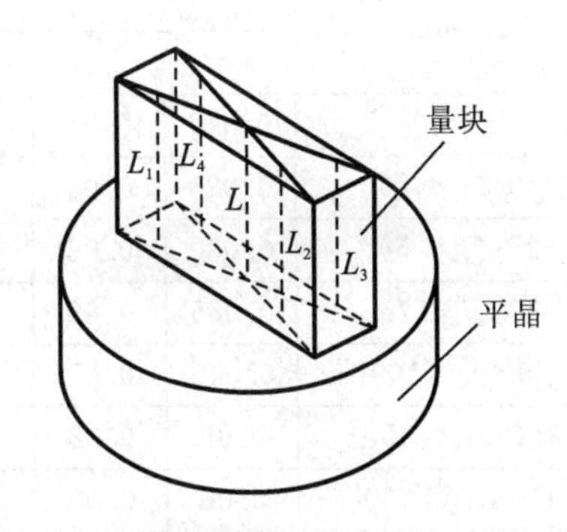

图 3-4　量块长度

1) 有关量块的尺寸术语

(1) 量块长度是指量块一个测量面上的任意一点(不包括距测量面边缘 0.8 mm 区域内的点)到与其相对的另一测量面之间的垂直距离，如图 3-4 中的 L_1、L_2、L_3 和 L_4。

(2) 量块的中心长度是指量块两测量面上中心点之间的距离，如图 3-4 中的 L。

(3) 量块的标称长度是指标记在量块上的示值。当长度示值小于 6 mm 时，其示值刻在测量面上；当长度示值大于或等于 6 mm 时，其示值刻在非测量面上，且该表面的左右侧面为测量面，如图 3-3 所示。

(4) 量块的长度极限偏差是指量块的长度实测值与其标称长度之差。量块长度极限偏差列在表 3-1 和表 3-2 中。

表 3-1　各级量块的精度指标(摘自 JJG 146—2011)

标称长度 l_n/mm	K 级		0 级		1 级		2 级		3 级	
	t_e	t_v	t_e	t_v	t_e	t_v	t_e	t_v	t_e	t_v
	/μm									
$l_n \leqslant 10$	0.20	0.05	0.12	0.10	0.20	0.16	0.45	0.30	1.0	0.50
$10 < l_n \leqslant 25$	0.30	0.05	0.14	0.10	0.30	0.16	0.30	1.2	0.50	0.50
$25 < l_n \leqslant 50$	0.40	0.06	0.20	0.10	0.40	0.18	0.80	0.30	1.6	0.55
$50 < l_n \leqslant 75$	0.50	0.06	0.25	0.12	0.50	0.18	1.00	0.35	2.0	0.55
$75 < l_n \leqslant 100$	0.60	0.07	0.30	0.12	0.60	0.20	1.20	0.35	2.5	0.60
$100 < l_n \leqslant 150$	0.80	0.08	0.40	0.14	0.80	0.20	1.60	0.4	3.0	0.65

续表

标称长度 l_n/mm	K级		0级		1级		2级		3级	
	t_e	t_v	t_e	t_v	t_e	t_v	t_e	t_v	t_e	t_v
	/μm									
$150<l_n\leqslant200$	1.00	0.09	0.50	0.16	1.00	0.25	2.00	0.4	4.0	0.70
$200<l_n\leqslant250$	1.20	0.10	0.60	0.16	1.20	0.25	2.40	0.45	3.0	0.75

注：t_e 为量块长度的极限偏差(±)；t_v 为量块长度变动量最大允许值。

表 3-2　各等量块的精度指标(摘自 JJG 146—2011)

标称长度 l_n/mm	1等		2等		3等		4等		5等	
	①	②	①	②	①	②	①	②	①	②
	/μm									
$l_n\leqslant10$	0.022	0.05	0.06	0.10	0.11	0.16	0.22	0.30	0.6	0.5
$10<l_n\leqslant25$	0.025	0.05	0.07	0.10	0.12	0.16	0.25	0.30	0.6	0.5
$25<l_n\leqslant50$	0.030	0.06	0.08	0.10	0.15	0.18	0.30	0.30	0.8	0.55
$50<l_n\leqslant75$	0.035	0.06	0.09	0.12	0.18	0.18	0.35	0.35	0.9	0.55
$75<l_n\leqslant100$	0.040	0.07	0.10	0.12	0.20	0.20	0.40	0.35	1.0	0.6
$100<l_n\leqslant150$	0.05	0.08	0.12	0.14	0.25	0.20	0.50	0.40	1.2	0.65
$150<l_n\leqslant200$	0.06	0.09	0.15	0.16	0.30	0.25	0.60	0.40	1.5	0.7
$200<l_n\leqslant250$	0.07	0.10	0.18	0.16	0.35	0.25	0.70	0.45	1.8	0.75

注：①量块长度测量的不确定度最大允许值；

②长度变动量最大允许值。

(5) 量块的长度变动量是指量块测量面上任意点之间的最大量块长度与最小量块长度之差。量块长度变动量的最大允许值列在表 3-1 和表 3-2 中。

2) 量块的研合性

量块的研合性是指一个量块的测量面与另一个量块的测量面，通过分子力的作用而相互黏合的性能。可使用量块的研合性，将不同尺寸的量块组合而得到所需的工作尺寸。

3) 量块的尺寸系列及其组合

量块是成套生产的，国家量块标准规定了 17 种成套的量块系列，表 3-3 所示为从 GB/T 6093—2001 标准中摘录的几套量块的尺寸系列。

表 3-3　成套量块的尺寸系列(摘自 GB/T 6093—2001)

套别	总块数	级　别	尺寸系列/mm	间隔/mm	块　数
2	83	00,0,1,2	0.5	—	1
			1	—	1
			1.005	—	1
			1.01,1.02,…,1.49	0.01	49
			1.5,1.6,…,1.9	0.1	5
			2.0,2.5,…,9.5	0.5	16
			10,20,…,100	10	10

续表

套别	总块数	级 别	尺寸系列/mm	间隔/mm	块 数
3	46	0,1,2	1 1.001,1.002,…,1.009 1.01,1.02,…,1.09 1.1,1.2,…,1.9 2,3,…,9 10,20,…,100	— 0.001 0.01 0.1 1 10	1 9 9 9 8 10
5	10^-	0,1	0.991,0.992,…,1	0.001	10
6	10^+	0,1	1,1.001,…,1.009	0.001	10

当由不同尺寸的量块组合得到所需的工作尺寸时，为获得较高的尺寸精度，应使所采用量块数最少，一般不超过4块。例如，用2套83块的量块组成工作尺寸18.785 mm，按以下计算方法(参考表3-3)选择量块。

$$
\begin{array}{rl}
 & 18.785 \\
- & 1.005 \quad \text{——第一块量块的尺寸} \\
\hline
 & 17.78 \\
- & 1.28 \quad \text{——第二块量块的尺寸} \\
\hline
 & 16.5 \\
- & 6.5 \quad \text{——第三块量块的尺寸} \\
\hline
 & 10 \quad \text{——第四块量块的尺寸}
\end{array}
$$

4）量块的精度

(1) JJG 146—2011将量块按制造精度分为K、0、1、2、3共五级，其中K级精度最高，精度依次降低，最低精度等级是3级，如表3-1所示。量块分级主要依据量块的长度极限偏差，长度变动量最大允许值，量块测量面的平面度、粗糙度及研合性等质量指标进行。

(2) JJG 146—2011将量块按检定精度分为1、2、3、4、5共五等，其中1等精度最高，5等精度最低，如表3-2所示。量块分等主要依据量块长度测量的不确定度、长度变动量允许值、平面平行性允许偏差和研合性等指标进行。

5）量块的使用

(1) 量块按"级"使用时，以量块的标称长度作为工作尺寸，该尺寸包含量块的制造误差，该误差将被引入测量结果，使测量精度受到影响。但因不需加修正值，因此使用方便。

(2) 量块按"等"使用时，以量块经检定后所确定的实际中心长度尺寸作为工作尺寸。例如，某一标称长度为10 mm的量块，经检定其实际中心长度与标称长度之差为−0.2 μm，则工作尺寸为9.999 8 mm。这样就可消除量块制造误差的影响，提高测量精度。通常，低一等量块的检定，需采用高一等的量块作基准进行。按"等"使用量块时，在测量时需要加入修正值，虽然麻烦一些，但消除了量块尺寸制造误差的影响，便可用制造精度较低的量块进行较精密的测量。然而，在检定量块时，还不可避免地存在一定的测量方法误差，它将作为测量误差而被引入测量结果。

3.1.3 计量器具和测量方法的分类

1. 计量器具的分类

测量仪器和测量工具统称为计量器具。其按原理、结构特点及用途可分为以下几种。

1) 基准量具

基准量具是指只有一个固定尺寸,通常用来校对和调整其他计量器具或将其尺寸作为标准尺寸而进行相对测量的量具,如量块等。

2) 极限量具

极限量具是指没有刻度的专用检验工具。使用极限量具可以确定被检验工件是否合格,但不能检出被检验工件的具体尺寸,如塞规、卡规、功能量规等。

3) 通用计量仪器

通用计量仪器是将被测的量值转换为能够直接观察的指示值或等效信息的计量器具。按其结构特点可分为以下几种。

(1) 游标类量仪,如游标卡尺、游标深度尺、游标量角器等。

(2) 螺旋类量仪,如外径千分尺、内径千分尺等。

(3) 机械类量仪,如百分表、千分表、杠杆比较仪、扭簧比较仪等。

(4) 光学量仪,如光学计、测长仪、投影仪、干涉仪等。

(5) 气动量仪,如压力式气动量仪、流量计式气动量仪等。

(6) 电动量仪,如电感比较仪、电动轮廓仪等。

(7) 激光量仪,如激光准直仪、激光干涉仪等。

(8) 光学电子量仪,如光栅测长机、光纤传感器等。

4) 计量装置

计量装置是指为确定被测几何量值所需的计量器具和辅助设备的总体。它能够测量同一工件上较多的几何量和形状比较复杂的工件,有助于实现检测自动化或半自动化,如齿轮综合精度检查仪、发动机缸体孔的几何精度综合测量仪等。

2. 计量器具的基本度量指标

基本度量指标是表征计量器具的性能和功用的指标,也是选择和使用计量器具的依据。

1) 刻度间距

刻度间距是指计量器具刻度尺或度盘上两相邻刻线之间的中心距离。为便于读数,一般刻度间距在 1～2.5 mm 以内。

2) 分度值

分度值是指计量器具刻度尺或分度盘上每一刻度间距所代表的量值。一般长度计量器具的分度值有 0.1 mm、0.01 mm、0.001 mm、0.0005 mm 等。分度值是量仪能指示出被测件量值的最小单位。数字显示仪器的分度值称为分辨率,它表示最末一位数字间隔所代表的量值之差。一般来说,分度值越小,计量器具的精度越高。

3) 测量范围

测量范围是指在允许的误差限度内,计量器具所能测量的被测几何量的下限值到上限值的范围。例如,千分尺的测量范围有 0～25 mm、25～50 mm、50～75 mm 等多种。

4) 示值范围

示值范围是指计量器具所指示或显示的被测几何量从起始值到终止值的范围。例如,数显式光学比较仪的示值范围为±100 μm。

5) 灵敏度

灵敏度是指使计量器具的指示装置发生最小变动的被测量值的最小变动量。灵敏度等于刻度间距与分度值之比。例如,百分表的刻度间距为1.5 mm,分度值为0.01 mm,其灵敏度为1.5/0.01=150。一般来说,计量器具的分度值越小,其灵敏度越高。

6) 测量力

测量力是指在接触测量过程中,计量器具测头与被测物体表面之间的接触力。测量力过大将使计量器具和被测零件产生弹性变形,影响测量精度。因此,必须合理控制测量力的大小。

7) 示值误差

示值误差是指计量器具的示值与被测几何量的真实值之差。示值误差是计量器具的构成原理误差、装配调整误差和分度误差等的综合反映。一般来说,示值误差越小,计量器具的测量精度越高。

8) 回程误差

回程误差是指在相同测量条件下,计量器具正反行程在同一示值上时,被测几何量值之差的绝对值。回程误差主要是由计量器具传动元件之间存在的间隙引起的。

3. 测量方法的分类

1) 按测得示值的方式分类

测量方法按测得示值的方式分为绝对测量和相对测量。

(1) 绝对测量是指在计量器具的读数装置上可表示出被测量的全值的测量。例如,用游标卡尺、千分尺等量仪测量轴的直径。

(2) 相对测量(比较测量)是指在计量器具的读数装置上,只表示出被测量相对已知标准量的偏差值的测量。被测几何量的量值等于已知标准量与该偏差值(示值)的代数和。例如,用量块调整比较仪的零位,再换上被测件,则比较仪指示的是被测件相对于标准件的偏差值。

一般来说,相对测量的精度比绝对测量的精度高。

2) 按测量结果获得的方法分类

测量方法按测量结果获得的方法分为直接测量和间接测量。

(1) 直接测量是指用计量器具直接测量被测几何量的整个数值或相对于标准量的偏差。例如,用游标卡尺和比较仪测量。直接测量方法比较简单,不需进行烦琐的计算,其测量准确度只与测量过程有关。

(2) 间接测量是指由实测几何量通过一定的函数式获得被测几何量的测量。间接测量比较麻烦,其精确度取决于有关参数的测量准确度,并与所依据的计算公式有关。因此,当被测量不易直接测量或直接测量达不到精度要求时,常采用间接测量方法。

3) 按同时测量的被测几何量的多少分类

测量方法按同时测量的被测几何量的多少分为综合测量与单项测量。

(1) 单项测量是指对工件上的各个被测几何量分别进行测量的方法。例如,分别测量螺纹的螺距、牙型半角等。

(2) 综合测量是指对工件上几个相关几何量的综合效应同时测量得到综合指数,以判断综合结果是否合格。其目的在于将被测工件轮廓限制在规定的极限轮廓内,以保证互换性要求。例如,用螺纹量规通规检验螺纹单一中径、螺距和牙侧角实际值的综合结果是否合格。

就工件整体来说,单项测量比综合测量的效率低,但单项测量便于进行工艺分析,而综合测量只适用于要求判断其合格与否,而不需得到具体误差值的场合。

另外,测量方法还有如下分类:按被测几何量在测量过程中所处的状态,可分为静态测量和动态测量;按被测几何量表面与计量器具间是否有机械作用的测量力,可分为接触测量和非接触测量;按测量过程中决定测量精度的因素或条件是否相对稳定,可分为等精度测量和不等精度测量等。

3.2　测量误差及数据处理

3.2.1　测量误差及其产生的原因

1. 测量误差

由于计量器具和测量条件的限制,测量过程中不可避免地会出现或大或小的测量误差,因此,实际测得值只是在一定程度上近似于被测几何量的真值。按其表达方式的不同,测量误差可分为绝对误差和相对误差。

1) 绝对误差

绝对误差是指测得值与被测几何量真值之差,即

$$\delta = X - Q \tag{3-3}$$

式中:δ——绝对误差;

X——测得值;

Q——被测几何量真值。

实际测量时,被测几何量真值一般是不知道的,所以常使用相对真值或不存在系统误差情况下多次测量的算术平均值来代替。

绝对误差可能是正值,也可能是负值。这样,被测几何量的真值可表示为

$$Q = X \pm |\delta| \tag{3-4}$$

2) 相对误差

相对误差 ε 是绝对误差的绝对值与被测几何量的真值之比,即

$$\varepsilon = \frac{|\delta|}{Q} \times 100\% \approx \frac{|\delta|}{X} \times 100\% \tag{3-5}$$

式(3-5)表示测得值偏离被测几何量真值大小的程度。当对同一几何量进行测量时,$|\delta|$ 愈小,X 愈接近 Q,测量精度愈高。但是,对于不同几何量的测量,测量精度的高低不能使用绝对误差来评定,而需使用相对误差来评定。

2. 测量误差的来源

由于存在测量误差,测得值只能近似地反映被测几何量的真值。为了尽量减小测量误差,提高测量精度,需仔细分析产生测量误差的原因。在实际测量中,造成测量误差的因素很多,归纳起来主要有以下几个。

1) 计量器具误差

计量器具误差是指由计量器具的设计、制造、装配和使用调整的不准确而引起的误差。这些误差的总和将反映在示值误差和测量的重复性误差上。

2）基准件误差

基准件误差是指作为标准量的基准件本身存在误差，如量块的制造误差等。

3）测量方法误差

测量方法误差是指由测量方法或计算方法不完善而引起的误差，它包括测量原理与规定原则不一致、用简化的近似公式计算、工件安装定位不合理等引起的误差。

4）环境误差

环境误差是指由于环境因素，如温度、湿度、气压(引起空气各部分的扰动)，以及振动(大地微振、冲击、碰动等)、照明(引起视差)、电磁场等方面因素与要求的标准状态不一致而产生的误差。

5）人为误差

人为误差是指由人为原因引起的误差。例如，测量者记录某一信号时，总有记录滞后和超前的趋向，对准标准读数时，始终偏左或偏右、偏上或偏下，表现为视差、观测误差、估读误差和读数误差等。

3.2.2 测量误差的分类与数据处理

测量误差的来源是多方面的，按其性质可分为系统误差、随机误差和粗大误差三大类。

1. 系统误差

系统误差是指在相同的测量条件下，多次重复测量同一几何量值时所产生的大小和符号保持不变或按一定规律变化的误差。系统误差又分为定值系统误差和变值系统误差。

1）定值系统误差

定值系统误差是指大小和符号保持不变的误差。例如，由千分尺零位不正确而引起的误差。

2）变值系统误差

变值系统误差是指大小和符号按一定规律变化的误差。例如，在万能工具显微镜上测量长丝杠的螺距误差时，温度有规律地变动，引起丝杠长度变化而产生的误差。

在实际测量中，应设法避免产生系统误差。如果难以避免，应设法消除或减小系统误差。

(1) 从产生系统误差的根源消除。例如，调整好仪器的零位、正确选择基准等。

(2) 用加修正值的方法消除。对于标准量具或标准件以及计量器具的刻度，可事先用更精密的标准件检定其实际值与标准值的偏差，然后将此偏差作为修正值在测量结果中予以消除。

(3) 用两次读数法消除。若使用两种测量法测量，产生系统误差的符号相反、大小相等或相近，则可以用由这两种测量方法测得值的算术平均值作为结果，从而消除系统误差。

(4) 利用被测量之间的内在联系消除。例如，多面棱体的各角度之和是封闭的，即360°，所以，在使用自准仪检定各角度时，可根据角度之和为360°这一封闭条件消除检定中的系统误差。

2. 随机误差

随机误差是指在相同的测量条件下，多次重复测量同一几何量值时，测量误差的绝对值和符号以不可预计的方式变化的误差。

随机误差主要是由测量过程中一些偶然因素或不确定因素(如测量过程中温度的波动、振

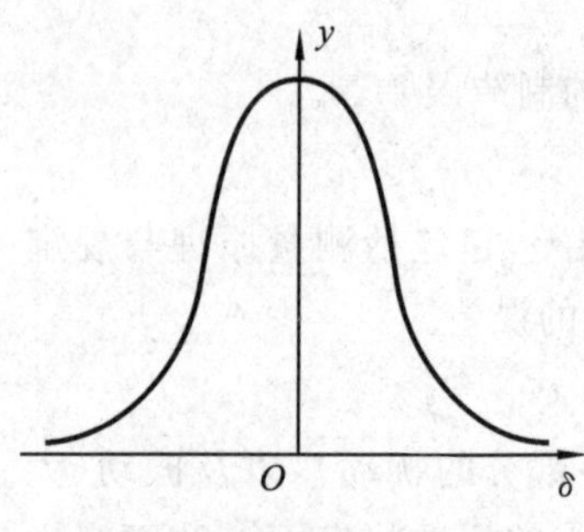

图 3-5 正态分布曲线

动、测力不稳以及观察者的视角不同等)引起的。但是,经过多次重复测量,对测量结果进行统计、计算,发现随机误差符合一定的统计规律。

1) 随机误差的特性及分布规律

通过对大量测试实验数据进行统计后,发现随机误差多呈正态分布,其曲线如图 3-5 所示。正态分布的随机误差具有以下基本特性。

(1) 单峰性。绝对值越小的随机误差出现的概率越大,反之则越小。

(2) 对称性。绝对值相等的正、负随机误差出现的概率相等。

(3) 有界性。在一定测量条件下,随机误差的绝对值不会超过一定的界限。

(4) 抵偿性。随着测量次数的增加,随机误差的算术平均值趋于零。

根据概率论原理,正态分布曲线的数学表达式为

$$y=\frac{1}{\sigma\sqrt{2\pi}}\exp(-\frac{\delta^2}{2\sigma^2}) \tag{3-6}$$

式中:y ——概率密度;

δ ——随机误差;

σ ——标准偏差。

2) 随机误差的评定指标

(1) 测量列的算术平均值 $\overline{x}$。在相同条件下,对同一被测量进行多次(n 次)重复测量时,得到一系列测得值 $x_1,x_2,\cdots,x_n$。这些测得值的算术平均值为

$$\overline{x}=\frac{x_1+x_2+\cdots+x_n}{n}=\frac{1}{n}\sum_{i=1}^{n}x_i \tag{3-7}$$

式中:x_i ——第 i 次测量值;

n ——测量次数,一般取 10～20。

(2) 测量列的标准偏差 σ。它是表征对同一被测量进行 n 次测量所得值的分散性的参数。其数学表达式为

$$\sigma=\sqrt{\frac{\delta_1^2+\delta_2^2+\cdots+\delta_n^2}{n}}=\sqrt{\frac{\sum_{i=1}^{n}\delta_i^2}{n}} \tag{3-8}$$

由图 3-5 可见,当 $\delta=0$ 时,概率密度最大,且有 $y_{\max}=\frac{1}{\sigma\sqrt{2\pi}}$。在图 3-6 中,$\sigma_1<\sigma_2<\sigma_3$,可看出概率密度的最大值 $y_{\max}$ 与标准偏差 σ 成反比:σ 越小,$y_{\max}$ 越大,分布曲线越陡峭,测量值越集中,即测量精度越高;反之,σ 越大,$y_{\max}$ 越小,分布曲线越平坦,测得值越分散,亦即测量精度越低。所以,标准偏差 σ 表征了随机误差的分散程度,也就是测量精度的高低。

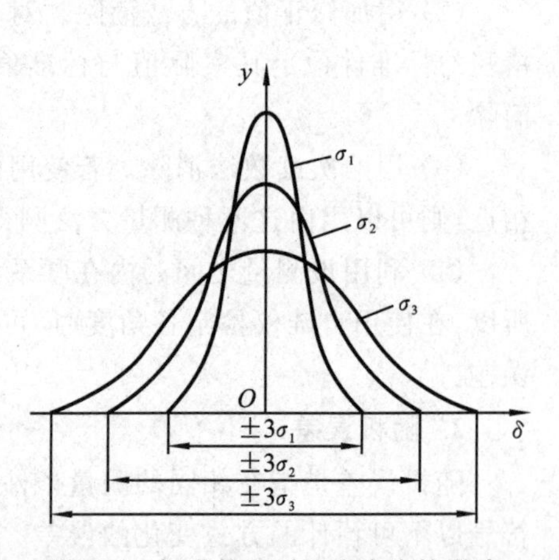

图 3-6 标准偏差对概率密度的影响

(3) 残余误差 v。残余误差是指测量列中任一测得值 x_i 与该列的算术平均值 $\overline{x}$ 之差,即

$$v_i = x_i - \bar{x} \tag{3-9}$$

由于真值Q是未知的，则随机误差δ_i也是未知的，故不能直接由随机误差计算标准偏差σ。实际应用中，在有限次数的测量情况下，常以残余误差v代替随机误差δ来计算σ。此时

$$\sigma = \sqrt{\frac{v_1^2 + v_2^2 + \cdots + v_n^2}{n-1}} = \sqrt{\frac{\sum_{i=1}^{n} v_i^2}{n-1}} \tag{3-10}$$

(4) 算术平均值的标准偏差$\sigma_{\bar{x}}$。它是表征m组算术平均值的分散性的参数。

为减小随机误差的影响，通常采用多次测量取算术平均值的方法来表示测量结果。显然，算术平均值$\bar{x}$比单次测量值x_i更加接近被测量真值Q，但$\bar{x}$亦具有分散性，不过它的分散程度比x_i的分散程度小。根据误差理论，测量列算术平均值的标准偏差$\sigma_{\bar{x}}$与测量列单次测量值的标准偏差σ之间存在如下关系：

$$\sigma_{\bar{x}} = \frac{\sigma}{\sqrt{n}} \tag{3-11}$$

(5) 测量极限误差$\pm\delta_{\lim}$。测量极限误差是指测量误差可能出现的极限值。

由概率论知，全部随机误差出现的概率之和为1，即

$$P = \int_{-\infty}^{+\infty} y \mathrm{d}\delta = \frac{1}{\sigma\sqrt{2\pi}} \int_{-\infty}^{+\infty} \exp\left(-\frac{\delta^2}{2\sigma^2}\right) \mathrm{d}\delta = 1 \tag{3-12}$$

随机误差出现在区间$(-|\delta|, +|\delta|)$内的概率为

$$P = \int_{-\infty}^{+\infty} y \mathrm{d}\delta = \frac{1}{\sigma\sqrt{2\pi}} \int_{-|\delta|}^{+|\delta|} \exp\left(-\frac{\delta^2}{2\sigma^2}\right) \mathrm{d}\delta$$

若令$t = \frac{\delta}{\sigma}$，则$\mathrm{d}t = \frac{\mathrm{d}\delta}{\sigma}$，所以

$$P = \frac{1}{\sqrt{2\pi}} \int_{-|t|}^{+|t|} \exp\left(-\frac{t^2}{2}\right) \mathrm{d}t = \frac{2}{\sqrt{2\pi}} \int_{0}^{|t|} \exp\left(-\frac{t^2}{2}\right) \mathrm{d}t = 2\Phi(t)$$

其中

$$\Phi(t) = \frac{1}{\sqrt{2\pi}} \int_{0}^{|t|} \exp\left(-\frac{t^2}{2}\right) \mathrm{d}t \tag{3-13}$$

$\Phi(t)$称为拉普拉斯函数，表3-4是从$\Phi(t)$表中查得的四个t值对应的概率。

表3-4　拉普拉斯函数表

t	$\|\delta\| = \|t\sigma\|$	不超出$\|\delta\|$的概率$P = 2\Phi(t)$	超出$\|\delta\|$的概率$\alpha = 1 - 2\Phi(t)$
1	1σ	0.682 6	0.317 4
2	2σ	0.954 4	0.045 6
3	3σ	0.997 3	0.002 7
4	4σ	0.999 36	0.000 64

从表3-4中看出，在仅存在符合正态分布规律的随机误差的前提下，如果用某仪器对被测工件只测量一次，或虽然测量了多次，但只任取其中一次作为测量结果，则可认为该单次测量值x_i与被测量真值Q（或算术平均值$\bar{x}$）之差不会超过$\pm 3\sigma$的概率为99.73%（称为置信概率），而超出此范围的概率只有0.27%。因此，通常把对应于置信概率99.73%的$\pm 3\sigma$作为测量极限误差$\pm\delta_{\lim}$，即

$$\pm\delta_{\lim} = \pm 3\sigma \tag{3-14}$$

(6) 算术平均值的极限误差 $\pm\delta_{\lim\bar{x}}$。若以多次测量的算术平均值 $\bar{x}$ 表示测量结果，则 $\bar{x}$ 与真值 Q 之差不会超过 $\pm 3\sigma_{\bar{x}}$，即

$$\pm\delta_{\lim\bar{x}} = \pm 3\sigma_{\bar{x}} \tag{3-15}$$

(7) 多次测量处理结果 Q 的表达式。多次测量处理结果 Q 的表达式为

$$Q = \bar{x} \pm 3\sigma_{\bar{x}}$$

例 3-1 在某仪器上对某零件尺寸进行 10 次等精度测量，其测量值 x_i 如表 3-5 所示。已知测量值中不存在系统误差，试计算测量列的标准偏差 σ、算术平均值的标准偏差 $\sigma_{\bar{x}}$，并分别给出以单次测量值作为结果和以算术平均值作为结果的精度。

表 3-5 测得数据值

测量数 i	测量值 x_i /mm	残余误差 v /μm	残余误差平方/μm^2
1	49.994	−7	49
2	50.002	+1	1
3	49.996	−5	25
4	50.005	+4	16
5	50.003	+2	4
6	50.006	+5	25
7	50.008	+7	49
8	49.995	−6	36
9	49.997	−4	16
10	50.004	+3	9
计算结果	$\bar{x} = \frac{1}{10}\sum_{i=1}^{10} x_i = 50.001$	$\sum_{i=1}^{10}(x_i - \bar{x}) = 0$	$\sum_{i=1}^{10}(x_i - \bar{x})^2 = 230$

解 (1) 求测量列的算术平均值 $\bar{x}$。由式(3-7)得算术平均值

$$\bar{x} = \frac{1}{10}\sum_{i=1}^{10} x_i = 50.001 \text{ mm}$$

(2) 计算残余误差 v，结果如表 3-5 第三列所示。

(3) 求测量列的标准偏差 σ。由式(3-10)得标准偏差为

$$\sigma = \sqrt{\frac{\sum_{i=1}^{n}(x_i - \bar{x})^2}{n-1}} = \sqrt{\frac{230}{10-1}}\ \mu\text{m} \approx 5.1\ \mu\text{m}$$

(4) 求算术平均值的标准偏差 $\sigma_{\bar{x}}$。由式(3-11)得算术平均值的标准偏差为

$$\sigma_{\bar{x}} = \frac{\sigma}{\sqrt{n}} = \frac{5.1}{\sqrt{10}}\ \mu\text{m} \approx 1.6\ \mu\text{m}$$

(5) 求测量的极限误差 $\pm\delta_{\lim}$。由式(3-14)得测量极限误差值为

$$\pm\delta_{\lim} = \pm 3\sigma \approx \pm 15.3\ \mu\text{m}$$

(6) 求算术平均值的极限误差 $\pm\delta_{\lim\bar{x}}$。由式(3-15)得测量极限误差值为

$$\pm\delta_{\lim\bar{x}} = \pm 3\sigma_{\bar{x}} \approx \pm 4.8\ \mu\text{m}$$

所以，该零件的最终测量真值为

$$Q = \bar{x} \pm 3\sigma_{\bar{x}} = (50.001 \pm 0.0048)\ \text{mm}$$

3. 粗大误差

粗大误差(也称过失误差)是指超出规定条件下的预期误差的误差。

某些不正常的原因,例如测量者的粗心大意、测量仪器和被测件的突然振动及读数或记录错误等将会造成粗大误差。一般情况下,粗大误差数值较大,将会显著地歪曲测量结果,因此出现粗大误差时,必须按一定准则加以剔除。

通常,发现和剔除粗大误差的方法是通过重复测量或改用另一种测量方法加以核对。对于等精度多次测量,采用拉依达准则(也称 3σ 准则)来判断和剔除粗大误差较为简便。

3σ 准则:在测量列中,若某一测量值与算术平均值之差的绝对值大于标准偏差 σ 的 3 倍,即认为该测量值具有粗大误差,应从测量列中将其剔除。

例如,在例 3-1 中,已求出该测量列的标准偏差 $\sigma=5.1\ \mu\text{m}$,则 $3\sigma=15.3\ \mu\text{m}$,如果在表 3-5 中的 10 次测量值中存在某测量值的 $|v_i|>3\sigma=15.3\ \mu\text{m}$,则认为该测量值具有粗大误差,应从测量列中将其剔除。

4. 测量精度

测量精度是指几何量的测得值与其真实值的接近程度。在测量域中,测量精度可进一步分为以下几种。

(1) 精密度。精密度反映测量结果受随机误差影响的程度,随机误差小,精密度高。

(2) 正确度。正确度反映测量结果受系统误差影响的程度,系统误差小,正确度高。

(3) 准确度(也称精确度)。准确度反映测量结果受随机误差和系统误差的综合影响的程度,随机误差和系统误差都小,则准确度高。

由此可知,在图 3-7 所示的射击打靶结果中:图 3-7(a)表示系统误差小而随机误差大,即正确度高而精密度低;图 3-7(b)表示系统误差大而随机误差小,即正确度低而精密度高;图 3-7(c)表示系统误差和随机误差都小,即准确度高。

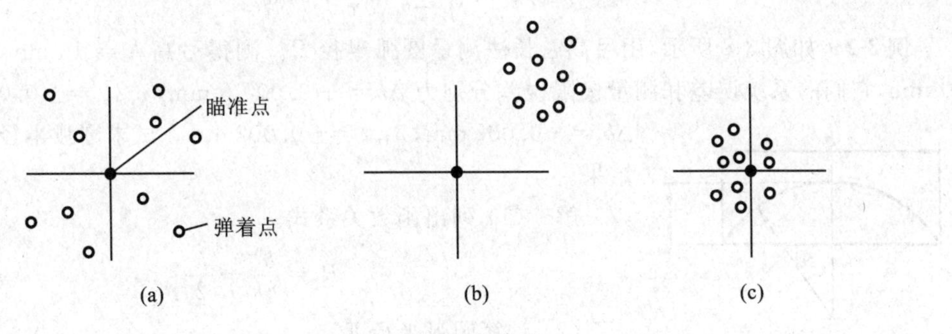

图 3-7 射弹散布精度

3.2.3 测量误差合成

对于较重要的测量,不但需要给出正确的测量结果,还应给出该测量结果的极限误差 $\pm\delta_{\lim}$。对于一般的简单测量,从仪器的说明书或检定规程中可查得仪器的测量不确定度,将其作为测量极限误差。而对于一些较复杂的测量装置或专门设计的测量装置,没有现成的资料可查,只能分析测量误差的组成项并计算其数值,然后按一定的方法综合成测量方法极限误差,这个过程称为测量误差的合成。测量误差的合成通常包括直接测量法测量误差的合成和间接测量法测量误差的合成。

1. 直接测量法

直接测量法测量误差的主要来源有仪器误差、测量方法误差、基准件误差等，这些误差都称为测量误差分量。这些误差按其性质可分为已定系统误差、随机误差和未定系统误差，通常将其按下列方法合成。

(1) 已定系统误差按代数和法合成，即

$$\delta_x = \delta_{x1} + \delta_{x2} + \cdots + \delta_{xn} = \sum_{i=1}^{n} \delta_{xi} \tag{3-16}$$

式中：δ_{xi} ——各误差分量的系统误差。

(2) 对于符合正态分布、彼此独立的随机误差和未定系统误差，按方根法合成，即

$$\pm \delta_{\lim} = \pm \sqrt{\delta_{\lim 1}^2 + \delta_{\lim 2}^2 + \cdots + \delta_{\lim n}^2} = \pm \sqrt{\sum_{i=1}^{n} \delta_{\lim i}^2} \tag{3-17}$$

式中：$\pm \delta_{\lim i}$ ——第 i 个误差分量的随机误差或未定系统误差的极限值。

2. 间接测量法

间接测量时，被测几何量 y 与直接测量的几何量 $x_1, x_2, \cdots, x_n$ 之间有一定的函数关系，即

$$y = f(x_1, x_2, \cdots, x_n)$$

当测量值 $x_1, x_2, \cdots, x_n$ 存在系统误差 $\delta_{x1}, \delta_{x2}, \cdots, \delta_{xn}$ 时，则函数 y 必然存在系统误差 δ_y，且

$$\delta_y = \frac{\partial f}{\partial x_1}\delta_{x1} + \frac{\partial f}{\partial x_2}\delta_{x2} + \cdots + \frac{\partial f}{\partial x_n}\delta_{xn} \tag{3-18}$$

当测量值 $x_1, x_2 \cdots, x_n$ 存在极限误差 $\pm \delta_{\lim x1}, \pm \delta_{\lim x2}, \cdots, \pm \delta_{\lim xn}$ 时，则函数 y 必然存在极限误差 $\pm \delta_{\lim y}$，且

$$\pm \delta_{\lim y} = \pm \sqrt{\sum_{i=1}^{n} \left(\frac{\partial f}{\partial x_i}\right)^2 \delta_{\lim xi}^2} \tag{3-19}$$

例 3-2　如图 3-8 所示，用弓高弦长法测量圆弧半径 R。测得弓高 $h = 10$ mm，弦长 $b = 40$ mm，它们的系统误差和测量极限误差分别为 $\Delta h = +0.000\,8$ mm，$\delta_{\lim h} = \pm 0.001\,5$ mm，$\Delta b = -0.002$ mm，$\delta_{\lim b} = \pm 0.002$ mm。试求圆弧半径 R 的测量结果。

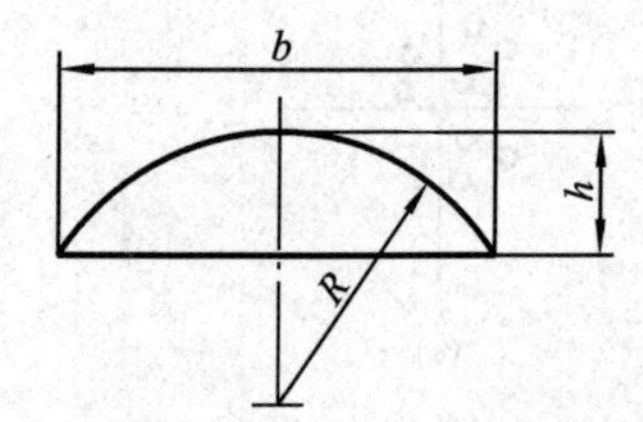

图 3-8　圆弧半径的间接测量

解　(1) 列出函数关系式。

$$R = \frac{b^2}{8h} + \frac{h}{2}$$

(2) 计算圆弧半径 R。

$$R = \left(\frac{40^2}{8 \times 10} + \frac{10}{2}\right) \text{ mm} = 25 \text{ mm}$$

(3) 计算误差传递系数。

$$\frac{\partial f}{\partial b} = \frac{b}{4h} = \frac{40}{4 \times 10} = 1, \quad \frac{\partial f}{\partial h} = \frac{1}{2} - \frac{b^2}{8h^2} = \frac{1}{2} - \frac{40^2}{8 \times 10^2} = -1.5$$

(4) 计算圆弧半径 R 的系统误差 ΔR。

$$\begin{aligned}\Delta R &= \frac{\partial f}{\partial b}\Delta b + \frac{\partial f}{\partial h}\Delta h = \frac{b}{4h}\Delta b + \left(\frac{1}{2} - \frac{b^2}{8h^2}\right)\Delta h \\ &= \{1 \times (-0.002) + [-1.5 \times (+0.000\,8)]\} \text{mm} = -0.003\,2 \text{ mm}\end{aligned}$$

(5) 计算圆弧半径 R 的测量极限误差 $\delta_{\lim R}$。

$$\delta_{\lim R}=\pm\sqrt{\left(\frac{b}{4h}\right)^2\delta_{\lim b}^2+\left(\frac{1}{2}-\frac{b^2}{8h^2}\right)^2\delta_{\lim h}^2}$$

$$=\pm\sqrt{1^2\times0.002^2+(-1.5)^2\times0.0015^2}\ \text{mm}=\pm0.003\ \text{mm}$$

(6) 测量结果为

$$R_{\mathrm{m}}=(R-\Delta R)\pm\delta_{\lim R}=\{[25-(-0.0032)]\pm0.003\}\ \text{mm}=(25.0032\pm0.003)\ \text{mm}$$

3.3 用普通测量器具检测

3.3.1 尺寸误检的基本概念

1. 误收

误收是指把尺寸超出极限尺寸范围的不合格工件误认为合格。

2. 误废

误废是指把尺寸在极限尺寸范围内的合格工件误认为不合格。

误收会影响产品的质量;误废会造成经济损失。为防止受测量误差的影响,使工件的提取尺寸超出上、下极限尺寸范围,必须规定验收极限。

3.3.2 验收极限与安全裕度

1. 验收极限

验收极限是判断被检验工件尺寸合格与否的尺寸界限。国家标准中规定了两种验收极限的确定方式。

1) 采用内缩方式确定验收极限

采用内缩方式时,从工件的上极限尺寸和下极限尺寸分别向工件公差带内移动一个安全裕度 A 来确定验收极限,如图 3-9 所示,则孔、轴工件的验收极限为

上验收极限=上极限尺寸$-A$

下验收极限=下极限尺寸$+A$

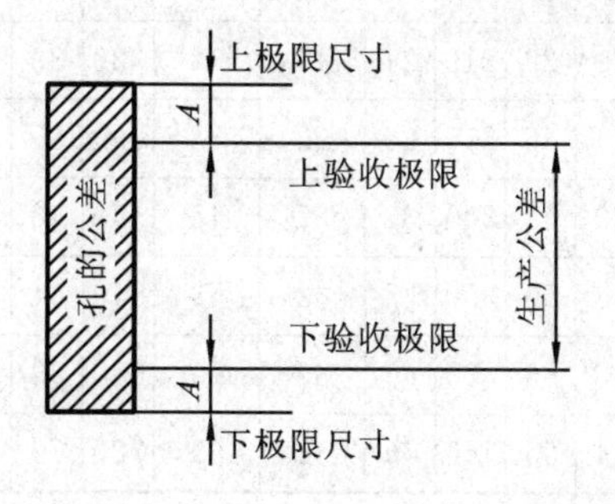

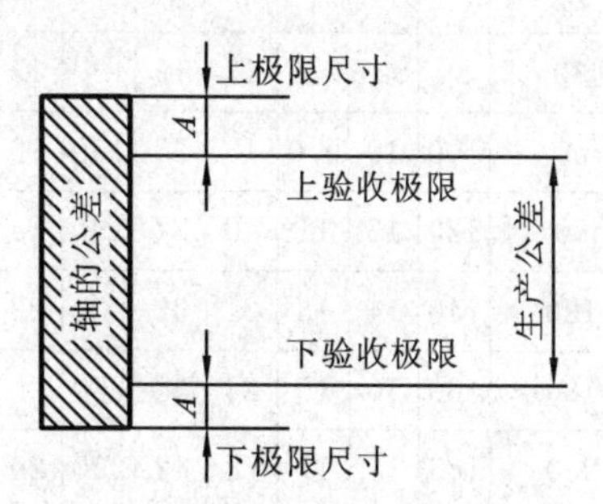

图 3-9　孔、轴的验收极限尺寸

如果按内缩方案验收工件,并合理地选择安全裕度 A,就可将误废量控制在所要求的范围内。

2) 采用不内缩方式确定验收极限

采用不内缩方式时,以图样上规定的上极限尺寸、下极限尺寸分别作为上、下验收极限,即安

全裕度 $A=0$。

国家标准 GB/T 3177—2009 规定的验收原则是,对位于规定极限尺寸之外的工件应拒收。所以,应根据被测工件的精度高低和相应的极限尺寸,确定其安全裕度 A 和验收极限。在实际生产中,为减少工件的拒收量,一般按照去掉安全裕度 A 的公差加工工件。去掉安全裕度 A 的工件公差称为生产公差,其数值小于工件公差。

2. 安全裕度 A 值的确定

在综合考虑技术和经济的条件下,确定安全裕度 A 值。当采用较大的安全裕度时,可使用较低精度的测量器具对工件进行检验,但减小了工件的生产公差,致使工件的加工经济性较差;当采用较小的安全裕度时,虽然工件的加工经济性较好,但需使用精度高的测量器具,这使得测量器具的成本提高,所以也提高了生产成本。因此,GB/T 3177—2009 规定,安全裕度 A 值按工件尺寸公差 T 的 1/10 确定,其数值如表 3-6 所示。

表 3-6　安全裕度与计量器具的测量不确定度允许值(摘自 GB/T 3177—2009)　　(μm)

孔、轴的标准公差等级		IT6					IT7					IT8					IT9				
公称尺寸/mm		T	A	u_1			T	A	u_1			T	A	u_1			T	A	u_1		
大于	至			Ⅰ	Ⅱ	Ⅲ			Ⅰ	Ⅱ	Ⅲ			Ⅰ	Ⅱ	Ⅲ			Ⅰ	Ⅱ	Ⅲ
18	30	13	1.3	1.2	2.0	2.9	21	2.1	1.9	3.2	4.7	33	3.3	3.0	5.0	7.4	52	5.2	4.7	7.8	12
30	50	16	1.6	1.4	2.4	3.6	25	2.5	2.3	3.8	5.6	39	3.9	3.5	5.9	8.8	62	6.2	5.6	9.3	14
50	80	19	1.9	1.7	2.9	4.3	30	3.0	2.7	4.5	6.8	46	4.6	4.1	6.9	10	74	7.4	6.7	11	17
80	120	22	2.2	2.0	3.3	5.0	35	3.5	3.2	5.3	7.9	54	5.4	4.9	8.1	12	87	8.7	7.8	13	20
120	180	25	2.5	2.3	3.8	5.6	40	4.0	3.6	6.0	9.0	63	6.3	5.7	9.5	14	100	10	9.0	15	23
180	250	29	2.9	2.6	4.4	6.5	46	4.6	4.1	6.9	10	72	7.2	6.5	11	16	115	12	10	17	26

孔、轴的标准公差等级		IT10					IT11					IT12				IT13			
公称尺寸/mm		T	A	u_1			T	A	u_1			T	A	u_1		T	A	u_1	
大于	至			Ⅰ	Ⅱ	Ⅲ			Ⅰ	Ⅱ	Ⅲ			Ⅰ	Ⅱ			Ⅰ	Ⅱ
18	30	84	8.4	7.6	13	19	130	13	12	20	29	210	21	19	32	330	33	30	50
30	50	100	10	9.0	15	23	160	16	14	24	36	250	25	23	38	390	39	35	59
50	80	120	12	11	18	27	190	19	17	29	43	300	30	27	45	460	46	41	69
80	120	140	14	13	21	32	220	22	20	33	50	350	35	32	53	540	54	49	81
120	180	160	16	15	24	36	250	25	23	38	56	400	40	36	60	630	63	57	95
180	250	185	18	17	28	42	290	29	26	44	65	460	46	41	69	720	72	65	110

注:T——孔、轴的尺寸公差。

3. 验收极限方式的选择

选择哪种验收极限方式,应综合考虑被测工件的不同精度要求、标准公差等级的高低、加工后尺寸的分布特性和工艺能力等因素。具体选择原则如下。

(1) 对遵循包容要求和标准公差等级高的尺寸,其验收极限按双向内缩方式确定。

（2）当工艺能力指数 $C_p \geqslant 1$ 时，其验收极限按不内缩方式确定；但对于采用包容要求的孔、轴，其最大实体尺寸一边的验收极限按单向内缩方式确定。

工艺能力指数 C_p 是指工件尺寸公差 T 与加工工序工艺能力 $c\sigma$ 的比值，其中，c 为常数，σ 为工序样本的标准偏差。如果工序尺寸服从正态分布，则该工序的工艺能力为 6σ，此时 $C_p = \dfrac{T}{6\sigma}$。

（3）对于服从偏态分布的尺寸，其验收极限只对尺寸偏向的一边按单向内缩方式确定。

（4）对于非配合尺寸和未注公差尺寸，其验收极限按不内缩方式确定。

3.3.3　普通计量器具的选择原则

综合考虑技术指标和经济指标，以综合效果最佳为原则来选择计量器具。具体选择普通计量器具时，主要考虑以下因素。

（1）根据被测工件的外形、位置和尺寸来选择计量器具，使所选计量器具的测量范围能满足被测工件的要求。

（2）根据计量器具的不确定度允许值 u_1 选择计量器具，即从表 3-6 中选用 u_1，一般优先选用Ⅰ挡，其次选用Ⅱ挡和Ⅲ挡。

（3）根据表 3-7、表 3-8 和表 3-9 中普通计量器具的测量不确定度 u_1' 的数值（要求 $u_1' \leqslant u_1$）来选择具体的计量器具。

表 3-7　千分尺和游标卡尺的测量不确定度

<table>
<tr><th rowspan="2">尺寸范围/mm</th><th>分度值为 0.01 mm 的外径千分尺</th><th>分度值为 0.01 mm 的内径千分尺</th><th>分度值为 0.02 mm 的游标卡尺</th><th>分度值为 0.05 mm 的游标卡尺</th></tr>
<tr><th colspan="4">测量不确定度 u_1'/mm</th></tr>
<tr><td>≤50</td><td>0.004</td><td rowspan="3">0.008</td><td rowspan="4">0.020</td><td rowspan="4">0.050</td></tr>
<tr><td>>50～100</td><td>0.005</td></tr>
<tr><td>>100～150</td><td>0.006</td></tr>
<tr><td>>150～200</td><td>0.007</td><td>0.013</td></tr>
</table>

注：①当采用比较测量方法时，千分尺的测量不确定度可小于本表所规定的数值；

②当所选用的计量器具的 $u_1' > u_1$ 时，需按 u_1' 计算出扩大的安全裕度 A' $\left(A' = \dfrac{u_1'}{0.9}\right)$；当 A' 不超过工件公差的 15%时，允许选用该计量器具。此时需按 A' 数值确定上、下验收极限。

表 3-8　比较仪的测量不确定度

<table>
<tr><th rowspan="2">尺寸范围/mm</th><th>分度值为 0.000 5 mm</th><th>分度值为 0.001 mm</th><th>分度值为 0.002 mm</th><th>分度值为 0.005 mm</th></tr>
<tr><th colspan="4">测量不确定度 u_1'/mm</th></tr>
<tr><td>≤25</td><td>0.000 6</td><td rowspan="2">0.001 0</td><td>0.001 7</td><td rowspan="5">0.003 0</td></tr>
<tr><td>>25～40</td><td>0.000 7</td><td rowspan="3">0.001 8</td></tr>
<tr><td>>40～65</td><td rowspan="2">0.000 8</td><td rowspan="2">0.001 1</td></tr>
<tr><td>>65～90</td></tr>
<tr><td>>90～115</td><td>0.000 9</td><td>0.001 2</td><td>0.001 9</td></tr>
</table>

注：本表规定的数值是使用由四块 1 级（或 4 等）量块组成的标准器测量得到的。

表 3-9 指示表的测量不确定度

尺寸范围/mm	分度值为 0.001 mm 的千分表(0 级在全程范围内,1 级在 0.2 mm 内),分度值为 0.002 mm 的千分表(在 1 转范围内)	分度值为 0.001、0.002、0.005 mm 的千分表(1 级在全程范围内),分度值为 0.01 mm 的百分表(0 级在任意 1 mm 内)	分度值为 0.01 mm 的百分表(0 级在全程范围内,1 级在任意 1 mm 内)	分度值为 0.01 mm 的百分表(1 级在全程范围内)
	测量不确定度 u'_1/mm			
≤25～115	0.005	0.010	0.018	0.030

注:本表规定的数值是使用由四块 1 级(或 4 等)量块组成的标准器测量得到的。

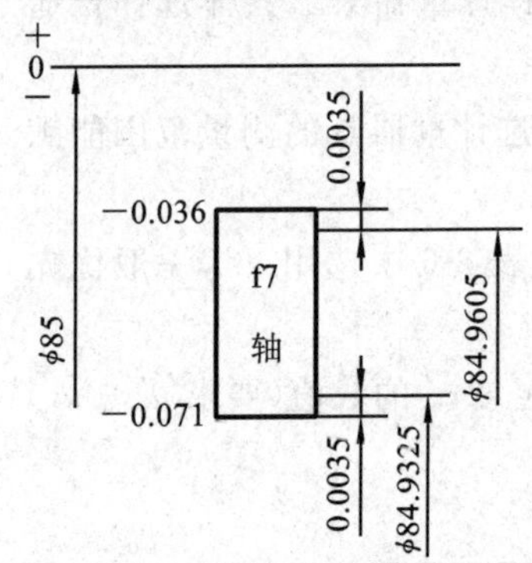

图 3-10 测量 $\phi85f7(^{-0.036}_{-0.071})$Ⓔ轴时的验收极限

例 3-3 试确定测量 $\phi85f7(^{-0.036}_{-0.071})$Ⓔ轴时的验收极限,并选择相应的计量器具。

解 (1) 确定验收极限。

因为 $\phi85f7$ 轴采用包容要求,所以验收极限按双向内缩方式确定。

根据该轴的尺寸公差 $T=IT7=0.035$ mm,从表 3-6 中查得安全裕度 $A=0.003\,5$ mm,所以 $\phi85f7$ 轴的上、下验收极限如图 3-10 所示。即

$$上验收极限=上极限尺寸-A=[(85-0.036)-0.003\,5]\text{ mm}=84.960\,5\text{ mm}$$

$$下验收极限=下极限尺寸+A=[(85-0.071)+0.003\,5]\text{ mm}=84.932\,5\text{ mm}$$

(2) 按Ⅰ挡选择计量器具。

查表 3-6 知 $u_1=0.003\,2$ mm;查表 3-8 选用标尺分度值为 0.005 mm 的比较仪,其测量不确定度 $u'_1=0.003<u_1$,能满足使用要求。

例 3-4 $\phi150H9(^{+0.1}_{0})$Ⓔ孔的终加工工序的工艺能力指数 $C_p=1.2$,试确定测量该孔时的验收极限,并选择相应的计量器具。

解 (1) 确定验收极限。

因为被测孔采用包容要求,且 $C_p=1.2$,所以其最大实体尺寸的验收极限按单向内缩方式确定,而最小实体尺寸的验收极限按不内缩方式确定。

根据孔的尺寸公差 $T=IT9=0.1$ mm,从表 3-6 查得安全裕度 $A=0.01$ mm。所以,上、下验收极限如图 3-11 所示,即

$$上验收极限=上极限尺寸=[(150+0.1)+0]\text{ mm}=150.1\text{ mm}$$

$$下验收极限=下极限尺寸+A=[(150+0)+0.01]\text{ mm}=150.01\text{ mm}$$

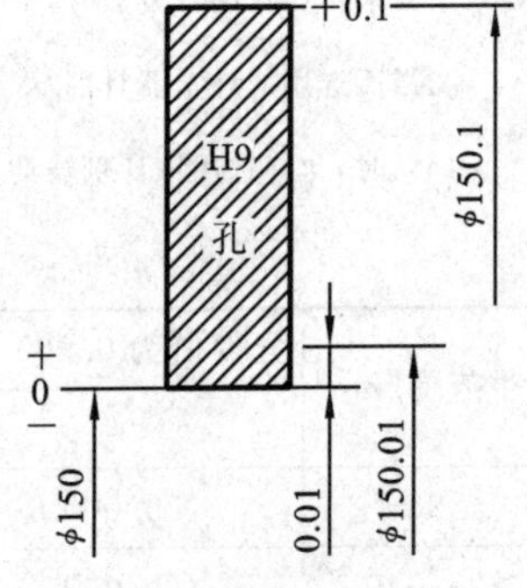

图 3-11 测量 $\phi150H9(^{+0.1}_{0})$Ⓔ孔时的验收极限

(2) 按Ⅰ挡选择计量器具。

查表 3-6 知 $u_1=0.009$ mm;查表 3-7 选用分度值为 0.01 mm 的内径千分尺,其测量不确定度 $u'_1=0.008<u_1$,能满足使用要求。

习　题

3-1　测量的实质是什么？一个完整的几何测量过程包括哪几个要素？

3-2　量块的作用是什么？量块的“等”和“级”是如何划分的？按“等”和“级”使用量块有何不同？

3-3　由尺寸为30 mm和3.5 mm的两个2级量块组成量块组，它们检定后都为4等，其长度实际偏差分别为+0.4 μm和−0.1 μm。试分别计算按“级”和“等”使用时量块组的工作尺寸和测量极限误差。

3-4　测量误差分为哪几类？产生各类测量误差的主要因素有哪些？

3-5　以多次重复测量的算术平均值作为测量结果，可以减少哪类测量误差对测量结果的影响？

3-6　试按表3-3，从83块一套的量块中选取合适尺寸的量块，组合出尺寸为19.985 mm的量块组。

3-7　对同一几何量进行等精度连续测量，共测量10次，按测量顺序记录各测得值如下(单位为mm)：

题3-7表

序号	1	2	3	4	5	6	7	8	9	10
测得值	40.039	40.043	40.040	40.042	40.041	40.043	40.039	40.040	40.041	40.042

试确定：

(1) 算术平均值$\bar{x}$；

(2) 测量列单次测量值的标准偏差σ；

(3) 测量列算术平均值的标准偏差$\sigma_{\bar{x}}$；

(4) 测量列算术平均值的测量极限误差；

(5) 是否存在粗大误差；

(6) 多次测量处理结果。

3-8　误收和误废是如何造成的？

3-9　试确定测量ϕ20g8Ⓔ轴时的验收极限，并选择相应的计量器具。

3-10　ϕ80h9Ⓔ轴的终加工工序的工艺能力指数$C_p=1.2$，试确定测量该轴时的验收极限，并选择相应的计量器具。

3-11　题3-11图所示为用三针测量螺纹的中径d_2，其函数关系式为：$d_2=M-1.5d_0$。已知测得值$M=16.52$ mm，$\delta_M=+20$ μm，$\delta_{\lim M}=\pm5$ μm，$d_0=0.866$ mm，$\delta_{d_0}=-0.2$ μm，$\pm\delta_{\lim d_0}=\pm0.1$ μm，试求单一中径d_2的值及其测量极限误差。

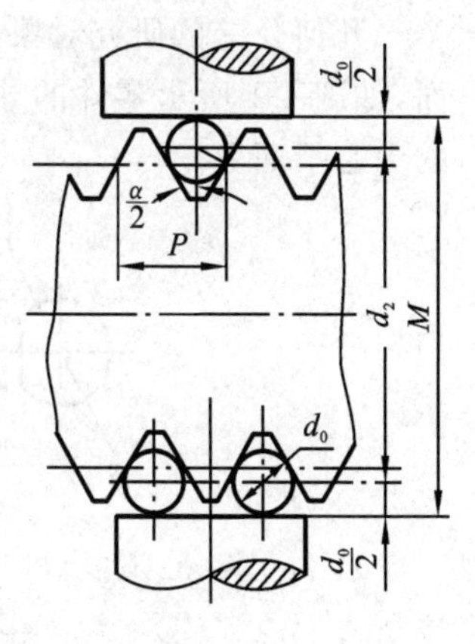

题3-11图

第4章 几何公差

几何公差由形状公差、轮廓度公差、方向公差、位置公差和跳动公差组成，它是针对构成零件几何特征的点、线、面的几何形状和相互位置的误差所规定的公差。

4.1 概　　述

零件在加工过程中由于受工件、刀具、夹具安装及工艺操作等各种因素的影响，其几何要素不可避免地会产生几何误差。例如：在车削圆柱表面时，刀具的运动轨迹若与工件的旋转轴线不平行，会使完工零件表面产生圆柱度误差；箱体孔轴线的平行度误差会影响齿轮副轴线的平行度等。而零件的圆柱度误差会影响圆柱结合要素的配合均匀性；齿轮副轴线的平行度误差会影响齿轮的啮合精度和承载能力等。因此，需对零件的几何精度进行合理的设计，规定适当的几何公差。

近年来，我国根据科学技术和经济发展的需要，按照与国际标准接轨的原则，对几何公差国家标准进行了几次修订，目前推荐使用的标准为：《产品几何技术规范(GPS)　几何公差　形状、方向、位置和跳动公差标注》(GB/T 1182—2018)；《形状和位置公差　未注公差值》(GB/T 1184—1996)；《产品几何技术规范(GPS)　基础　概念、原则和规则》(GB/T 4249—2018)；《产品几何技术规范(GPS)　几何公差　最大实体要求(MMR)、最小实体要求(LMR)和可逆要求(RPR)》(GB/T 16671—2018)；《产品几何技术规范(GPS)　几何公差　检测与验证》(GB/T 1958—2017)等。

4.1.1　几何公差的研究对象

几何公差的研究对象是零件的几何要素(简称“要素”)，就是构成零件几何特征的点、线、面，如图4-1所示零件的球心、锥顶、圆柱面和圆锥面的素线、轴线、球面、圆柱面和圆锥面、槽的中心平面等。

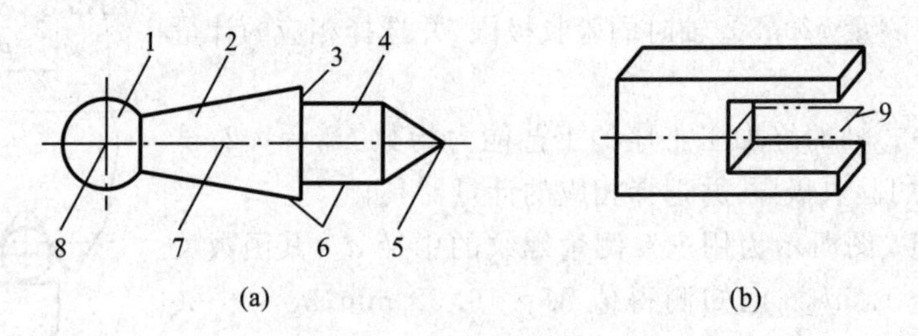

图4-1　零件的几何要素

1—球面；2—圆锥面；3—端平面；4—圆柱面；
5—锥顶；6—素线；7—轴线；8—球心；9—中心平面

几何要素可按不同的角度分类如下。

1. 按存在的状态分类

几何要素按存在的状态分为拟合要素和提取要素。

（1）拟合要素（理想要素）。拟合要素是具有几何学意义的要素，它们不存在任何误差。机械零件图样上表示的要素均为拟合要素。

（2）提取要素（实际要素）。提取要素是指零件上实际存在的要素，通常都以测得要素来代替。

2. 按结构特征分类

几何要素按结构特征分为组成要素和导出要素。

（1）组成要素（轮廓要素）。组成要素是指零件轮廓上的点、线、面，即可触及的要素。组成要素还分为提取组成要素（由实际要素提取有限数目的点所形成的实际要素的近似替代）和拟合组成要素（由提取组成要素形成的具有理想形状的组成要素）。

（2）导出要素（中心要素）。导出要素是由一个或几个组成要素得到的中心点、中心线或中心面。国家标准规定："轴线""中心平面"用于表示理想形状的中心要素，"中心线""中心面"用于表示非理想形状的中心要素。导出要素分为公称导出要素、提取导出要素（由一个或几个提取组成要素得到的中心点、中心线或中心面）和拟合导出要素（由一个或几个拟合组成要素导出的中心点、轴线或中心平面）。

3. 按所处地位分类

几何要素按所处地位分为基准要素和被测要素。

（1）基准要素。基准要素是指用来确定理想被测要素的方向或（和）位置的要素。

（2）被测要素。被测要素是指在图样上给出了几何公差要求的要素，是检测的对象。

4. 按功能关系分类

几何要素按功能关系分为单一要素和关联要素。

（1）单一要素。单一要素是指仅对要素本身给出几何公差要求的要素。

（2）关联要素。关联要素是指对基准要素有功能关系要求而给出方向、位置和跳动公差要求的要素。

4.1.2 几何公差的特征项目及其符号

GB/T 1182—2018 规定了 14 种形状、方向和位置等公差的特征项目符号。各几何公差特征项目的名称及其符号见表 4-1。

表 4-1　几何公差特征项目的名称及其符号

<table>
<tr><th colspan="2">公差类型</th><th>几何特征</th><th>符号</th><th>有无基准</th><th>公差类型</th><th>几何特征</th><th>符号</th><th>有无基准</th></tr>
<tr><td colspan="2" rowspan="4">形状公差</td><td>直线度</td><td>—</td><td>无</td><td rowspan="3">方向公差</td><td>平行度</td><td>//</td><td>有</td></tr>
<tr><td>平面度</td><td>⏥</td><td>无</td><td>垂直度</td><td>⊥</td><td>有</td></tr>
<tr><td>圆度</td><td>○</td><td>无</td><td>倾斜度</td><td>∠</td><td>有</td></tr>
<tr><td>圆柱度</td><td>⌭</td><td>无</td><td rowspan="3">位置公差</td><td>位置度</td><td>⌖</td><td>有或无</td></tr>
<tr><td rowspan="4">形状、方向或位置公差</td><td rowspan="4">轮廓</td><td rowspan="2">线轮廓度</td><td rowspan="2">⌒</td><td rowspan="2">有或无</td><td>同轴度
同心度</td><td>◎</td><td>有</td></tr>
<tr><td>对称度</td><td>⌯</td><td>有</td></tr>
<tr><td rowspan="2">面轮廓度</td><td rowspan="2">⌓</td><td rowspan="2">有或无</td><td rowspan="2">跳动公差</td><td>圆跳动</td><td>↗</td><td>有</td></tr>
<tr><td>全跳动</td><td>⌰</td><td>有</td></tr>
</table>

4.1.3　几何公差的标注方法

几何公差在图样上用框格的形式标注,如图 4-2 所示。

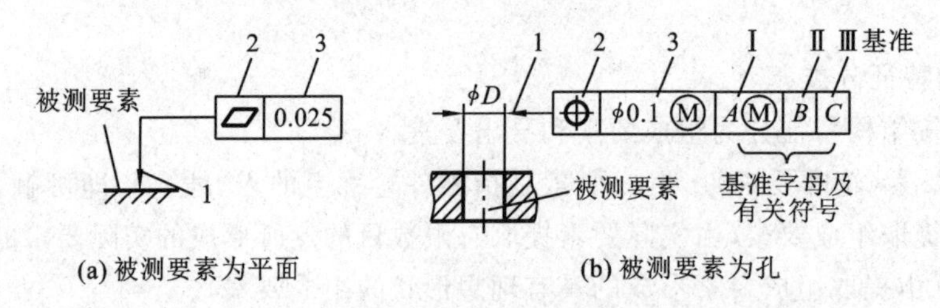

图 4-2　公差框格及基准代号

1—指引箭头;2—公差特征项目符号;3—几何公差值及有关符号

几何公差框格由 2～5 格组成。形状公差框格一般有 2 格,方向、位置和跳动公差框格一般有 3～5 格,框格中的内容从左到右顺序填写:公差特征项目符号、几何公差值(以 mm 为单位)和有关符号、基准字母及有关符号。代表基准的字母(包括基准代号方框内的字母)为大写英文字母。若几何公差值的数字前加注有 ϕ 或 $S\phi$,则表示其公差带为圆形、圆柱形或球形。

几何公差规范标注的组成包括公差框格、可选的辅助平面和要素标注,以及可选的相邻标注(补充标注),如图 4-3 所示。

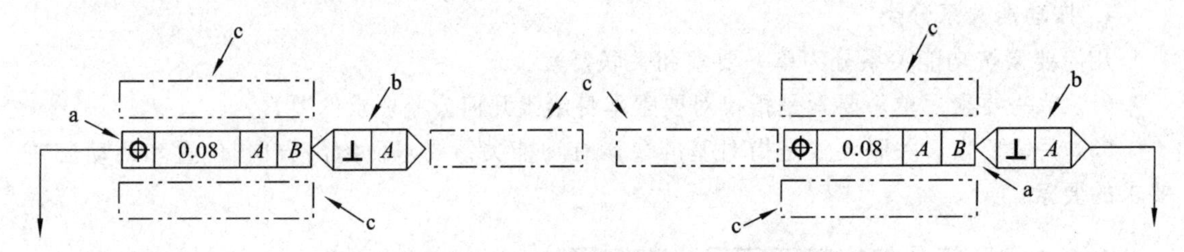

图 4-3　几何公差规范标注的元素

a—公差框格;b—辅助平面和要素框格;c—相邻标注

对被测要素的数量说明,应标注在几何公差框格的上方,如图 4-4(a)所示;其他说明性要求应标注在几何公差框格的下方,如图 4-4(b)所示;如对同一要素有一个以上的几何公差特征项目的要求,其标注方法又一致,为方便起见,可将一个框格放在另一个框格的下方,如图 4-4(c)所示;当多个被测要素有相同的几何公差(单项或多项)要求时,可以从框格引出多个指示箭头并分别与各被测要素相连,如图 4-4(d)所示。

当被测要素是在一个给定方向上的所有线要素,且特征符号并未明确表明被测要素是平面要素还是该要素上的线要素时,应使用相交平面框格表示出被测要素是要素上的线要素,并表示这些要素的方向,如图 4-4(e)所示。此时,被测要素是该面要素上与基准 C 平行的所有线要素。

如果要求在几何公差带内进一步限定被测要素的形状或检测方法,则应在公差值后或框格上方加注相应的附加符号,如表 4-2 所示。

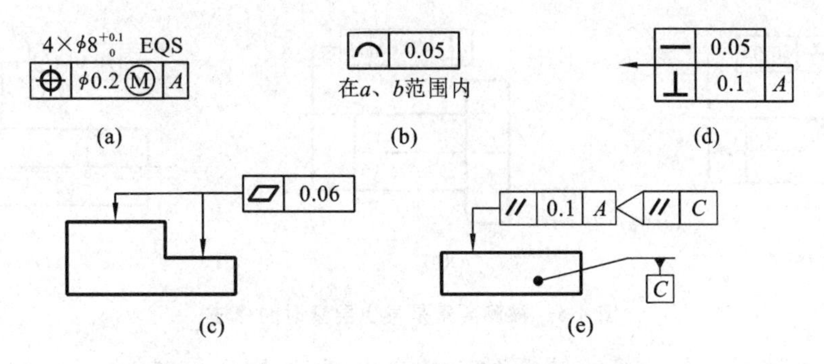

图 4-4 几何公差的标注

表 4-2 工程图样或技术文件中的相关符号及说明

含义	符号	举例	含义	符号	举例
组合公差带	CZ	— t cz	最小外接要素	Ⓝ	○ tⓃ
最小二乘(高斯)要素	Ⓖ	○ tⓖ	任意横截面	ACS	ACS ◎ φt A
最小二乘法谷深参数	GV	○ t GV	任意纵截面	ALS	ALS ⌭ t
最大内切要素	Ⓧ	○ tⓍ	贴切要素	Ⓣ	// tⓉ A

1. 被测要素的标注

设计要求将给出几何公差的要素用带指示箭头的指引线与公差框格相连。指引线一般与框格一端的中部相连，如图 4-2 所示，也可以与框格在任意位置水平或垂直相连。

当被测要素为组成要素(零件的轮廓线或轮廓面)时，指示箭头应直接指向被测要素或其延长线，并与尺寸线明显错开，如图 4-5 所示。

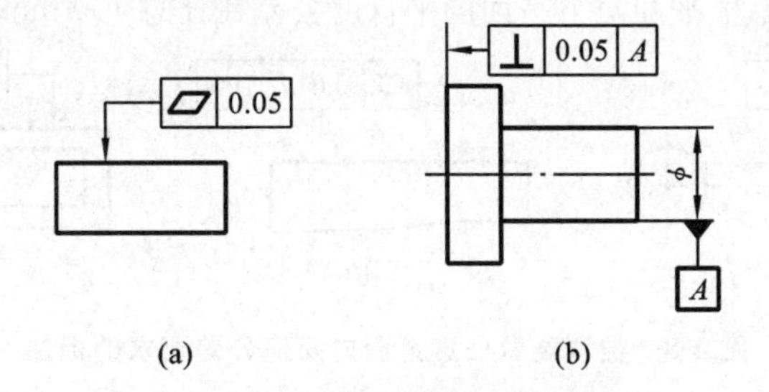

图 4-5 被测要素是组成要素时的标注

当被测要素为导出要素(中心点、中心线、中心面等)时，指示箭头应与被测要素相应的轮廓要素的尺寸线对齐，如图 4-6(a)(b)所示。也可在几何公差值后加注带圈字母Ⓐ，此时指示箭头可指向轮廓表面，如图 4-6(c)所示。

当被测要素为视图上的整个轮廓线(面)时，应在指示箭头的指引线的转折处加注全周符号○标注。如图 4-7(a)所示，线轮廓度公差 0.04 mm 是对该视图上全部轮廓线的要求。其他视图上的轮廓不受该公差要求的限制。如果将几何公差规范作为单独的要求应用到工件的所有组成要素上，应使用全表面符号◎标注，如图 4-7(b)所示。

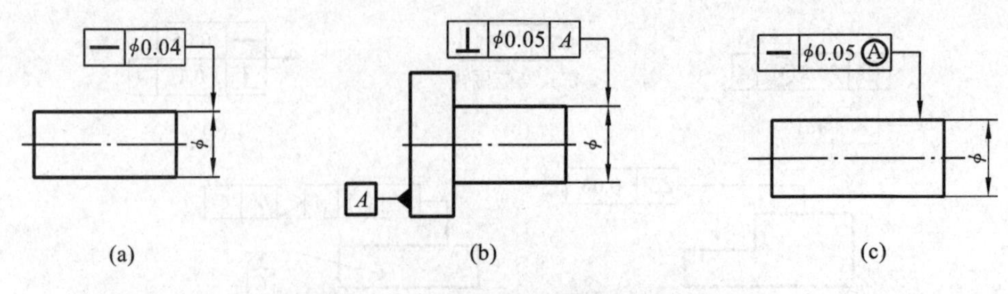

图 4-6　被测要素是导出要素时的标注

除非基准参照系可锁定所有未受约束的自由度,否则全周或全表面应与独立公差带(SZ)、组合公差带(CZ)或联合要素(UF)组合使用。

以螺纹、齿轮、花键的轴线作为被测要素时,应在几何公差框格下方标明节径(PD)、大径(MD)或小径(LD),如图 4-7(c)所示。

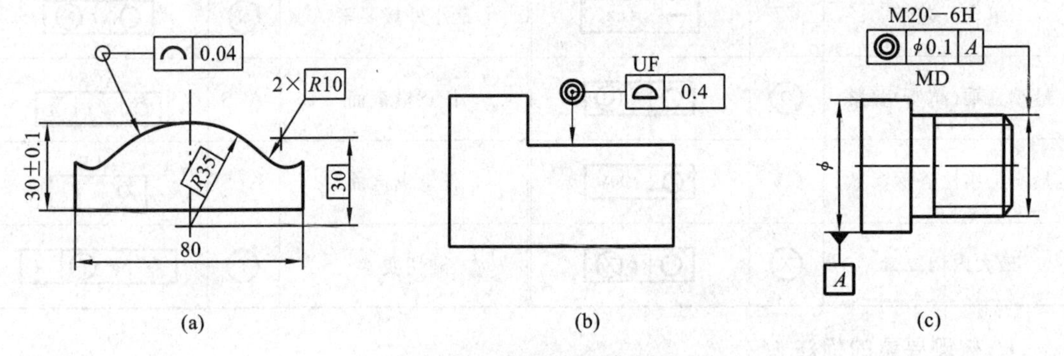

图 4-7　被测要素的其他标注

对于被测要素任意局部范围内的公差要求,应将该局部范围的尺寸标注在几何公差值后面,并用斜线隔开,例如:图 4-8(a)表示圆柱面素线在任意 100 mm 长度范围内的直线度公差为0.01 mm;图 4-8(b)表示箭头所指平面在任意边长为 100 mm 的正方形范围内的平面度公差是0.01 mm;图 4-8(c)表示上平面对下平面的平行度公差在任意 100 mm 长度范围内为0.05 mm。

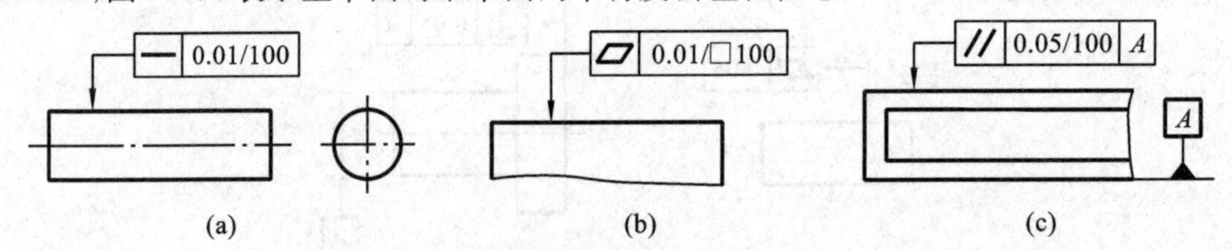

图 4-8　被测要素任意范围内几何公差要求的标注

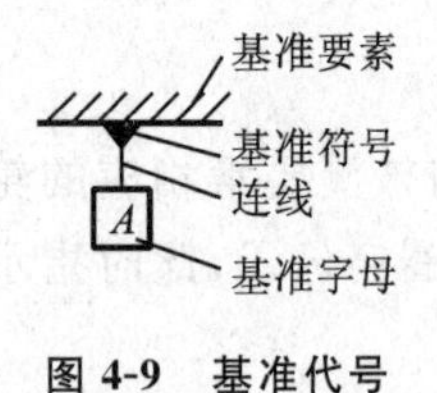

图 4-9　基准代号

2. 基准要素的标注

对关联被测要素的方向、位置和跳动公差要求必须注明基准。基准代号如图 4-9 所示,方框内的字母应与公差框格中的基准字母对应,且不论基准代号在图样中的方向如何,方框内的字母均应水平书写(基准符号可以是涂黑的或空白的三角形)。

单一基准由一个字母表示,如图 4-10(a)所示;公共基准采用由横线隔开的两个字母表示,如图 4-10(b)所示;基准体系由两个或三个字母表示,如图 4-2(b)所示。

当以组成要素作为基准时,基准符号在基准要素的轮廓线或其延长线上,且与轮廓的尺寸线明显错开，如图4-10(a)所示；当以导出要素作为基准时，基准连线应与相应的轮廓要素的尺寸线对齐，如图4-10(b)所示。

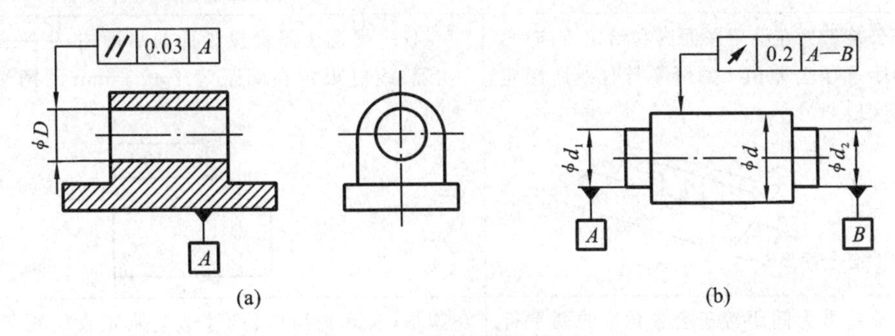

图4-10　基准要素的标注

4.1.4　几何公差带

几何公差带用来限制被测实际要素变动的区域。只要被测实际要素完全落在给定的公差带内，就表示其形状和位置符合设计要求。

几何公差带的形状由被测要素的理想形状和给定的公差特征决定，其形状有如图4-11所示的几种。几何公差带的大小由公差值 t 确定，指的是公差带的宽度或直径等。

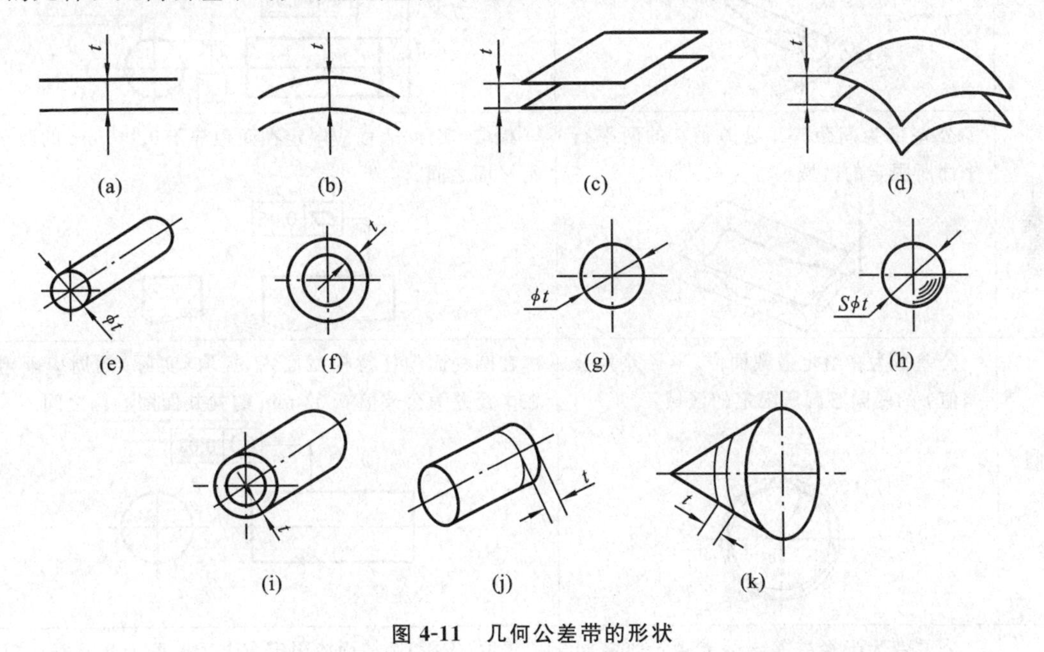

图4-11　几何公差带的形状

4.2　形状误差与形状公差

4.2.1　形状公差与公差带

形状公差是指单一实际要素的形状所允许的变动全量。形状公差带是限制实际被测要素形状变动的一个区域。形状公差带及其定义、标注示例和解释如表4-3所示。

表 4-3　形状公差带定义、标注示例和解释

特征	公差带定义	标注示例和解释
直线度	公差带为在给定平面内和给定方向上，间距等于公差值 t 的两平行直线所限定的区域 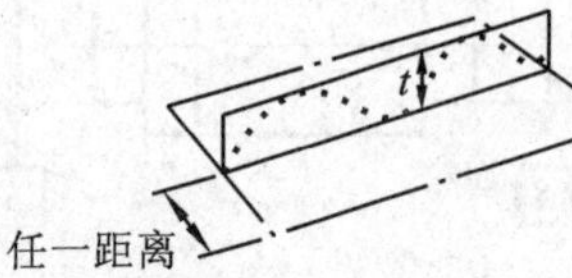	在任一平行于图示投影面的平面内，上平面的提取(实际)线应限定在间距等于 0.1 mm 的两平行直线之间 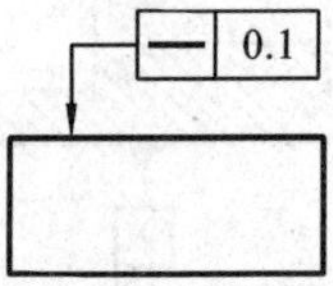
	公差带为间距等于公差值 t 的两平行平面所限定的区域 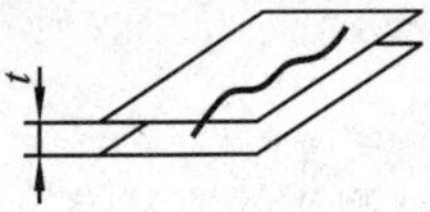	提取(实际)刀口尺的棱边应限定在间距等于 0.03 mm 的两平行平面内 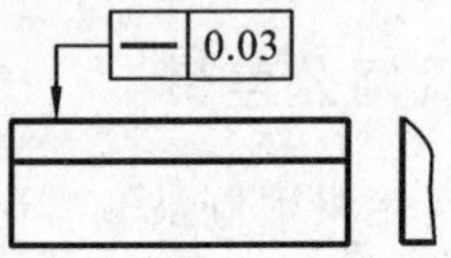
	公差带为直径等于公差值 t 的圆柱面所限定的区域 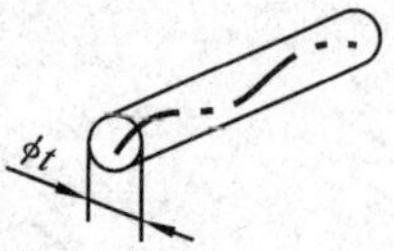	圆柱面的提取(实际)中心线应限定在直径等于公差值 0.08 mm 的圆柱面内 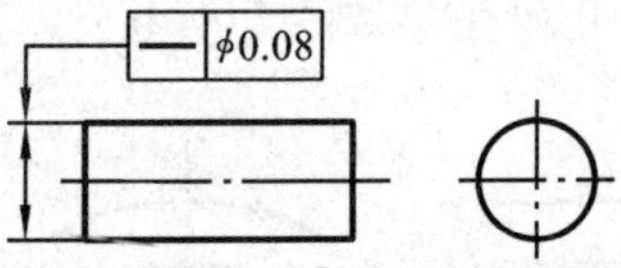
平面度	公差带为间距等于公差值 t 的两平行平面所限定的区域 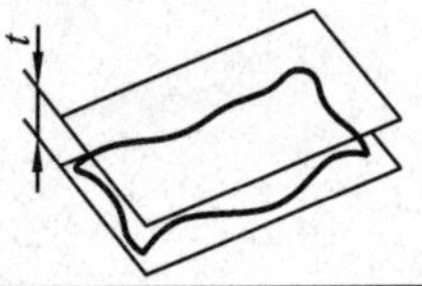	提取(实际)表面应限定在间距等于 0.06 mm 的两平行平面之间 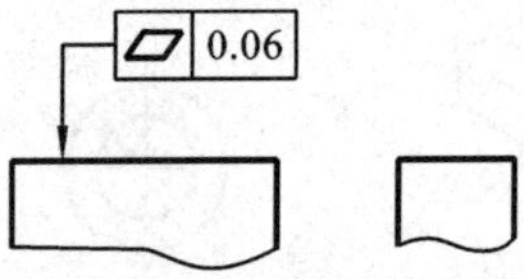
圆度	公差带为在给定横截面内，半径差为公差值 t 的两同心圆所限定的区域 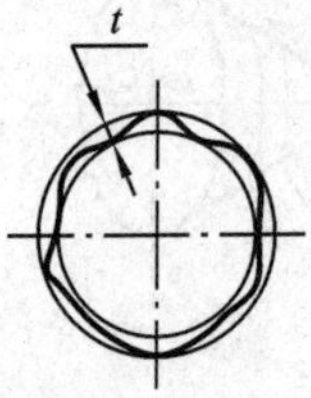	在圆柱面的任意横截面内，提取(实际)圆周应限定在半径差为公差值 0.02 mm 的两共面同心圆之间 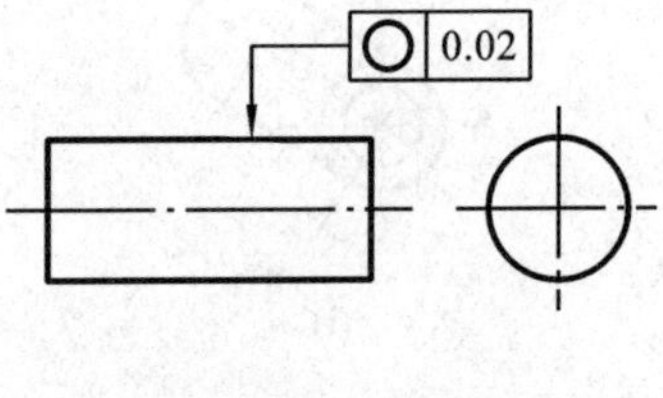
圆柱度	公差带为半径差等于公差值 t 的两同轴圆柱面所限定的区域 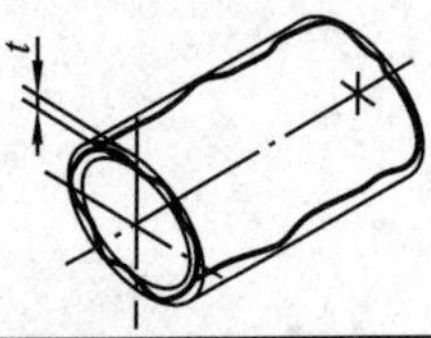	提取(实际)圆柱面应限定在半径差等于公差值 0.05 mm 的两同轴圆柱面之间 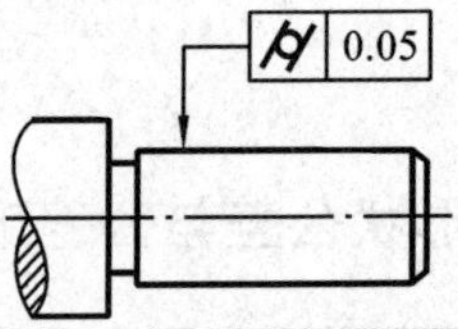

形状公差带的特点是不涉及基准，其方向和位置随相应实际要素的不同而不同。

4.2.2 形状误差及其评定

形状误差是被测提取(实际)要素的形状对其拟合(理想)要素的变动量。将被测提取要素与拟合要素进行比较时,由于拟合要素所处的位置不同,得到的最大变动量也会不同。为了正确和统一地评定形状误差,就必须明确拟合要素的位置。国家标准规定:最小条件是评定形状误差的基本原则。在满足零件功能要求的前提下,经供货方和需方协商同意,也允许采用近似方法评定形状误差。

1. 形状误差的评定准则——最小条件

最小条件是指被测提取要素对其拟合要素的最大变动量为最小。如图4-12中,拟合直线Ⅰ、Ⅱ、Ⅲ处于不同的位置,被测提取要素相对于拟合要素的最大变动量分别为f_1、f_2、f_3且$f_1<f_2<f_3$,所以拟合直线Ⅰ的位置符合最小条件。

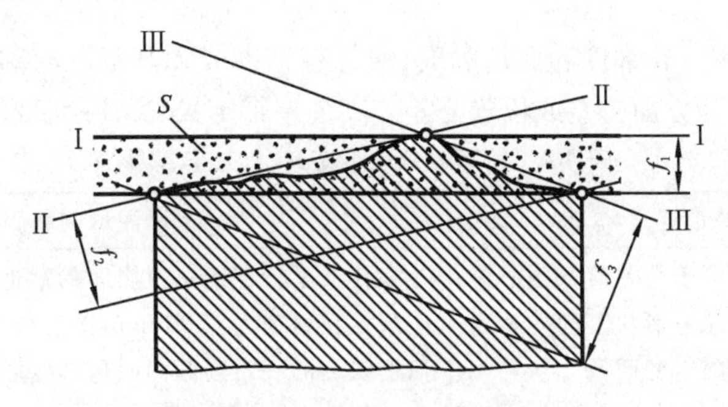

图4-12 最小条件和最小区域

2. 形状误差的评定方法——最小区域法

形状误差值用拟合要素的位置符合最小条件的最小包容区域的宽度或直径表示。最小包容区域是指包容被测提取要素时,具有最小宽度f或直径f的包容区域。最小包容区域的形状与其公差带相同。

最小区域是根据被测提取要素与包容区域的接触状态判别的。

1) 评定给定平面内的直线度误差

包容区域为两平行直线间的区域,实际直线应至少与包容直线有两高夹一低或两低夹一高的三点接触,这个包容区就是最小区域S,如图4-12所示。

2) 评定圆度误差

包容区域为两同心圆间的区域,实际圆轮廓应至少有内外交替四点与两包容圆接触,如图4-13(a)所示的最小区域S。

3) 评定平面度误差

包容区域为两平行平面间的区域(如图4-13(b)所示的最小区域S),被测平面至少有三点或四点按下列三种准则之一分别与这两个平行平面接触。

(1) 三角形准则:三个极高点与一个极低点(或相反),其中一个极低点(或极高点)位于三个极高点(或极低点)构成的三角形之内。

(2) 交叉准则:两个极高点的连线与两个极低点的连线在包容平面上的投影相交。

(3) 直线准则:两平行包容平面与实际被测表面接触为高低相间的三点,且它们在包容平面上的投影位于同一直线上。

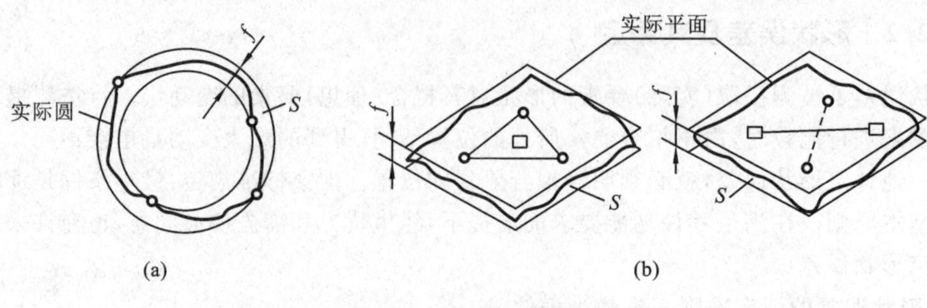

图 4-13　最小包容区域

4.3　轮廓度公差与公差带

轮廓度公差特征有线轮廓度和面轮廓度,均可有基准或无基准。轮廓度无基准要求时为形状公差,有基准要求时为方向公差或位置公差。其公差带定义、标注示例和解释如表 4-4 所示。

表 4-4　轮廓度公差带定义、标注和解释

特征	公差带定义	标注示例和解释
线轮廓度	公差带为直径等于公差值 t、圆心位于具有理论正确几何形状上的一系列圆的两包络线所限定的区域 ϕt　t	在任一平行于图示投影面的截面内,提取(实际)轮廓线应限定在直径为 0.04 mm,圆心位于被测要素理论正确几何形状上的一系列圆的两包络线之间 0.04　2×R10　30±0.1　R35　30　80 (a) 无基准要求 0.04　A　2×R10　30　R35　30　A　80 (b) 有基准要求
面轮廓度	公差带是直径为公差值 t,球心位于被测要素理论正确几何形状上的一系列圆球的两包络面所限定的区域 $S\phi t$	提取(实际)轮廓面应限定在直径为 0.02 mm,球心位于被测要素理论正确几何形状上的一系列圆球的两等距包络面之间 0.02　40±0.1　SR

4.4　方向、位置、跳动误差与方向、位置、跳动公差

方向、位置和跳动公差是关联提取要素对基准允许的变动全量。

4.4.1　方向公差与公差带

方向公差是关联提取要素对基准在方向上允许的变动全量。方向公差有平行度、垂直度和倾斜度三项。它们都有面对面、线对面、面对线和线对线几种情况。典型的方向公差带定义、标注示例和解释如表 4-5 所示。

表 4-5　方向公差带定义、标注示例和解释

特征		公差带定义	标注示例和解释
平行度	面对面	公差带是间距为公差值 t、平行于基准平面的两平行平面所限定的区域 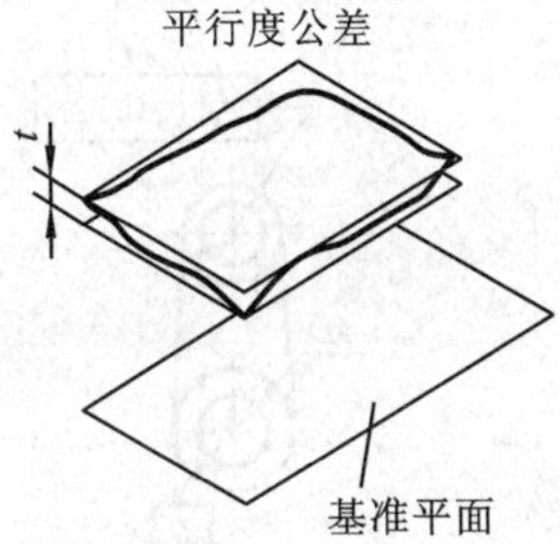 平行度公差 t 基准平面	提取(实际)表面应限定在间距为 0.05 mm、平行于基准平面 A 的两平行平面之间 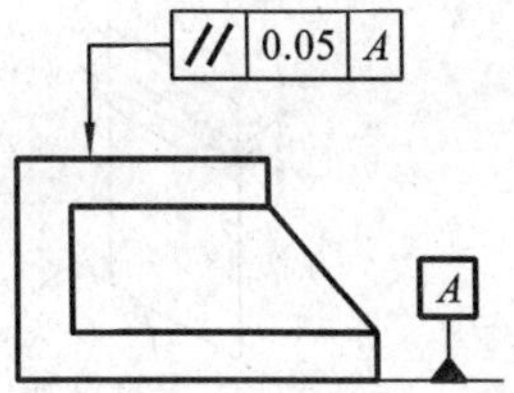 // 0.05 A A
	线对面	公差带是平行于基准平面、间距为公差值 t 的两平行平面所限定的区域 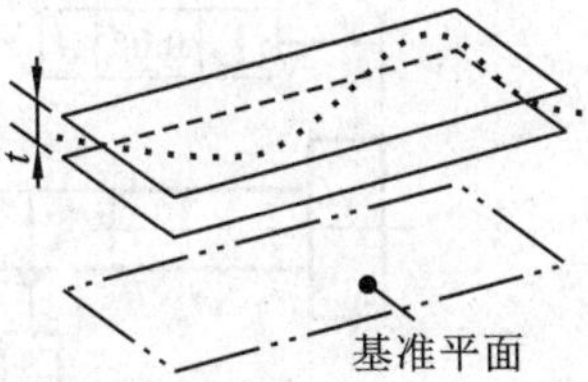 t 基准平面	提取(实际)中心线应限定在平行于基准 A、间距等于 0.03 mm 的两平行平面之间 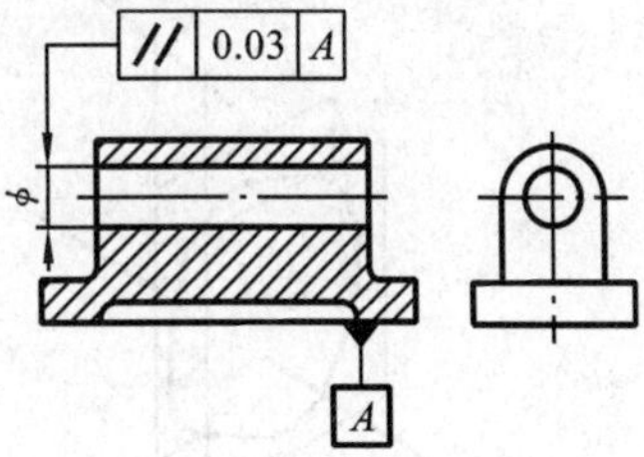 // 0.03 A ϕ A
	面对线	公差带是间距为公差值 t、平行于基准轴线的两平行平面所限定的区域 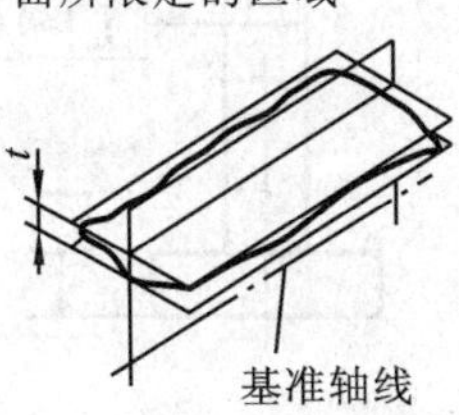 t 基准轴线	提取(实际)表面应限定在间距等于 0.05 mm、平行于基准轴线 A 的两平行平面之间 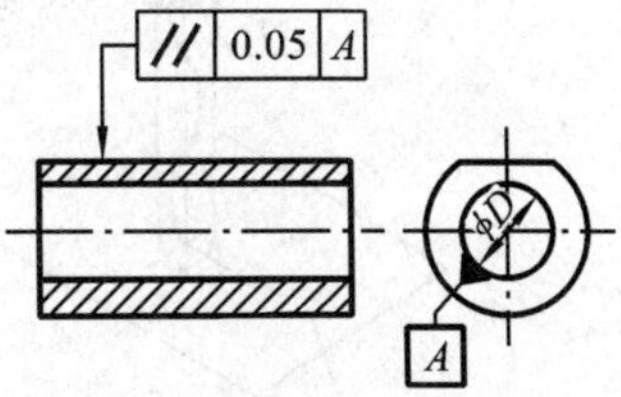 // 0.05 A ϕD A

续表

特征		公差带定义	标注示例和解释
平行度	线对基准体系	公差带为间距等于公差值 t、平行于两基准的两平行平面所限定的区域 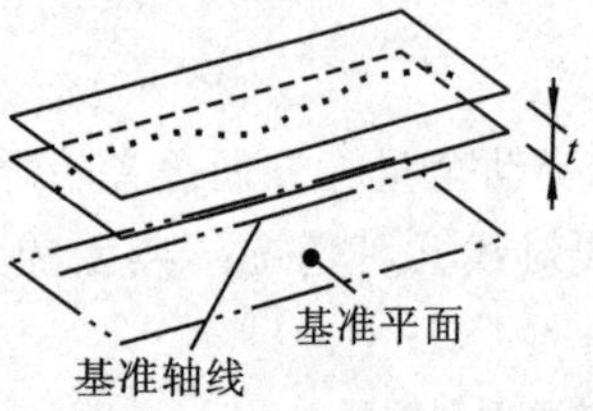 t 基准平面 基准轴线	提取(实际)中心线应限定在间距等于 0.1 mm、平行于基准轴线 A 和基准平面 B 的两平行平面之间 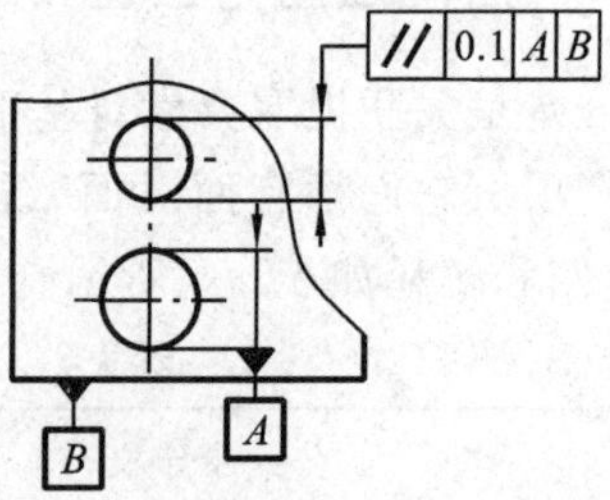 // 0.1 A B B　A
	线对线	公差带为平行于基准轴线、直径等于公差值 t 的圆柱面所限定的区域 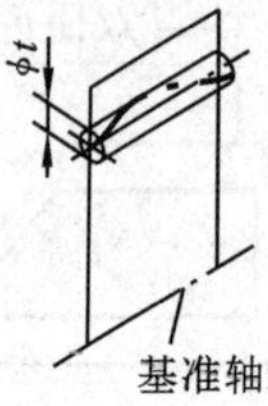 ϕt 基准轴线	提取(实际)中心线应限定在平行于基准轴线 B、直径等于 0.1 mm 的圆柱面内 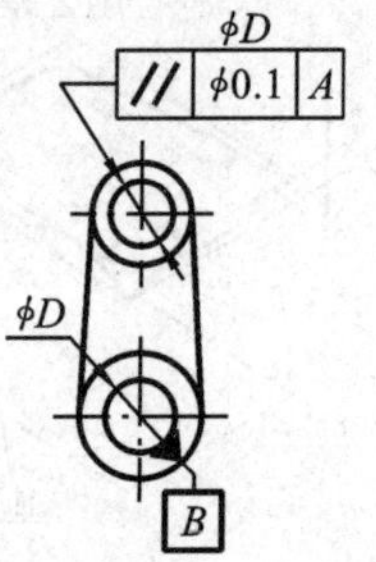 ϕD // ϕ0.1 A ϕD B
垂直度	面对线	公差带是距离为公差值 t 且垂直于基准直线的两平行平面所限定的区域 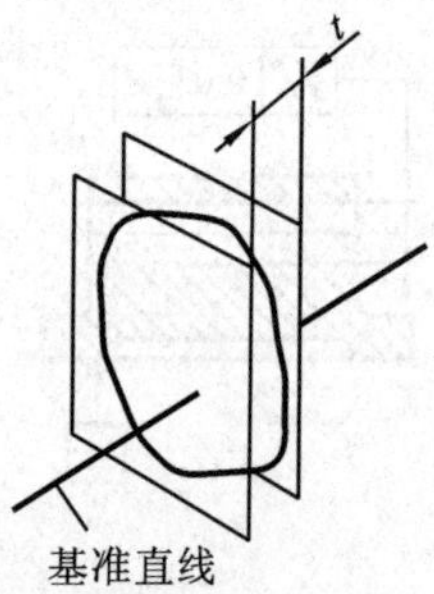 t 基准直线	提取(实际)表面应限定在间距等于 0.05 mm 的两平行平面之间,该两平行平面垂直于基准轴线 A 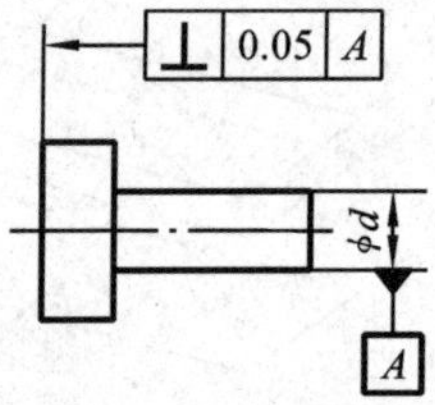 ⊥ 0.05 A ϕd A
	线对面	公差带是直径为公差值 t、轴线垂直于基准平面的圆柱面所限定的区域 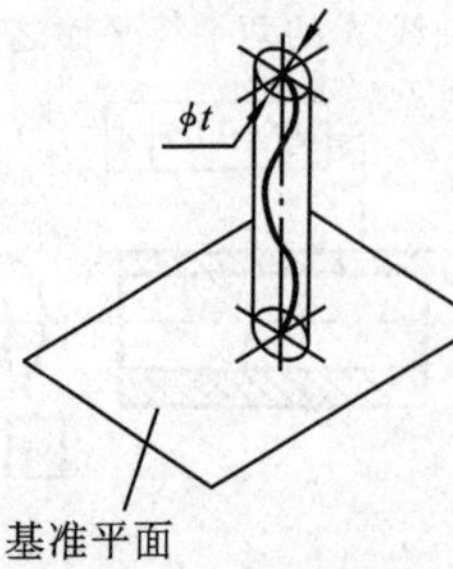 ϕt 基准平面	提取(实际)中心线应限定在直径等于 0.05 mm、垂直于基准平面 A 的圆柱面内 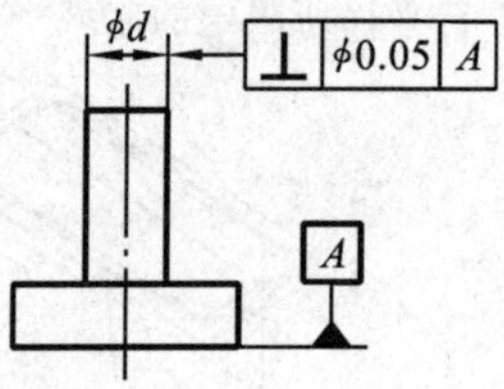 ϕd ⊥ ϕ0.05 A A

续表

特征		公差带定义	标注示例和解释
倾斜度	面对面	公差带为间距等于公差值 t 的两平行平面所限定的区域，该两平行平面按给定角度相对基准平面倾斜 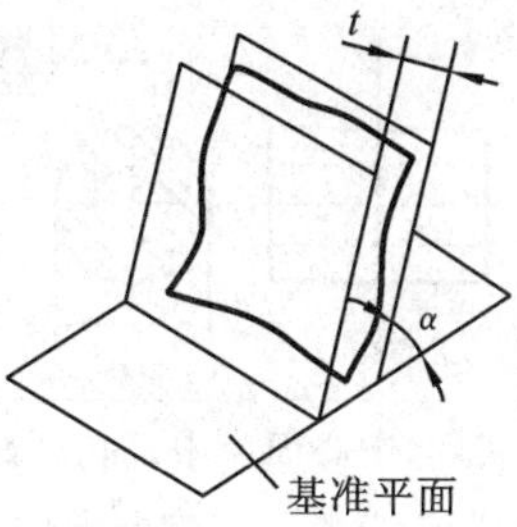	提取（实际）表面应限定在间距等于 0.08 mm 的两平行平面之间，该两平行平面按 45°理论正确角度相对基准平面 A 倾斜 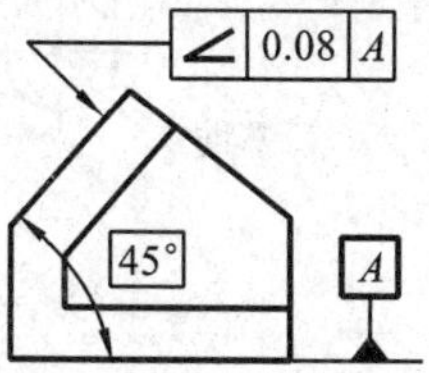
	线对面	公差带为直径等于公差值 t 的圆柱面所限定的区域，且与基准平面（底平面）成理论正确角度 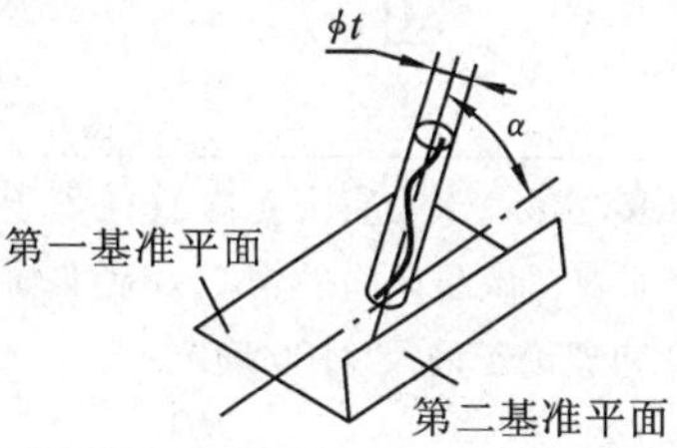	提取（实际）中心线应限定在直径等于 0.05 mm 的圆柱面内，该圆柱面的中心线按 60°理论正确角度相对基准平面 A 倾斜且平行于基准平面 B 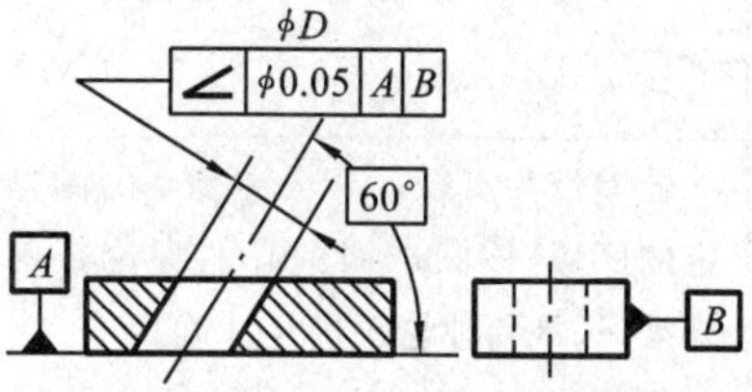

4.4.2 位置公差与公差带

位置公差是关联提取要素对基准在位置上所允许的变动全量。位置公差有同轴度（对中心点称为同心度）、对称度和位置度，其公差带的定义、标注示例和解释如表 4-6 所示。

表 4-6 位置公差带定义、标注示例和解释

特征	公差带定义	标注示例和解释
同轴度	公差带是直径为公差值 t，且以基准轴线为轴线的圆柱面所限定的区域 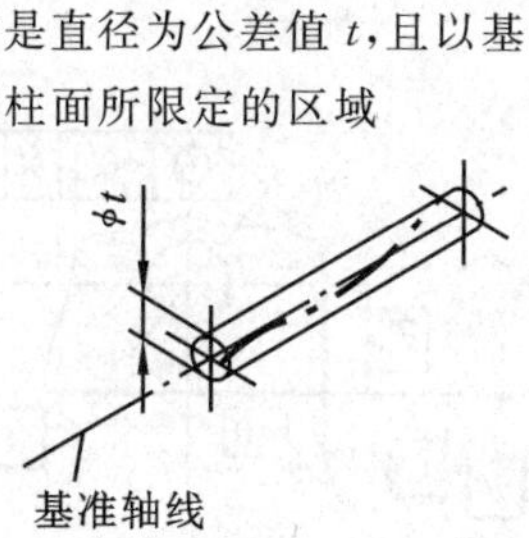	中间大圆柱面的提取（实际）中心线应限定在直径等于 0.1 mm，并以公共基准轴线 A—B 为轴线的圆柱面内 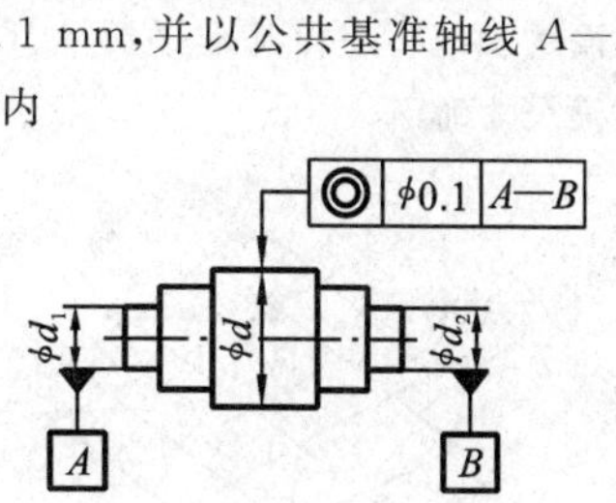

续表

特征	公差带定义	标注示例和解释
同心度	公差带是直径为公差值 t 的圆周所限定的区域,该圆周的圆心与基准点重合 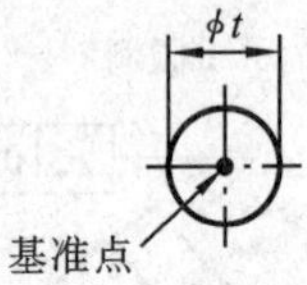	在任意横截面内,内圆的提取(实际)中心应限定在直径等于 0.1 mm、以基准中心点 B 为圆心的圆周内 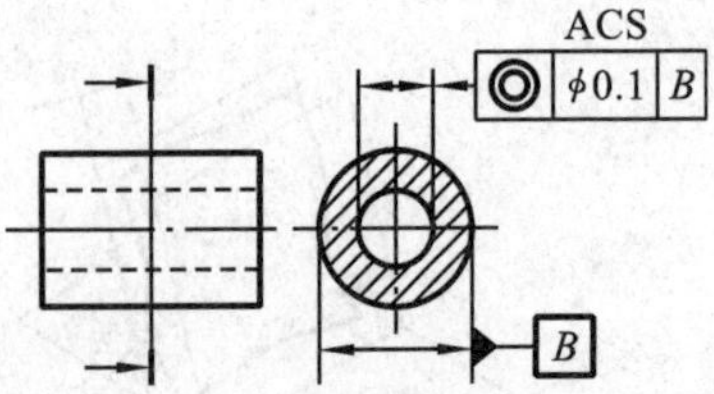
对称度	公差带为间距等于公差值 t、对称于基准中心平面的两平行平面所限定的区域 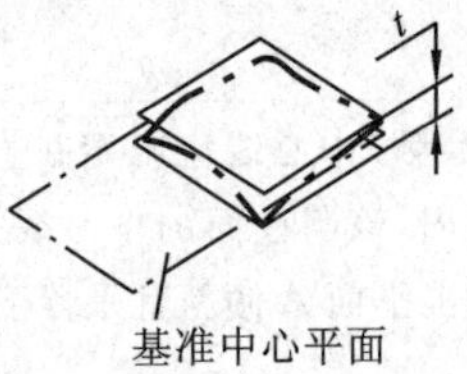	提取(实际)中心面应限定在间距等于 0.08 mm、对称于基准中心平面 A 的两平行平面之间 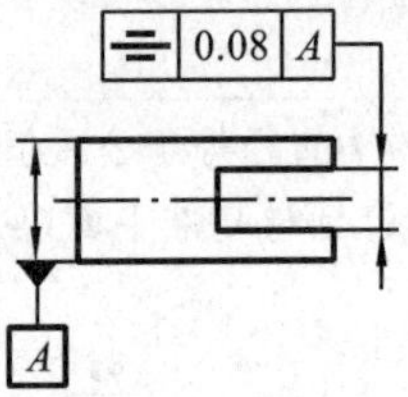
位置度　点的位置度	公差带为直径等于公差值 t 的圆球面所限定的区域,该圆球面中心的理论正确位置由基准 A、B 和理论正确尺寸确定 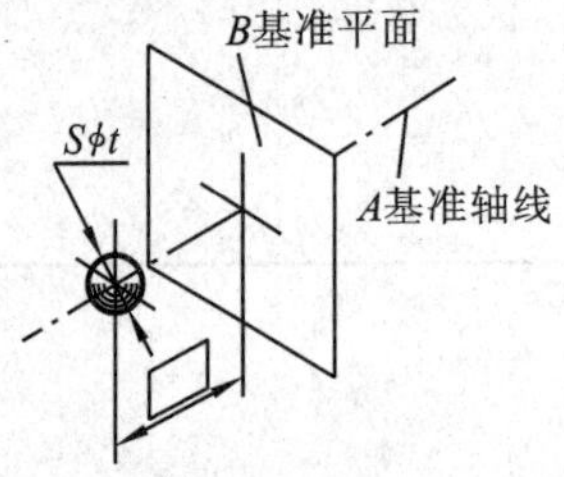	提取(实际)球心应限定在直径等于 0.08 mm 的圆球面内。该圆球面的中心由基准轴线 A、基准平面 B 和理论正确尺寸 30 确定 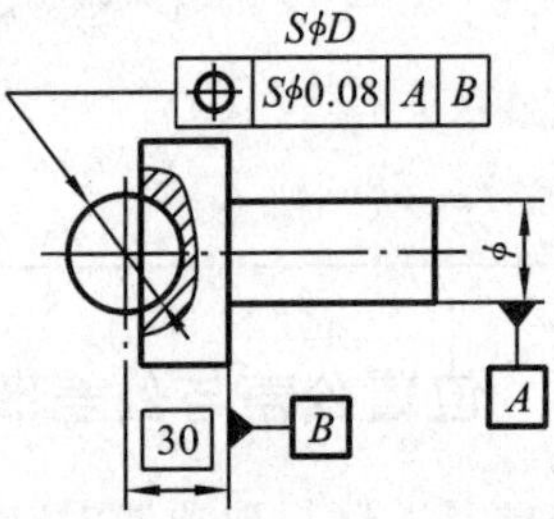
位置度　线的位置度	当给定一个方向时,公差带为间距等于公差值 t,对称于线的理论正确位置的两平行平面所限定的区域;在任意方向上,公差带是直径为公差值 t 的圆柱面所限定的区域。该圆柱面的轴线位置由基准平面 A、B、C 和理论正确尺寸确定 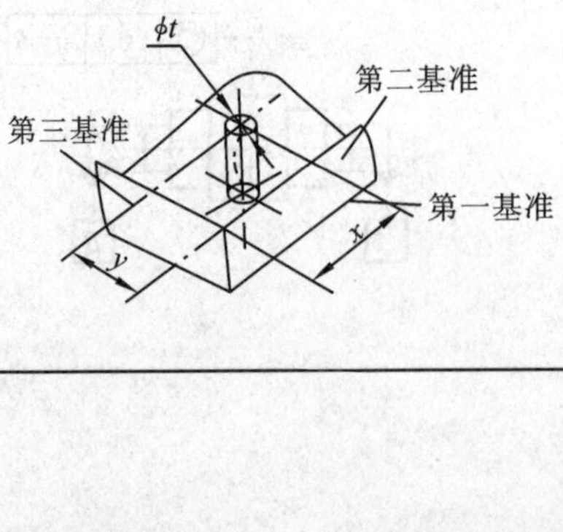	提取(实际)中心线应限定在直径等于 0.1 mm 的圆柱面内。该圆柱面的轴线位置应处于由基准平面 A、B、C 和理论正确尺寸 30、40 确定的理论正确位置上 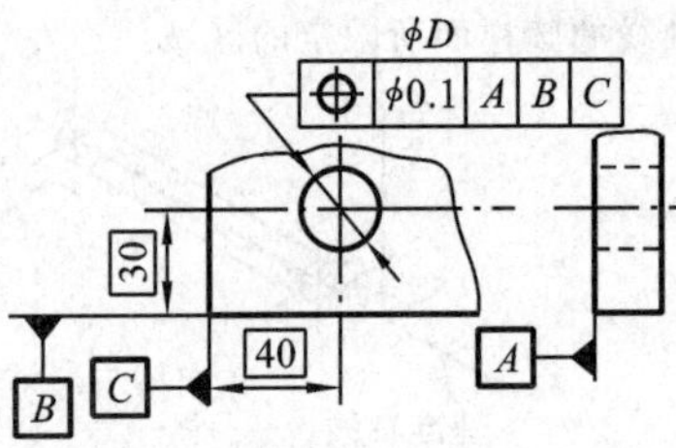

续表

特征		公差带定义	标注示例和解释
位置度	面的位置度	公差带为间距等于公差值 t，且对称于被测面理论正确位置的两平行平面所限定的区域。面的理论正确位置由基准轴线、基准平面和理论正确尺寸确定	提取(实际)表面应限定在间距等于 0.05 mm，且关于被测面的理论正确位置对称的两平行平面之间。该两平行平面对称于由基准轴线 A、基准平面 B 和理论正确尺寸 60°、50 确定的被测面的理论正确位置

4.4.3 跳动公差与公差带

跳动公差是关联提取要素绕基准轴线回转一周或连续回转时所允许的最大跳动量。跳动公差分为圆跳动和全跳动。圆跳动是指被测提取要素在某个测量截面内相对于基准轴线的变动量，全跳动是指整个被测提取要素相对于基准轴线的变动量。其公差带的定义、标注示例和解释如表 4-7 所示。

表 4-7 跳动公差带定义、标注示例和解释

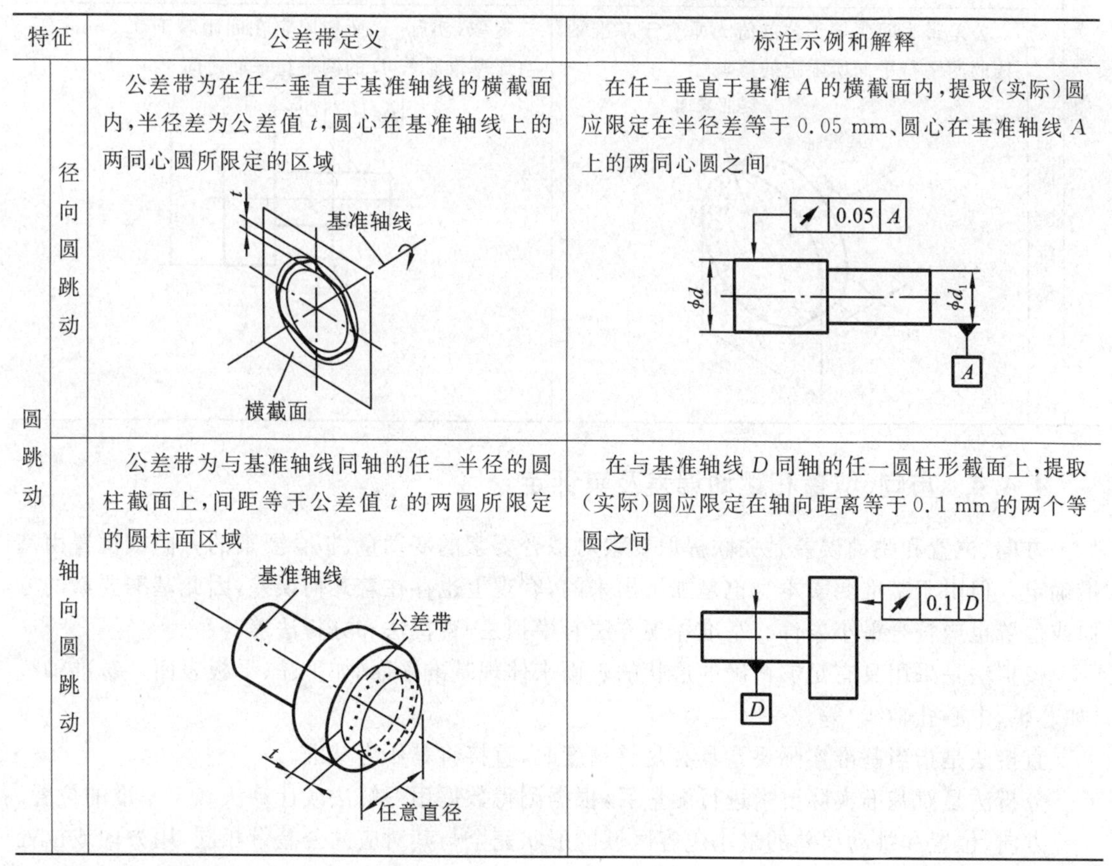

特征		公差带定义	标注示例和解释
圆跳动	径向圆跳动	公差带为在任一垂直于基准轴线的横截面内，半径差为公差值 t，圆心在基准轴线上的两同心圆所限定的区域	在任一垂直于基准 A 的横截面内，提取(实际)圆应限定在半径差等于 0.05 mm、圆心在基准轴线 A 上的两同心圆之间
圆跳动	轴向圆跳动	公差带为与基准轴线同轴的任一半径的圆柱截面上，间距等于公差值 t 的两圆所限定的圆柱面区域	在与基准轴线 D 同轴的任一圆柱形截面上，提取(实际)圆应限定在轴向距离等于 0.1 mm 的两个等圆之间

续表

特征		公差带定义	标注示例和解释
圆跳动	斜向圆跳动	公差带为与基准轴线同轴的某一圆锥截面上,间距等于公差值 t 的两圆所限定的圆锥面区域(除非另有规定,测量方向应沿被测表面的法向) 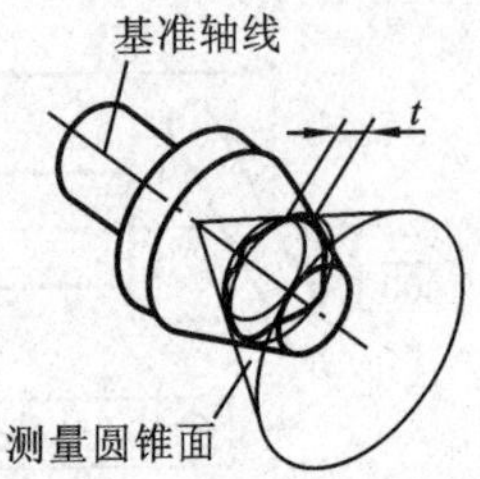 基准轴线　t　测量圆锥面	在与基准轴线 A 同轴的任一圆锥截面上,提取(实际)线应限定在素线方向间距等于 0.05 mm 的两直径不等的圆之间 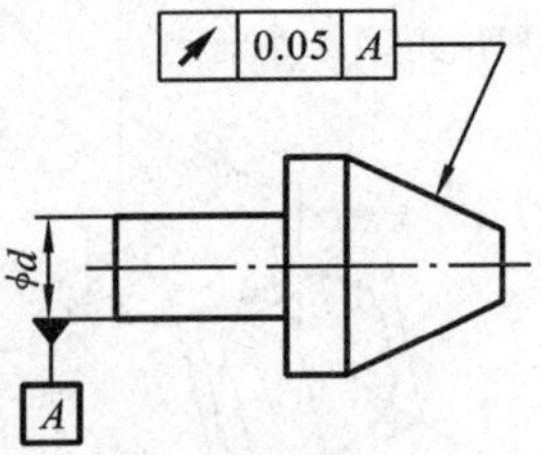 0.05 A　ϕd　A
全跳动	径向全跳动	公差带为半径差等于公差值 t,与基准轴线同轴的两圆柱面所限定的区域 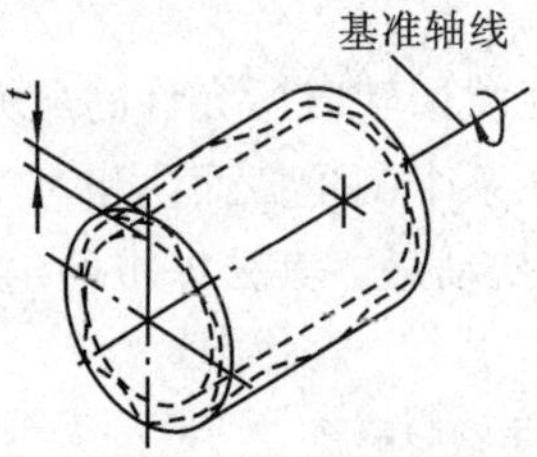 基准轴线　t	提取(实际)表面应限定在半径差等于 0.2 mm、与公共基准轴线 $A-B$ 同轴的两圆柱面之间 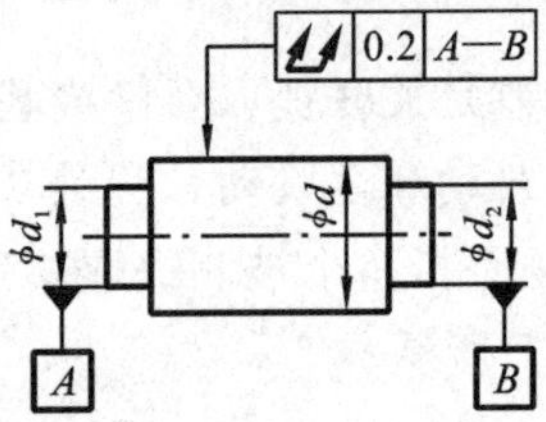 0.2 A—B　ϕd_1　ϕd　ϕd_2　A　B
	轴向全跳动	公差带为间距等于公差值 t,垂直于基准轴线的两平行平面所限定的区域 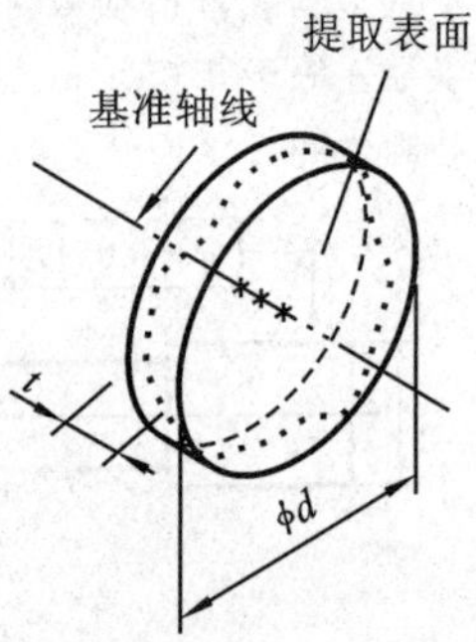 提取表面　基准轴线　t　ϕd	提取(实际)表面应限定在间距等于 0.1 mm,垂直于基准轴线 D 的两平行平面之间 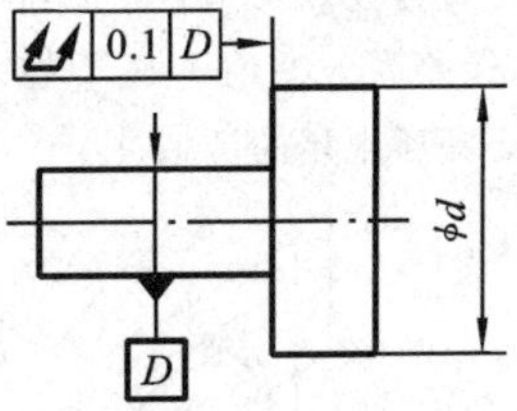 0.1 D　ϕd　D

4.4.4　方向、位置和跳动误差及其评定

方向、位置和跳动误差是关联提取要素对拟合要素的变动量,拟合要素的方向或位置由基准确定。但由于基准要素本身也是加工出来的,客观上也存在着几何误差,因此基准要素的方向或位置也应符合最小条件。基准体现方法有模拟法、直接法和分析法等。

模拟法是采用具有足够精确的形状的表面来体现基准平面(如平晶、平板表面)、基准轴线(如芯轴、中心孔轴线)等。

直接法是指当基准实际要素具有足够精度时,直接将其作为基准。

分析法是对基准实际要素进行测量后,根据测得数据用图解法或计算法确定基准的位置。

方向、位置和跳动误差的最小包容区域的形状完全与其对应的公差带相同,用方向或位置

最小包容区域包容实际被测提取要素时，该最小包容区域必须与基准保持图样上给定的几何关系，且使包容区域的宽度和直径为最小。

4.5 几何公差与尺寸公差的关系

确定零件的几何公差和尺寸公差之间相互关系的原则称为公差原则，它分为独立原则和相关要求。公差原则的国家标准包括《产品几何技术规范(GPS) 基础 概念、原则和规则》(GB/T 4249—2018)和《产品几何技术规范(GPS) 几何公差 最大实体要求(MMR)、最小实体要求(LMR)和可逆要求(RPR)》(GB/T 16671—2018)。

4.5.1 有关术语定义

1. 作用尺寸

1) 体外作用尺寸(D_{fe}、d_{fe})

体外作用尺寸是在被测要素的给定长度上，与实际内表面(孔)体外相接的最大理想面，或与实际外表面(轴)体外相接的最小理想面的直径或宽度，如图4-14所示。

对于关联要素(关联体外作用尺寸为D'_{fe}、d'_{fe})，该理想面的轴线或中心平面必须与基准保持图样上给定的几何关系，如图4-15所示。

2) 体内作用尺寸(D_{fi}、d_{fi})

体内作用尺寸是在被测要素的给定长度上，与实际内表面体内相接的最小理想面，或与实际外表面体内相接的最大理想面的直径或宽度，如图4-14所示。

对于关联要素(关联体内作用尺寸为D'_{fi}、d'_{fi})，该理想面的轴线或中心平面必须与基准保持图样上给定的几何关系。

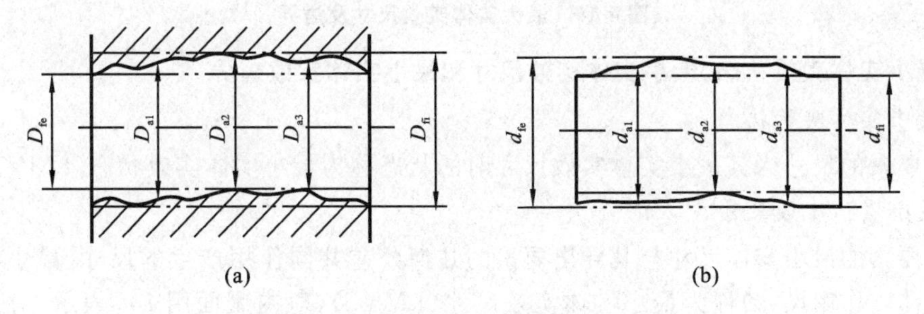

图4-14 体外作用尺寸与体内作用尺寸

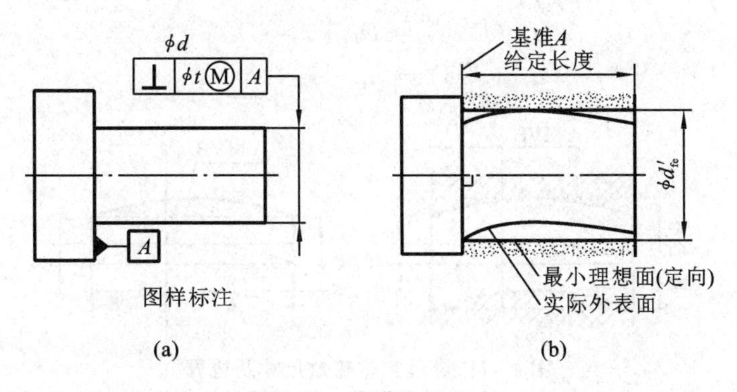

图4-15 关联作用尺寸

2. 最大实体边界

最大实体边界(MMB)是尺寸为最大实体尺寸的边界。

由设计给定的具有理想形状的极限包容面称为边界。边界尺寸为极限包容面的直径或距离。

3. 最大实体实效状态、最大实体实效尺寸和最大实体实效边界

1) 最大实体实效状态

拟合要素的尺寸为其最大实体实效尺寸时的状态称为最大实体实效状态(MMVC)。

2) 最大实体实效尺寸

尺寸要素的最大实体尺寸与其导出要素的几何公差共同作用产生的尺寸(最大实体实效状态下的体外作用尺寸)称为最大实体实效尺寸(MMVS),对内表面用 D_{MV} 表示。对外表面用 d_{MV} 表示,关联最大实体实效尺寸用 D_{MV} 或 d'_{MV} 表示,如图 4-16 所示。有

$$D_{MV}(D'_{MV}) = D_M - t = D_i - t$$

$$d_{MV}(d'_{MV}) = d_M + t = d_s + t$$

3) 最大实体实效边界

最大实体实效边界(MMVB)是尺寸为最大实体实效尺寸的边界,如图 4-16 所示。

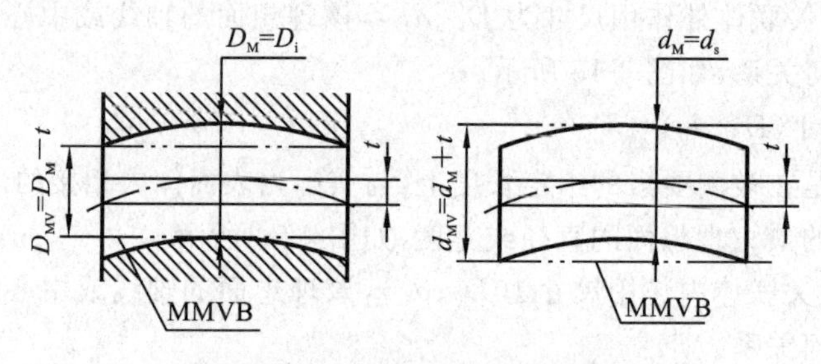

图 4-16　最大实体实效尺寸及边界

4. 最小实体实效状态、最小实体实效尺寸和最小实体实效边界

1) 最小实体实效状态

拟合要素的尺寸为其最小实体实效尺寸时的状态称为最小实体实效状态(LMVC)。

2) 最小实体实效尺寸

尺寸要素的最小实体尺寸与其导出要素的几何公差共同作用产生的尺寸(最小实体实效状态下的体内作用尺寸)称为最小实体实效尺寸(LMVS),对内表面用 D_{LV} 表示,对外表面用 d_{LV} 表示。关联最小实体实效尺寸用 D'_{LV} 或 d'_{LV} 表示,如图 4-17 所示。有

$$D_{LV}(D'_{LV}) = D_L + t = D_s + t$$

$$d_{LV}(d'_{LV}) = d_L - t = d_i - t$$

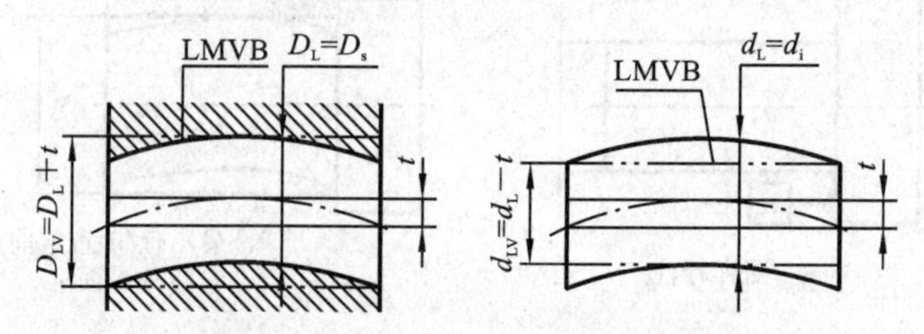

图 4-17　最小实体实效尺寸及边界

3) 最小实体实效边界

最小实体实效边界(LMVB)是尺寸为最小实体实效尺寸的边界,如图 4-17 所示。

4.5.2 独立原则

独立原则是指图样上给定的各个尺寸和几何形状、方向或位置要求都是独立的,应该分别满足各自的要求。独立原则是尺寸公差和几何公差相互关系遵循的基本原则,它的应用最广。

图 4-18(a)所示为独立原则的应用示例,不需标注任何相关符号。图示轴的局部实际尺寸应在 ϕ19.97~20 mm 之间,且中心线的直线度误差无论轴的直径是 ϕ20 mm(见图 4-18(b))还是 ϕ19.97 mm(见图 4-18(c)),都不允许大于 ϕ0.02 mm。图 4-18(d)所示为表达上述关系的动态公差图。

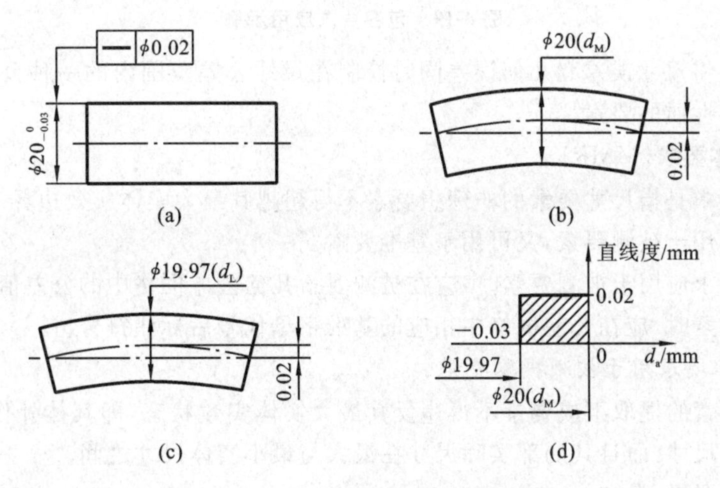

图 4-18 独立原则应用示例

4.5.3 相关要求

图样上给定的尺寸公差与几何公差相关的设计要求称为相关要求。相关要求分为包容要求、最大实体要求和最小实体要求。最大实体要求和最小实体要求还可用于可逆要求。

1. 包容要求

包容要求(ER)是被测实际要素处处不得超越最大实体边界的一种要求。它只适用于单一尺寸要素(圆柱面、两平行平面)的尺寸公差与几何公差之间的关系。

对于采用包容要求的尺寸要素,应在尺寸极限偏差或公差代号后加注Ⓔ。

包容要求表示提取组成要素不得超越其最大实体边界,即其体外作用尺寸不超出最大实体尺寸,且其局部实际尺寸不超出最小实体尺寸。

对于内表面(孔):

$$D_{fe} \geqslant D_M = D_i, \quad D_a \leqslant D_L = D_s$$

对于外表面(轴):

$$d_{fe} \leqslant d_M = d_s, \quad d_a \geqslant d_L = d_i$$

图 4-19(a)中,轴的尺寸 $\phi 20_{-0.033}^{\ 0}$ Ⓔ表示采用包容要求,则实际轴应满足以下要求(见图 4-19(b)):

$$d_{fe} \leqslant d_M = d_s = \phi 20 \text{ mm}, \quad d_a \geqslant d_L = d_i = \phi 19.967 \text{ mm}$$

图 4-19(c)的动态公差图表达了实际尺寸和形状公差变化的关系。当实际尺寸为 $\phi 19.967$ mm 时，允许的直线度误差为 0.033 mm；而当实际尺寸为最大实体尺寸 $\phi 20$ mm 时，允许的直线度误差为 0。

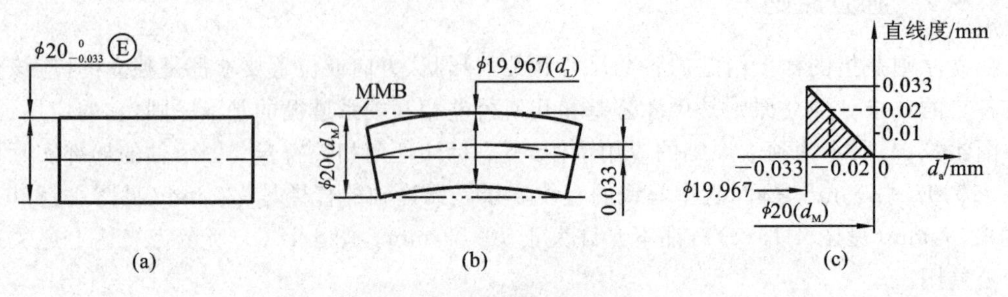

图 4-19　包容要求应用示例

包容要求是将尺寸误差和几何误差同时控制在尺寸公差范围内的一种公差要求，主要用于必须保证配合性质的要素。

2. 最大实体要求(MMR)

最大实体要求是指尺寸要素的非理想要素不得超越其最大实体实效边界的一种尺寸要素要求。它既可应用于被测要素，又可用于基准要素。

最大实体要求应用于被测要素时，应在被测要素几何公差框格中的公差值后标注符号Ⓜ；用于基准导出要素时，应在公差框格中相应的基准字母代号后标注符号Ⓜ。

1) 最大实体要求用于被测提取要素

被测提取要素的提取组成要素不得违反其最大实体实效状态，即其体外作用尺寸不得超出最大实体实效尺寸，而且其局部实际尺寸在最大与最小实体尺寸之间。

对于内尺寸要素，有

$$D_{fe} \geqslant D_{MV} = D_i - t, \quad D_M = D_i \leqslant D_a \leqslant D_L = D_s$$

对于外尺寸要素，有

$$d_{fe} \leqslant d_{MV} = d_s + t, \quad d_M = d_s \geqslant d_a \geqslant d_L = d_i$$

最大实体要求用于被测提取要素时，要素的几何公差值是在该要素处于最大实体状态时给出的。当被测提取要素的实际轮廓偏离其最大实体状态时，几何误差值可以超出在最大实体状态下给出的几何公差值，即此时的几何公差值可以增大。

图 4-20(a)所示的 $\phi 20_{-0.21}^{0}$ mm 轴的中心线直线度公差采用最大实体要求。当该轴处于最大实体状态时，其中心线的直线度公差为 $\phi 0.1$ mm，如图 4-20(b)所示；若轴的实际尺寸向最小实体尺寸方向偏离最大实体尺寸，则其中心线直线度误差可以超出图样给出的公差值 $\phi 0.1$ mm，但必须保证其体外作用尺寸不超出轴的最大实体实效尺寸 $\phi 20.1$ mm；当轴的实际尺寸处处为最小实体尺寸 19.79 mm 时，其中心线的直线度公差可以达到最大值，$t=(0.21+0.1)$ mm$=\phi 0.31$ mm，如图 4-20(c)所示；图 4-20(d)为其动态公差图。

图 4-20(a)所示轴的尺寸与轴线直线度的合格条件是

$$D_i = 19.79 \text{ mm} \leqslant d_a \leqslant d_s = 20 \text{ mm}, \quad d_{fe} \leqslant d_{MV} = 20.1 \text{ mm}$$

当给出的导出要素的几何公差值为零时，尺寸要素的最大实体实效边界与最大实体边界重合。

2) 最大实体要求应用于基准要素

最大实体要求应用于基准要素时，基准要素应遵循相应的边界条件。若基准要素的实际

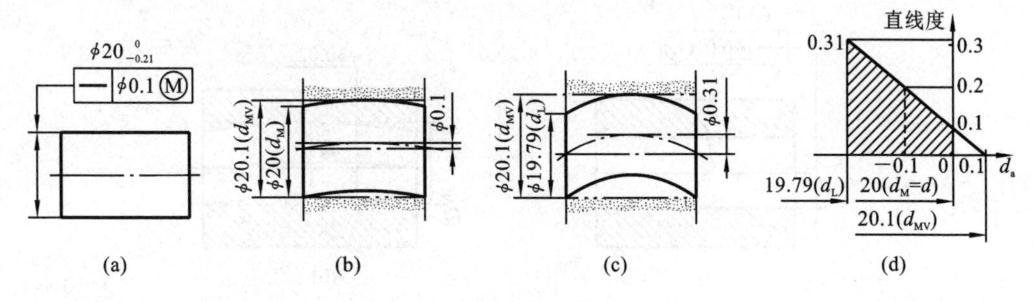

图 4-20 最大实体要求应用示例

轮廓偏离其相应的边界，则允许基准要素在一定范围内浮动，浮动范围等于基准要素的体外作用尺寸与其相应边界尺寸之差。但允许基准要素浮动并不能说明被测要素的几何公差值可以相应增大。

最大实体要求适用于中心要素，主要用于仅需保证零件的可装配性时。

3. 最小实体要求(LMR)

最小实体要求是指尺寸要素的非理想要素不得超越其最小实体实效边界的一种尺寸要素要求。当尺寸要素的实际尺寸偏离最小实体尺寸时，允许其几何误差值超出在最小实体状态下给出的公差值。最小实体要求既可用于被测中心要素，也可用于基准中心要素。

最小实体要求用于被测提取要素时，应在被测提取要素几何公差框格中的公差值后标注符号Ⓛ；应用于基准中心要素时，应在被测提取要素几何公差框格内相应的基准字母代号后标注符号Ⓛ。

1）最小实体要求应用于被测提取要素

此时被测提取要素的几何公差值是在该要素处于最小实体状态时给出的。当被测提取要素的实际轮廓偏离其最小实体状态，即实际尺寸偏离最小实体尺寸时，几何误差值可以超出在最小实体状态下给出的几何公差值。

最小实体要求应用于被测提取要素时，被测提取要素的实际轮廓在给定长度上处处不得超出最小实体实效边界，即其体内作用尺寸不得超出最小实体实效尺寸，且其局部实际尺寸不得超出最大和最小实体尺寸。

对于内表面，有：

$$D_{fi} \leqslant D_{LV} = D_s + t, \quad D_M = D_i \leqslant D_a \leqslant D_L = D_s$$

对于外表面，有：

$$d_{fi} \geqslant d_{LV} = d_i - t, \quad d_M = d_s \geqslant d_a \geqslant d_L = d_i$$

图 4-21(a)表示孔的中心线在任意方向的直线度公差采用最小实体要求。当该孔处于最小实体状态时，其中心线任意方向的直线度公差为 ϕ0.01 mm，如图 4-21(b)所示。若孔的实际尺寸向最大实体尺寸方向偏离最小实体尺寸，即小于最小实体尺寸 ϕ30.021 mm，则其中心线对基准平面的位置度误差可以超出图样给出的公差值 ϕ0.01 mm，但必须保证其体内作用尺寸 D_{fi}不超出孔的最小实体实效尺寸 $D_{LV} = D_L + t = (30.021 + 0.01)$ mm＝30.031 mm。当孔的实际尺寸处处为最大实体尺寸 ϕ30 mm，即孔处于最大实体状态时，其中心线任意方向的直线度公差可达最大值，且等于其尺寸公差与给出的任意方向直线度公差之和，$t = (0.021 + 0.01)$ mm＝ϕ0.031 mm，如图 4-21(c)所示。图 4-21(d)所示为表达上述关系的动态公差图。

2）最小实体要求应用于基准要素

最小实体要求应用于基准要素时，基准要素应遵循相应的边界条件。若基准要素的实际

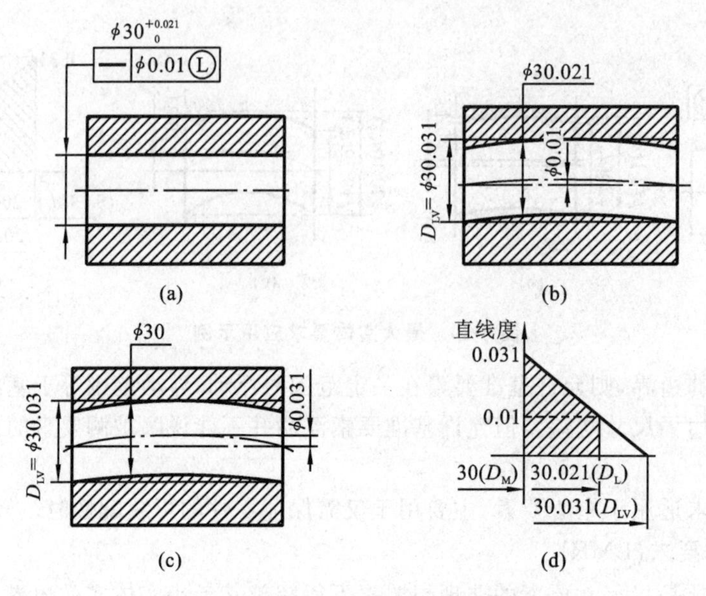

图 4-21　最小实体要求应用于被测提取要素

轮廓偏离其相应的边界，则允许基准要素在一定范围内浮动，浮动范围等于基准要素的体内作用尺寸与其相应的边界尺寸之差。

最小实体要求运用于中心要素，主要用于需保证零件的强度和壁厚时。

4. 可逆要求

可逆要求(RR)是指在不影响零件功能要求的前提下，当被测中心线或中心面的几何误差值小于给出的几何公差值时，允许相应的尺寸公差增大。它是最大实体要求或最小实体要求的附加要求。

采用可逆的最大实体要求，应在被测要素的几何公差框格中的公差值后加注ⓂⓇ。

图 4-22(a)为中心线的直线度公差采用可逆的最大实体要求的示例，当该轴处于最大实体状态时，其中心线直线度公差为 ϕ0.1 mm，若轴的直线度误差小于给出的公差值，则允许轴的实际尺寸超出其最大实体尺寸 ϕ20 mm，但必须保证其体外作用尺寸不超出其最大实体实效尺寸 ϕ20.1 mm，所以当轴的中心线直线度误差为零(即具有理想形状)时，其实际尺寸可达最大值，即等于轴的最大实体实效尺寸 ϕ20.1 mm，如图 4-22(b)所示。其动态公差图如图 4-22(c)所示。

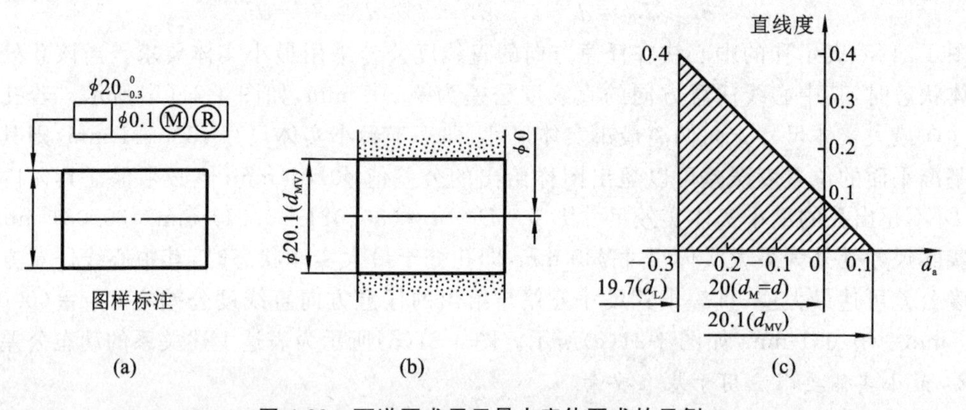

图 4-22　可逆要求用于最大实体要求的示例

采用可逆的最小实体要求，应在被测要素的几何公差框格中的公差值后加注ⓁⓇ。

图 4-23(a)表示 $\phi8^{+0.25}_{0}$ mm 孔的中心线对基准平面任意方向的位置度公差采用可逆的最小实体要求。当孔处于最小实体状态时，其中心线对基准平面的位置度公差为 0.4 mm。若孔的中心线对基准平面的位置度误差小于给出的公差值，则允许孔的实际尺寸超出其最小实体尺寸(即大于 8.25 mm)，但必须保证其体内作用尺寸不超出其最小实体实效尺寸(即 $D_{fi} \leqslant D_{LV} = D_L + t = (8.25 + 0.4)$ mm $= 8.65$ mm)。所以当孔的中心线对基准平面任意方向的位置度误差为零时，其实际尺寸可达最大值，即等于孔定位最小实体实效尺寸 8.65 mm，如图 4-23(b)所示。表达上述关系的动态公差如图 4-23(c)所示。

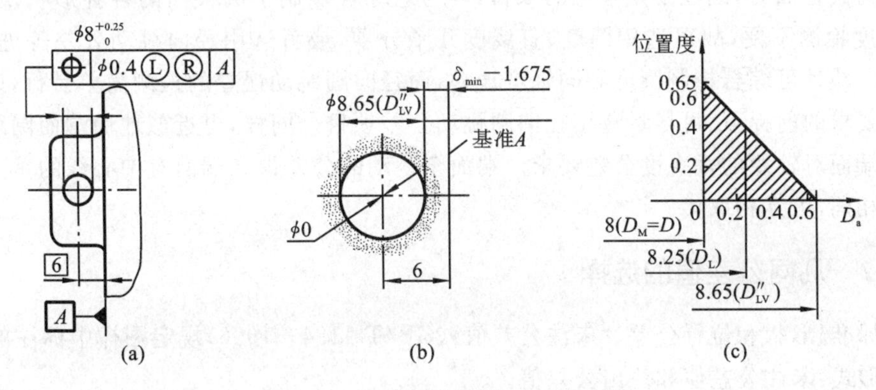

图 4-23　可逆要求用于 LMR 的示例

4.6　几何公差的选用

几何公差的设计选用对保证产品质量和降低制造成本具有十分重要的意义。尤其是零件上的一些关键性要素，其几何精度会直接影响机器、设备的性能和各项精度指标。因此，在零件图样设计阶段，有必要对零件上那些有特殊功能要求的要素给出几何公差要求。

几何公差的选用主要包括几何公差项目的选择、公差等级与公差值的选择、公差原则的选择和基准要素的选择。

4.6.1　几何公差项目的选择

几何公差项目的选择取决于零件的几何特征与功能要求，同时也要考虑检测的方便性。

1. 零件的几何特征

形状公差项目主要是按要素的几何形状特征制定的，因此要素的几何特征自然是选择单一要素公差项目的基本依据，例如控制平面的形状误差应选择平面度、控制导轨导向面的形状误差应选择直线度、控制圆柱面的形状误差应选择圆度或圆柱度等。

方向或位置公差项目是按要素间几何方位关系制定的，所以关联要素的公差项目应以它与基准间的几何方位关系为基本依据。对线(中心线)、面可规定方向和位置公差，对点只能规定位置度公差，对回转零件则规定同轴度公差和跳动公差。

2. 零件的使用要求

零件的功能要求不同，对几何公差提出的要求也不同，所以应分析几何误差对零件使用性能的影响。一般说来：平面的形状误差将影响支承面安置的平稳性和定位的可靠性，影响贴合面的密封性和滑动面的磨损;导轨面的形状误差将影响导向精度;圆柱面的形状误差将影响定位配合的连接强度和可靠性,影响转动配合的间隙均匀性和运动平稳性;轮廓表面、中心要素的方向或位置误差将直接决定机器的装配精度和运动精度,例如:齿轮箱体上两孔轴线不平行将影响齿轮副的接触精度,降低其承载能力;滚动轴承的定位轴肩与轴线不垂直,将影响轴承旋转时的精度等。

3. 检测的方便性

为了检测方便,有时可将所需的公差项目用控制效果相同或相近的公差项目来代替。例如当要素为圆柱面时,圆柱度是理想的项目,因为它综合控制了圆柱面的各种形状误差,但是由于圆柱度检测不便,故可选用圆度、直线度几个分项,或者选用径向跳动公差等进行控制。又如径向圆跳动可综合控制圆度和同轴度误差,而径向圆跳动误差的检测简单易行,所以在不影响设计要求的前提下,可尽量选用径向圆跳动公差项目。同样,可近似地用端面圆跳动公差要求代替端面对轴线的垂直度公差要求。端面全跳动的公差带和端面对中心线的垂直度的公差带完全相同,可互相取代。

4.6.2　几何公差值的选择

国家标准《形状和位置公差　未注公差值》(GB/T 1184—1996)规定图样中标注的几何公差有两种形式:未注公差值和注出公差值。

未注公差值是各类工厂中常用设备能保证的精度。零件大部分要素的几何公差值均应遵循未注公差要求,不必注出。只有在要求要素的公差值小于未注公差值时,或者要求要素的公差值大于未注公差值而给出大的公差值能给工厂带来经济效益时,才需要在图样中用框格给出几何公差要求。

几何公差要求对应的几何精度高低是用公差等级数字的大小来表示的。国家标准除对14项几何公差特征中的线、面轮廓度及位置度未规定公差等级外,对其余项目均有规定。几何公差一般划分为12级,即1～12级,1级精度最高,12级精度最低;圆度、圆柱度公差则最高级为0级,划分为13级。各项目的各级公差值见表4-8至表4-11。

表 4-8　直线度和平面度的公差值　(μm)

主参数 L/mm	公差等级											
	1	2	3	4	5	6	7	8	9	10	11	12
	公差值											
≤10	0.2	0.4	0.8	1.2	2	3	5	8	12	20	30	60
>10～16	0.25	0.5	1	1.5	2.5	4	6	10	15	25	40	80
>16～25	0.3	0.6	1.2	2	3	5	8	12	20	30	50	100
>25～40	0.4	0.8	1.5	2.5	4	6	10	15	25	40	60	120
>40～63	0.5	1	2	3	5	8	12	20	30	50	80	150
>63～100	0.6	1.2	2.5	4	6	10	15	25	40	60	100	200
>100～160	0.8	1.5	3	5	8	12	20	30	50	80	120	250
>160～250	1	2	4	6	10	15	25	40	60	100	150	300
>250～400	1.2	2.5	5	8	12	20	30	50	80	120	200	400

续表

主参数 L/mm	公差等级											
	1	2	3	4	5	6	7	8	9	10	11	12
	公差值											
>400～630	1.5	3	6	10	15	25	40	60	100	150	250	500
>630～1 000	2	4	8	12	20	30	50	80	120	200	300	600

注：主参数 L 为轴、直线或平面的长度。

表 4-9 圆度和圆柱度的公差值 (μm)

主参数 $d(D)$/mm	公差等级												
	0	1	2	3	4	5	6	7	8	9	10	11	12
	公差值												
≤3	0.1	0.2	0.3	0.5	0.8	1.2	2	3	4	6	10	14	25
>3～6	0.1	0.2	0.4	0.6	1	1.5	2.5	4	5	8	12	18	30
>6～10	0.12	0.25	0.4	0.6	1	1.5	2.5	4	6	9	15	22	36
>10～18	0.15	0.25	0.5	0.8	1.2	2	3	5	8	11	18	27	43
>18～30	0.2	0.3	0.6	1	1.5	2.5	4	6	9	13	21	33	52
>30～50	0.25	0.4	0.6	1	1.5	2.5	4	7	11	16	25	39	62
>50～80	0.3	0.5	0.8	1.2	2	3	5	8	13	19	30	46	74
>80～120	0.4	0.6	1	1.5	2.5	4	6	10	15	22	35	54	87
>120～180	0.6	1	1.2	2	3.5	5	8	12	18	25	40	63	100
>180～250	0.8	1.2	2	3	4.5	7	10	14	20	29	46	72	115
>250～315	1.0	1.6	2.5	4	6	8	12	16	23	32	52	81	130
>315～400	1.2	2	3	5	7	9	13	18	25	36	57	89	140
>400～500	1.5	2.5	4	6	8	10	15	20	27	40	63	97	155

注：主参数 $d(D)$ 为轴(孔)的直径。

表 4-10 平行度、垂直度和倾斜度公差值 (μm)

主参数 L、$d(D)$/mm	公差等级											
	1	2	3	4	5	6	7	8	9	10	11	12
	公差值											
≤10	0.4	0.8	1.5	3	5	8	12	20	30	50	80	120
>10～16	0.5	1	2	4	6	10	15	25	40	60	100	150
>16～25	0.6	1.2	2.5	5	8	12	20	30	50	80	120	200
>25～40	0.8	1.5	3	6	10	15	25	40	60	100	150	250
>40～63	1	2	4	8	12	20	30	50	80	120	200	300
>63～100	1.2	2.5	5	10	15	25	40	60	100	150	250	400
>100～160	1.5	3	6	12	20	30	50	80	120	200	300	500

续表

主参数 L、$d(D)$/mm	公差等级											
	1	2	3	4	5	6	7	8	9	10	11	12
	公差值											
>160~250	2	4	8	15	25	40	60	100	150	250	400	600
>250~400	2.5	5	10	20	30	50	80	120	200	300	500	800
>400~630	3	6	12	25	40	60	100	150	250	400	600	1000
>630~1 000	4	8	15	30	50	80	120	200	300	500	800	1200

注:①主参数 L 为给定平行度时轴线或平面的长度,或给定垂直度、倾斜度时被测要素的长度;

②主参数 $d(D)$为给定面对线垂直度时,被测要素的轴(孔)直径。

表 4-11　同轴度、对称度、圆跳动和全跳动公差值　(μm)

主参数 $d(D)$、B、L/mm	公差等级											
	1	2	3	4	5	6	7	8	9	10	11	12
	公差值											
≤1	0.4	0.6	1.0	1.5	2.5	4	6	10	15	25	40	60
>1~3	0.4	0.6	1.0	1.5	2.5	4	6	10	20	40	60	120
>3~6	0.5	0.8	1.2	2	3	5	8	12	25	50	80	150
>6~10	0.6	1	1.5	2.5	4	6	10	15	30	60	100	200
>10~18	0.8	1.2	2	3	5	8	12	20	40	80	120	250
>18~30	1.0	1.5	2.5	4	6	10	15	25	50	100	150	300
>30~50	1.2	2	3	5	8	12	20	30	60	120	200	400
>50~120	1.5	2.5	4	6	10	15	25	40	80	150	250	500
>120~250	2	3	5	8	12	20	30	50	100	200	300	600
>250~500	2.5	4	6	10	15	25	40	60	120	250	400	800
>500~800	3	5	8	12	20	30	50	80	150	300	500	1000
>800~1 250	4	6	10	15	25	40	60	100	200	400	600	1200

注:①主参数 $d(D)$为给定同轴度,或给定圆跳动、全跳动时的轴(孔)直径;

②圆锥体斜向圆跳动公差的主参数为平均直径;

③主参数 B 为给定对称度时槽的宽度;

④主参数 L 为给定两孔对称度时的孔心距。

对位置度,国家标准只规定了公差值数系,而未规定公差等级,见表 4-12。

表 4-12　位置度公差值数系

1	1.2	1.5	2	2.5	3	4	5	6	8
1×10^n	1.2×10^n	1.5×10^n	2×10^n	2.5×10^n	3×10^n	4×10^n	5×10^n	6×10^n	8×10^n

注:n 为正整数。

几何公差值的选择原则是,在满足零件功能要求的前提下,兼顾工艺的经济性的检测条件,尽量选取较大的公差值。几何公差值常用类比法确定,主要考虑零件的使用性能、加工的可能性和经济性等因素,还应考虑以下因素。

1. 形状公差与方向、位置公差的关系

同一要素上给定的形状公差值应小于方向、位置公差值,方向公差值应小于位置公差值($t_{形状}<t_{方向}<t_{位置}$)。如同一平面上,平面度公差值应小于该平面对基准平面的平行度公差值。

2. 几何公差和尺寸公差的关系

圆柱形零件的形状公差值在一般情况下应小于其尺寸公差值,线对线或面对面的平行度公差值应小于其相应距离的尺寸公差值。

圆度、圆柱度公差值约为同级的尺寸公差值的50%,因而一般可按同级选取。例如:尺寸公差等级为IT6,则圆度、圆柱度公差等级通常也选IT6,必要时也可比尺寸公差等级高1~2级。

位置度公差通常需要经过计算确定。在用螺栓连接两个或两个以上零件时,若被连接零件上的孔均为光孔,则光孔的位置度公差的计算公式为

$$t \leqslant KX_{\min}$$

式中:t——位置度公差;

K——间隙利用系数,对于不需调整的固定连接,其推荐值为$K=1$,对于需调整的固定连接,其推荐值为$K=0.6\sim0.8$;

$X_{\min}$——光孔与螺栓间的最小间隙。

用螺钉连接时,被连接零件的连接孔中有一个是螺孔,而其余零件的连接孔均是光孔,则光孔和螺孔的位置度公差计算公式为

$$t \leqslant 0.6KX_{\min}$$

式中:$X_{\min}$——光孔与螺钉间的最小间隙。

按以上公式计算得到位置度公差值后要进行圆整,之后再按表4-11选择标准的位置度公差值。

3. 几何公差与表面粗糙度的关系

通常表面粗糙度的Ra值可占形状公差值的20%~25%。

4. 考虑零件的结构特点

对于刚性较差的零件(如细长轴)和结构特殊的要素(如跨距较大的轴和孔、宽度较大的零件表面等),在满足零件的功能要求下,可适当降低1~2级选用。此外,孔相对于轴、线对线和线对面的平行度、垂直度公差相对于面对面的平行度、垂直度公差可适当降低1~2级。

表4-13至表4-16列出了各种几何公差等级的应用举例,可供类比时参考。

表4-13 直线度、平面度公差等级应用

公差等级	应用举例
1,2	用于精密量具、测量仪器以及精度要求高的精密机械零件,如量块、0级样板、平尺、0级宽平尺、工具显微镜等精密量仪的导轨面等
3	1级宽平尺工作面,1级样板平尺的工作面,测量仪器圆弧导轨(直线度),量仪的测杆等
4	0级平板,测量仪器的V形导轨,高精度平面磨床的V形导轨和滚动导轨等
5	1级平板,2级宽平尺,平面磨床的导轨、工作台,液压龙门刨床导轨面,柴油机进气、排气阀门导杆等
6	普通机床导轨面,柴油机机体结合面等
7	2级平板,机床主轴箱结合面,液压泵盖、减速器壳体结合面等

续表

公差等级	应用举例
8	机床传动箱体、挂轮箱体、溜板箱体,柴油机汽缸体,连杆分离面,缸盖结合面,汽车发动机缸盖,曲轴箱结合面,液压管件和法兰连接面等
9	自动车床床身底面,摩托车曲轴箱体,汽车变速箱壳体,手动机械的支承面等

表 4-14　圆度、圆柱度公差等级应用

公差等级	应用举例
0,1	高精度量仪主轴,高精度机床主轴,滚动轴承的滚珠和滚柱等
2	精密量仪主轴、外套、阀套高压油泵柱塞及套,纺锭轴承,高速柴油机进、排气门,精密机床主轴轴颈,针阀圆柱表面,喷油泵柱塞及柱塞套等
3	高精度外圆磨床轴承,磨床砂轮主轴套筒,喷油嘴针,阀体,高精度轴承内、外圈等
4	较精密机床主轴、主轴箱孔,高压阀门,活塞,活塞销,阀体孔,高压油泵柱塞,较高精度滚动轴承配合轴,铣削动力头箱体孔等
5	一般计量仪器主轴、测杆外圆柱面,陀螺仪轴颈,一般机床主轴轴颈及轴承孔,柴油机、汽油机的活塞、活塞销,与 P6 级滚动轴承配合的轴颈等
6	一般机床主轴及前轴承孔,泵、压缩机的活塞、汽缸,汽油发动机凸轮轴,纺机锭子,减速传动轴轴颈,高速船用发动机曲轴、拖拉机曲轴主轴颈,与 P6 级滚动轴承配合的外壳孔,与 P0 级滚动轴承配合的轴颈等
7	大功率低速柴油机曲轴轴颈、活塞、活塞销、连杆、汽缸,高速柴油机箱体轴承孔,千斤顶或压力油缸活塞,机车传动轴,水泵及通用减速器转轴轴颈,与 P0 级滚动轴承配合的外壳孔等
8	低速发动机、大功率曲柄轴轴颈,压力机连杆盖、体,拖拉机汽缸、活塞,炼胶机冷铸轴辊,印刷机传墨辊,内燃机曲轴轴颈,柴油机凸轮轴承孔,凸轮轴,拖拉机、小型船用柴油机汽缸套等
9	空气压缩机缸体,液压传动筒,通用机械杠杆与拉杆用套筒销子,拖拉机活塞环、套筒孔

表 4-15　平行度、垂直度、倾斜度公差等级应用

公差等级	应用举例
1	高精度机床、测量仪器、量具等的主要工作面和基准面等
2,3	精密机床、测量仪器、量具、模具的工作面和基准面,精密机床的导轨,重要箱体主轴孔(对基准面的要求),精密机床主轴轴肩端面,滚动轴承座圈端面,普通机床的主要导轨,精密刀具的工作面和基准面等
4,5	普通机床导轨,重要支承面,机床主轴孔(对基准的平行度),精密机床重要零件,计量仪器、量具、模具的工作面和基准面,床头箱体重要孔,通用减速器壳体孔,齿轮泵的油孔端面,发动机轴和离合器的凸缘,汽缸支承端面,安装精密滚动轴承壳体孔的凸肩等
6,7,8	一般机床的工作面和基准面,压力机和锻锤的工作面,中等精度钻模的工作面,机床一般轴承孔(对基准的平行度),变速器箱体孔,主轴花键(对定心直径部位轴线的平行度),重型机械轴承盖端面,卷扬机、手动传动装置中的传动轴,一般导轨、主轴箱体孔,刀架,砂轮架,汽缸配合面(对基准轴线),活塞销孔(对活塞中心线的垂直度),滚动轴承内、外圈端面(对轴线的垂直度)等
9,10	低精度零件,重型机械滚动轴承端盖,柴油机、煤气发动机箱体曲轴孔、曲轴颈、花键轴和轴肩端面,带式运输机法兰盘端面(对轴线的垂直度),手动卷扬机及传动装置中的轴承端面,减速器壳体平面等

表 4-16 同轴度、对称度、跳动公差等级应用

公差等级	应用举例
1,2	精密测量仪器的主轴和顶尖,柴油机喷油嘴针阀等
3,4	机床主轴轴颈,砂轮轴轴颈,汽轮机主轴,测量仪器的小齿轮轴,安装高精度齿轮的轴颈等
5	机床轴颈,机床主轴箱孔,套筒,测量仪器的测量杆,轴承座孔,汽轮机主轴,柱塞油泵转子,高精度轴承外圈,一般精度轴承内圈等
6,7	内燃机曲轴,凸轮轴轴颈,柴油机机体主轴承孔,水泵轴,油泵柱塞,汽车后桥输出轴,安装一般精度齿轮的轴颈,涡轮盘,测量仪器杠杆轴,电动机转子,普通滚动轴承内圈,印刷机传墨辊的轴颈,键槽等
8,9	内燃机凸轮轴孔,连杆小端铜套,齿轮轴,水泵叶轮,离心泵体,汽缸套(外径配合面对内径工作面),运输机械滚筒表面,压缩机十字头,安装低精度齿轮用轴颈,棉花精梳机前、后滚子,自行车中轴等

4.6.3 公差原则和公差要求的选择

选择公差原则和公差要求时,应根据被测要素的功能要求,各公差原则的应用场合、可行性和经济性等方面来考虑。表 4-17 列出了几种公差原则和要求的应用场合和示例,可供选择时参考。

表 4-17 公差原则和公差要求的应用场合和示例

公差原则	应用场合	示例
独立原则	尺寸精度与几何精度需要分别满足要求	齿轮箱体孔的尺寸精度与两孔轴线的平行度;连杆活塞销孔的尺寸精度与圆柱度;滚动轴承内、外圈滚道的尺寸精度与形状精度
	尺寸精度与几何精度要求相差较大	滚筒类零件尺寸精度要求很低、形状精度要求较高时;平板的尺寸精度要求不高、形状精度要求很高时;通油孔的尺寸有一定精度要求、形状精度无要求时
	尺寸精度与几何精度无联系	滚子链条的套筒或滚子内、外圆柱面的轴线同轴度与尺寸精度;发动机连杆上的尺寸精度与孔轴线间的位置精度
	保证运动精度	导轨的形状精度要求严格、尺寸精度一般时
	保证密封性	汽缸的形状精度要求严格、尺寸精度一般时
	未注公差	未注尺寸公差与未注几何公差,如退刀槽、倒角、圆角等非功能要素的未注尺寸公差与几何公差
包容要求	保证国家标准规定的配合性质	如 ϕ30H7Ⓔ孔与 ϕ30h6Ⓔ轴的配合,可以保证配合的最小间隙等于零
	尺寸公差与几何公差间无严格比例关系要求	一般的孔与轴配合,只要求作用尺寸不超越最大实体尺寸,局部实际尺寸不超越最小实体尺寸

续表

公差原则	应用场合	示例
最大实体要求	保证关联作用尺寸不超越最大实体尺寸	关联要素的孔与轴有配合性质要求,在公差框格的第二格标注 0 Ⓜ
	保证可装配性	如轴承盖上用于穿过螺钉的通孔,法兰盘上用于穿过螺栓的通孔
最小实体要求	保证零件强度和最小壁厚	如孔组轴线的任意方向位置度公差,采用最小实体要求可保证孔组间的最小壁厚
可逆要求	与最大(最小)实体要求联用	为充分利用公差带,扩大被测要素实际尺寸的变动范围,在不影响使用性能要求的前提下可以选用

4.6.4 基准的选择

基准是确定关联要素间方向和位置的依据。在选择公差项目时,必须同时考虑要采用的基准。基准有单一基准、组合基准及多基准几种形式。选择基准时,一般应从如下几方面考虑。

1. 根据要素的功能及对被测要素间的几何关系来选择基准

如轴类零件,常以两个轴承为支承运转,其运动轴线是安装轴承的两轴颈公共轴线。因此,从功能要求和控制其他要素的位置精度来看,应选这两处轴颈的公共轴线(组合基准)为基准。

2. 根据装配关系应选零件上相互配合、相互接触的定位要素作为各自的基准

如盘、套类零件多以其内孔轴线径向定位或以其端面轴向定位来进行装配,因此根据需要可选其轴线或端面作为基准。

3. 从零件结构考虑

应选较宽大的平面、较长的轴线作为基准以使定位稳定。对结构复杂的零件,一般应选三个基准面,以确定被测要素在空间的方向和位置。

4. 从加工、检测方面考虑

应选择在加工、检测中方便装夹定位的要素作为基准。

4.6.5 未注几何公差的规定

为了简化图样,对一般机床加工能保证的几何精度,不必在图样上注出几何公差。图样上没有具体注明几何公差值的要素,其几何精度应按下列规定执行。

(1) 对未注直线度、平面度、垂直度、对称度和圆跳动各规定了 H、K、L 三个公差等级,其公差值见表 4-18 至表 4-20。采用规定的未注公差值时,应在标题栏附件或技术要求中注出公差等级代号及标准编号,如“GB/T 1184－H”。

(2) 未注圆度公差值等于直径公差值,但不能大于表 4-20 中的径向圆跳动值。

(3) 未注圆柱度公差由圆度、直线度和素线平行度的注出公差或未注公差控制。

(4) 未注平行度公差值等于尺寸公差值或直线度和平面度未注公差值中的较大者。

(5) 未注同轴度的公差值可以和表 4-20 中规定的圆跳动的未注公差值相等。

（6）未注线、面轮廓度、倾斜度、位置度和全跳动的公差值均应由各要素的注出或未注线性尺寸公差或角度公差控制。

表 4-18 直线度和平面度未注公差值

公差等级	公称长度范围/mm					
	≤10	>10～30	>30～100	>100～300	>300～1 000	>1 000～3 000
H	0.02	0.05	0.1	0.2	0.3	0.4
K	0.05	0.1	0.2	0.4	0.6	0.8
L	0.1	0.2	0.4	0.8	1.2	1.6

表 4-19 垂直度未注公差值

公差等级	公称长度范围/mm			
	≤100	>100～300	>300～1 000	>1 000～3 000
H	0.2	0.3	0.4	0.5
K	0.4	0.6	0.8	1
L	0.6	1	1.5	2

表 4-20 对称度和圆跳动未注公差值

公差等级	对称度/mm				圆跳动	
	l≤100	100<l≤300	300<l≤1 000	1 000<l≤3 000	公差等级	公差值/mm
H	0.5	0.5	0.5	0.5	H	0.1
K	0.6	0.6	0.8	1	K	0.2
L	0.6	1	1.5	2	L	0.5

注：l为公称长度。

4.6.6 几何公差选择举例

图4-24所示为减速器输出轴的零件图。两ϕ55j6轴颈与P0级滚动轴承内圈相配合，为保证配合性质，采用了包容要求。为保证轴承的旋转精度，在遵循包容要求的前提下，又进一步提出圆柱度公差的要求，由GB/T 275—2015查得其公差值为0.005 mm。两ϕ55j6轴颈上安装滚动轴承后，将分别与减速器箱体的两孔配合，因此需限制两轴颈的同轴度误差，以保证轴承外圈和箱体孔的安装精度。为方便检测，实际给出了两轴颈的径向圆跳动公差0.025 mm（跳动公差7级）。ϕ62 mm轴段处的两轴肩都是止推面，起一定的定位作用，为保证定位精度，提出了两轴肩对基准轴线的轴向圆跳动公差要求（0.015 mm，由GB/T 275—2015查得）。

ϕ56r6和ϕ45m6轴段分别与齿轮和联轴器配合，为保证配合性质，也采用了包容要求。为保证齿轮的运动精度，对与齿轮配合的ϕ56r6轴段又进一步提出了对基准轴线的径向圆跳动公差要求（0.025 mm，跳动公差7级）。对ϕ56r6和ϕ45m6轴段上的键槽（宽度分别为16N9和12N9）都提出了对称度公差要求（0.02 mm，对称度公差8级），以保证键槽的安装精度和安装后的受力状态。

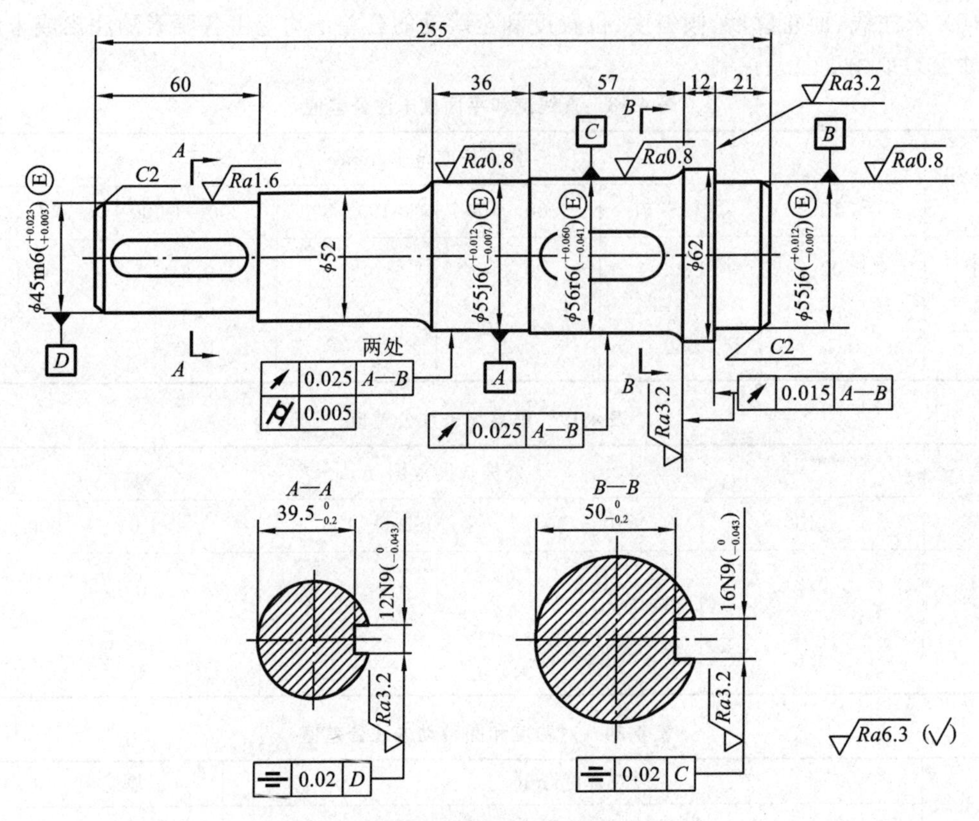

图 4-24　减速器输出轴几何公差标注示例

4.7　几何误差的检测方法

由于零件结构的形式多种多样，几何误差的项目又较多，所以其检测方法也很多。为了能正确地测量几何误差和合理地选择检测方案，国家标准《产品几何量技术规范(GPS)　几何公差　检测与验证》(GB/T 1958—2007)列举了多种检测与验证方案，主要给出了五类检测方法。检测几何误差时，应根据被测对象的特点和检测条件，选择最合理的检测方法。

4.7.1　与拟合要素比较的方法

与拟合要素比较的方法就是将被测实际要素与拟合(理想)要素相比较，量值由直接法或间接法获得。测量时，拟合要素用模拟法获得。拟合要素可以是实物，也可以是一束光线、水平面或运动轨迹。

图 4-25(a)所示为用刀口尺测量给定平面内的直线度误差，刀口尺体现拟合直线，将刀口尺与被测提取要素直接接触，并使两者之间的最大空隙为最小，则此最大空隙即为被测提取要素的直线度误差。当空隙较小时，可根据标准光隙估读；当空隙较大时，可用厚薄规测量。

图 4-25(b)所示为用水平仪测量机床床身导轨的直线度误差。将水平仪放在桥板上，先调整被测零件，使被测要素大致处于水平位置，然后沿被测要素按节距移动水平仪进行测量。由测得数据列表、作图并进行处理，即可求得导轨的直线度误差。

对平面度要求很高的小平面，如量块的测量表面和测量仪器的工作台等，可用平晶测量。

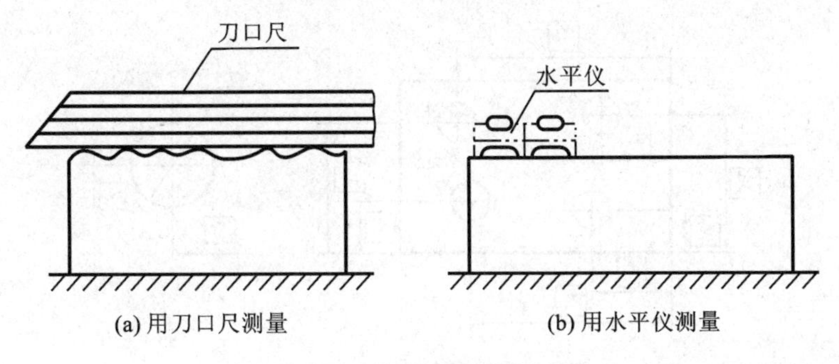

图 4-25 直线度误差的测量

如图 4-26(a)所示，用平晶测量是利用光的干涉原理，以平晶的工作平面体现拟合平面。测量时，将平晶贴在被测表面上，观测它们之间的干涉条纹，被测表面的平面度误差为封闭的干涉条纹数乘以光波波长的一半；对于不封闭的干涉条纹，为条纹的弯曲度与相邻两条纹间距之比再乘以光波波长的一半。

对于较大平面的平面度误差，可用自准直仪和反射镜测量，如图 4-26(b)所示。将反射镜放在被测表面上，调整自准直仪大致与被测表面平行，按一定的要求逐点测量。也可用指示表打表测量。对测量数据进行坐标变换，使所得数据符合最小包容区域法的评定准则之一，取其最大值与最小值之差即得平面度误差值。

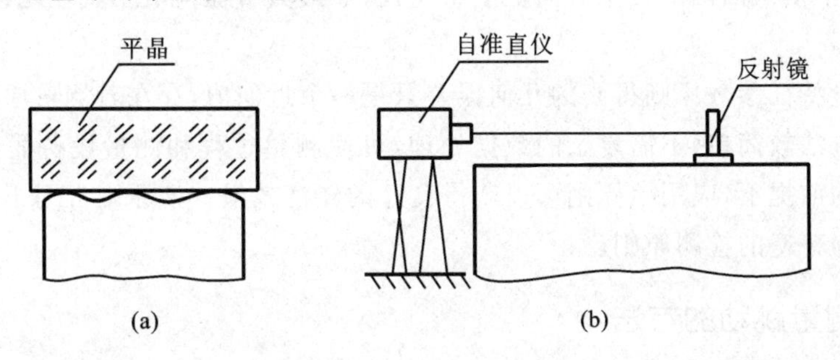

图 4-26 平面度的测量

圆度误差可用圆度仪或光学分度头等进行测量，将实际测量出的轮廓圆与理想圆进行比较，得到被测轮廓的圆度误差。

线、面轮廓度误差可用轮廓样板进行比较测量。

4.7.2 测量坐标值的原则

测量坐标值的原则就是用坐标测量装置（如三坐标测量机、工具显微镜）测量被测实际要素的坐标值（如直角坐标值、极坐标值、圆柱坐标值），并经过数据处理获得几何误差值。图4-27为用坐标测量机测量位置度误差的示例。由坐标测量机测得各孔实际位置的坐标值(x_1,y_1)、(x_2,y_2)、(x_3,y_3)、(x_4,y_4)，计算出测量值相对理论正确尺寸的偏差：

$$\begin{cases}\Delta x_i = x_i - \boxed{x_i} \\ \Delta y_i = y_i - \boxed{y_i}\end{cases}$$

于是，各孔的位置度误差值可按下式求得：

$$f_i = 2\sqrt{(\Delta x_i)^2 + (\Delta y_i)^2} \qquad (i = 1、2、3、4)$$

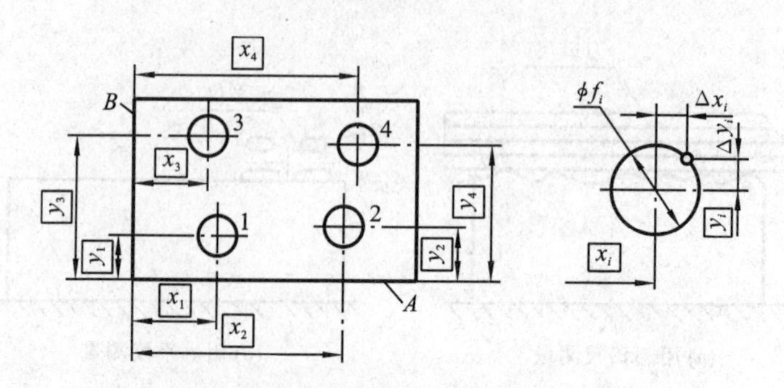

图 4-27　用坐标测量机测量位置度误差示意图

4.7.3　测量特征参数的原则

测量特征参数的原则就是测量被测实际要素中具有代表性的参数(即特征参数)的值,用其来表示几何误差值。特征参数是指能近似反映几何误差的数。因此,应用测量特征参数的原则测得的几何误差,与按定义确定的几何误差相比,只能算是一个近似值。例如:以平面内任意方向的最大直线度误差来表示平面度误差;在轴的若干轴向截面内测量其素线的直线度误差,然后取各截面内测得的最大直线度误差作为任意方向的轴线直线度误差;用两点法测量圆度误差,在一个横截面内的几个方向上测量直径,取最大直径与最小直径之差的一半作为圆度误差。

虽然按测量特征参数原则得到的几何误差只是一个近似值,存在着测量原理误差,但应用该原则的检测方法较简单,不需复杂的数据处理,可使测量过程和测量设备简化。因此,在不影响使用功能的前提下,应用该原则可以获得良好的经济效果。该原则常用于生产车间现场,是一种应用较为普遍的检测原则。

4.7.4　测量跳动的方法

测量跳动的方法就是在被测实际要素绕基准轴线回转过程中,用指示表沿给定方向测量其对某参考点或线的变动量,变动量是指指示器最大与最小读数之差。

在图样上标注圆跳动或全跳动公差时,用该方法进行测量。图 4-28 所示为测量跳动的例子。图 4-28(a)中,被测工件通过心轴安装在两同轴顶尖之间,此两同轴顶尖的中心线体现基准轴线;图 4-28(b)中,V 形块体现基准轴线。测量时,当被测工件绕基准轴线回转一周,指示表不做轴向(或径向)移动时,可测得径向圆跳动误差(或轴向圆跳动误差);若指示表在测量中做轴向(或径向)移动时,可测得径向全跳动误差(或轴向全跳动误差)。

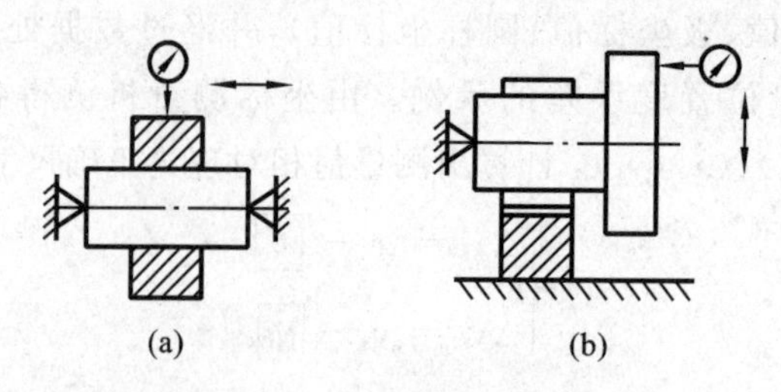

图 4-28　测量跳动误差

4.7.5 控制实效边界的方法

控制实效边界的方法就是检验被测实际要素是否超过最大实体实效边界，以判断零件合格与否。该方法只适用于采用最大实体要求的零件。一般采用位置量规检验。

位置量规是模拟最大实体实效边界的全形量规。若被测实际要素能被位置量规通过，则被测实际要素在最大实体实效边界内，表示该项几何公差要求合格。若不能通过，则表示被测实际要素超越了最大实体实效边界。

图 4-29(a)所示零件的位置度误差可用图 4-29(b)所示的位置度量规测量。工件被测孔的最大实体实效边界尺寸为 $\phi7.506$ mm，故量规四个小测量圆柱的公称尺寸也是 $\phi7.506$ mm，基准要素 B 本身也按最大实体要求标注，应遵守最大实体实效边界，其边界尺寸为 $\phi10.015$ mm，故量规定位部分的公称尺寸也为 $\phi10.015$ mm。

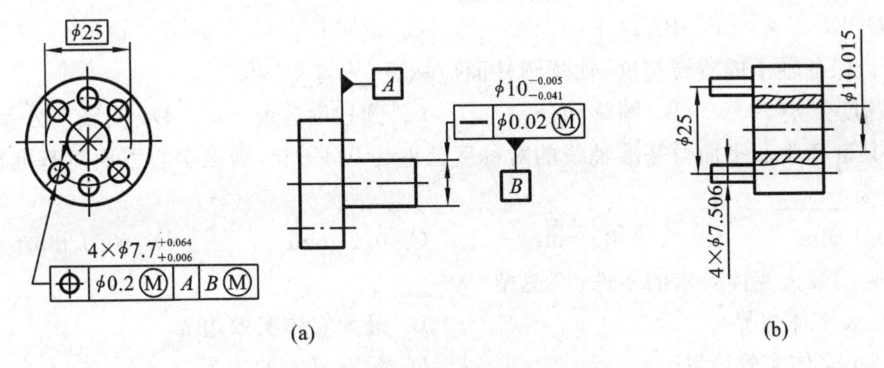

图 4-29 用位置量规检验位置度误差

习 题

4-1 判断下列说法是否正确。

(1) 方向、位置和跳动误差是关联提取要素对实际基准要素的变动量。

(2) 最大实体状态是在极限尺寸范围内允许占有材料量最多时的状态。

(3) 最大实体实效状态是要素的尺寸为最大实体尺寸，且中心要素的几何误差等于图样上给定的几何公差值时的状态。

(4) 若某圆柱面的圆度误差值为 0.01 mm，则该圆柱面对轴线的径向圆跳动误差值亦不小于 0.01 mm。

(5) 可逆要求可用于任何公差原则与要求。

(6) 采用最大实体要求的零件，应遵循最大实体边界。

(7) 标注圆跳动公差时，公差框格的指引箭头应指向轮廓表面。

(8) 无论孔轴，最大实体实效尺寸都等于零件的最大实体尺寸与几何公差之和。

4-2 填空。

(1) 几何公差中的形状项目有(填写项目符号)________，轮廓项目有________，方向公差项目有________，位置公差项目有________，跳动公差项目有________。

(2) 直线度公差带的形状有________几种，圆柱度公差带形状为________，同轴度公差带形状为________。

(3) 最大实体状态是实际尺寸在给定的长度上处处位于________之内,并具有________时的状态。在此状态下的________称为最大实体尺寸。尺寸为最大实体尺寸的边界称为________。

(4) 包容要求主要适用于________的场合;最大实体要求主要适用于________的场合;最小实体要求主要适用于________的场合。

(5) 类比选用几何公差值应考虑形状公差与________,几何公差与________,几何公差与表面________的关系,并考虑零件的________。

4-3　选择填空题。

(1) 一般来说,零件的形状误差________其位置误差,方向误差________其位置误差。

A. 大于　　B. 小于　　C. 等于

(2) 孔的最大实体实效尺寸等于________。

A. D_s+t　　B. D_i+t　　C. D_s-t　　D. D_i-t

(3) 为保证轴承的旋转精度,轴颈圆柱面应标注________要求。

A. 圆度公差　　B. 圆跳动公差　　C. 圆柱度公差　　D. 同轴度公差

(4) 某键槽中心平面对基准轴线的对称度公差为 0.1 mm,则该中心平面对基准轴线的允许偏移量为________。

A. 0.1 mm　　B. 0.05 mm　　C. 0.2 mm　　D. ϕ0.1 mm

(5) 采用最大实体要求的零件,应遵循________。

A. 最大实体边界　　B. 最大实体实效边界

C. 最小实体实效边界　　D. 没有确定的边界

4-4　解释图中各项几何公差标注的含义,填在表中。

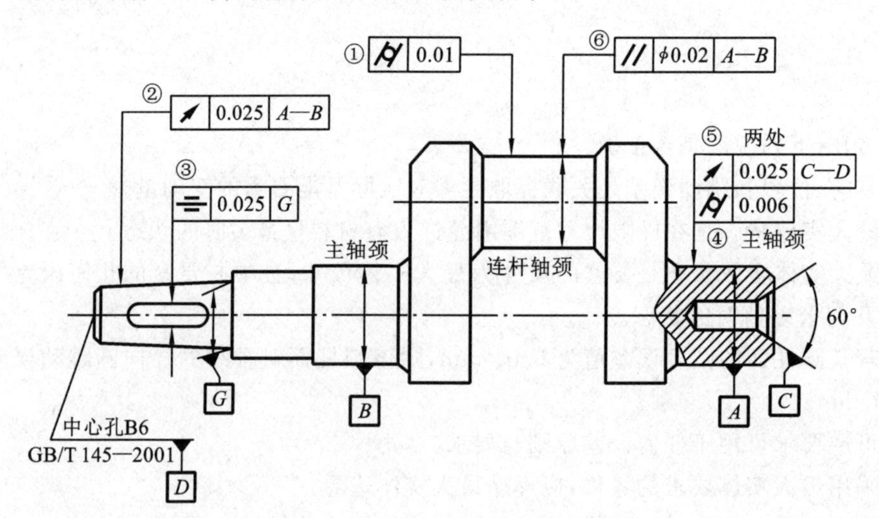

题 4-4 图

题 4-4 表

序号	公差项目名称	公差带形状	公差带大小	解释(被测要素、基准要素及要求)
①				
②				
③				

续表

序号	公差项目名称	公差带形状	公差带大小	解释(被测要素、基准要素及要求)
④				
⑤				
⑥				

4-5　将下列各项几何公差要求标注在图中。

(1) 小端圆柱面的尺寸为 $\phi30_{-0.025}^{\ 0}$ mm。

(2) 大端圆柱面的尺寸为 $\phi50_{-0.039}^{\ 0}$ mm。

(3) 键槽中心平面对其轴线的对称度公差为 0.02 mm。

(4) 大端圆柱面对小端圆柱轴线的径向圆跳动公差为 0.03 mm,轴肩端平面对小端圆柱轴线的轴向圆跳动公差为 0.05 mm。

(5) 小端圆柱面的圆柱度公差为 0.006 mm。

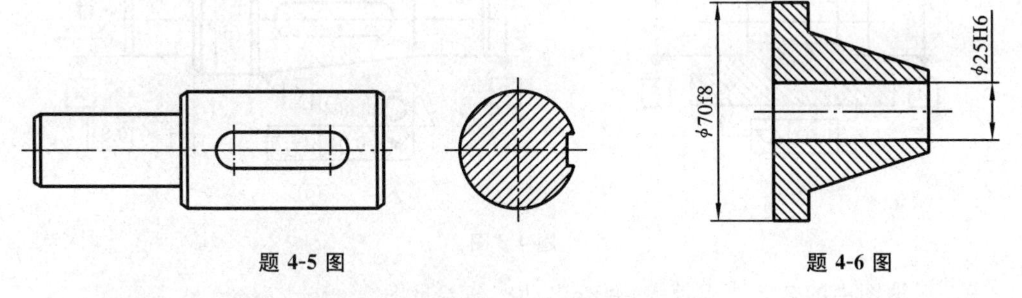

题 4-5 图　　题 4-6 图

4-6　将下列各项几何公差要求标注在图中。

(1) 孔径 φ25H6 采用包容要求。

(2) 大端外圆尺寸为 φ70f8,其轴线对 φ25H6 孔轴线的同轴度公差为 0.050 mm。

(3) 左端面对 φ25H6 孔轴线的垂直度公差为 0.020 mm。

(4) 锥面对 φ25H6 孔轴线的斜向圆跳动公差为 0.022 mm,锥面圆度公差为0.010 mm。

4-7　将下列各项几何公差要求标注在题图 4-7 上。

(1) 小端外圆柱面的尺寸为 $\phi30_{-0.025}^{\ 0}$ mm,圆柱面的圆柱度公差为 0.006 mm。

(2) 大端外圆柱面的尺寸为 $\phi50_{-0.039}^{\ 0}$ mm,采用独立原则。

(3) 小端内孔尺寸为 $\phi15_{\ 0}^{+0.027}$ mm。

(4) 大端圆柱面对小端圆柱轴线的径向圆跳动公差为 0.03 mm,轴肩端平面 Ⅰ 对小端圆柱轴线的轴向圆跳动公差为 0.05 mm。

(5) 大端内孔尺寸为 $\phi20_{\ 0}^{+0.021}$ mm,采用包容要求。

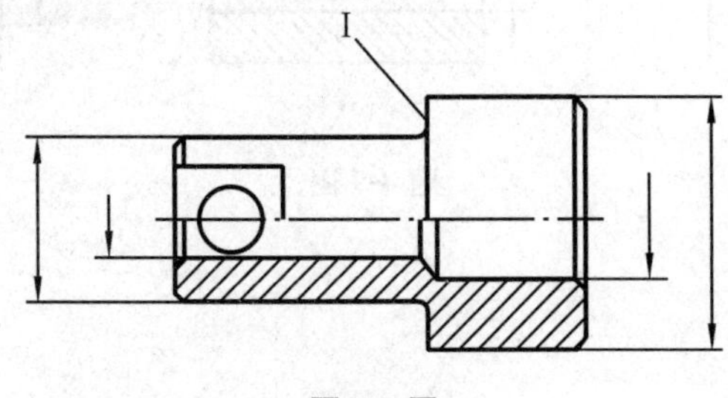

题 4-7 图

4-8　改正图中几何公差标注的错误(直接改在图上,不改变几何公差项目)。

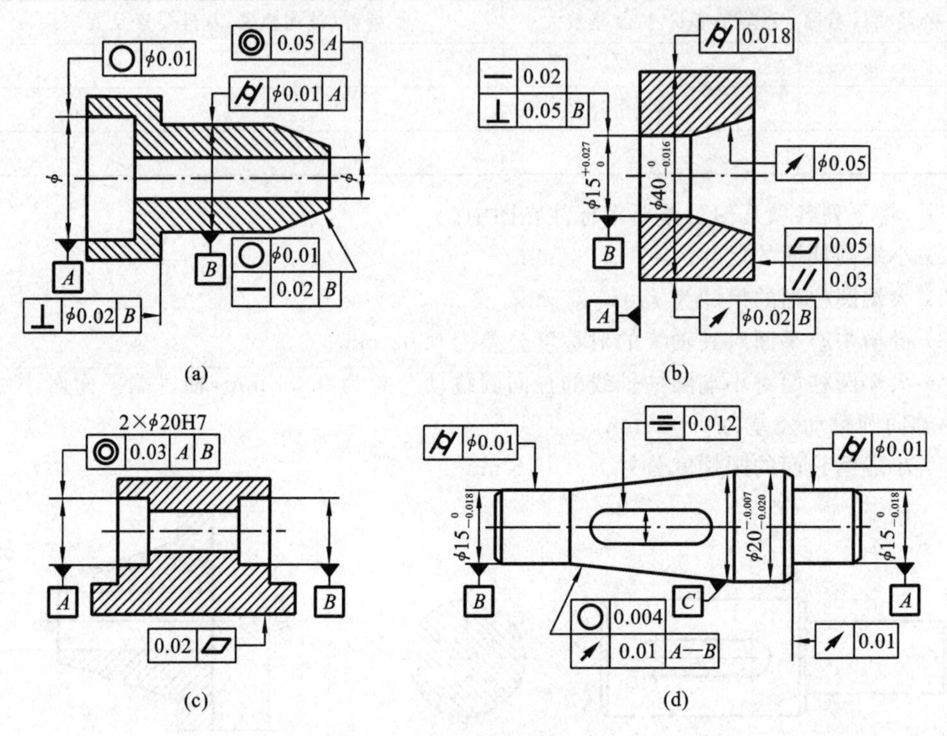

题 4-8 图

4-9　根据图中的公差要求填表,并绘出动态公差带图。

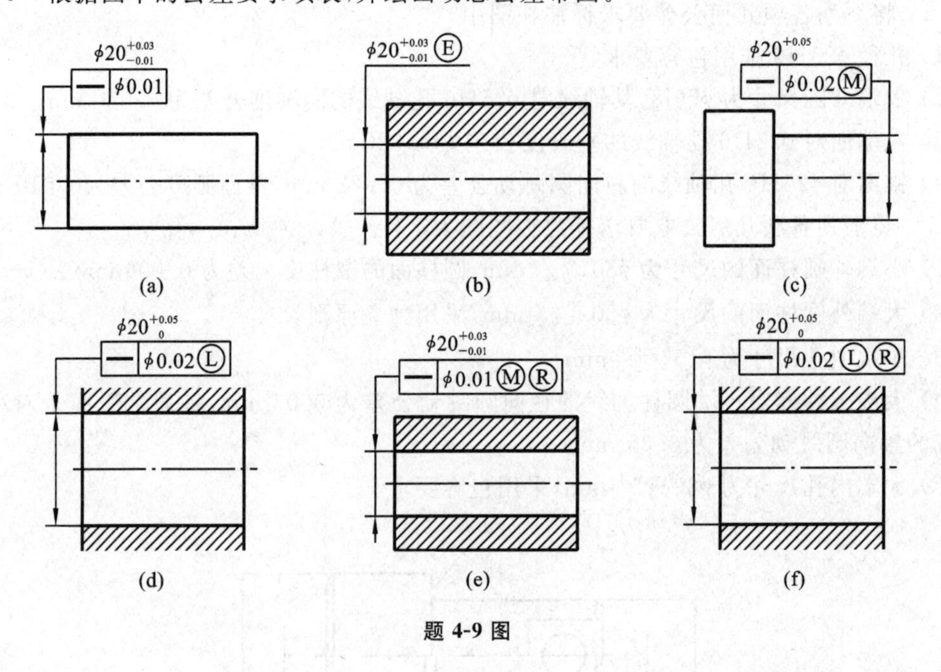

题 4-9 图

题 4-9 表

图序	采用的公差原则或公差要求	理想边界名称	理想边界尺寸/mm	MMC 下的几何公差值/mm	LMC 下的几何公差值/mm
(a)					
(b)					
(c)					
(d)					
(e)					
(f)					

第5章　表面粗糙度

零件的表面是指物体与周围介质区分的物理边界。无论是机械加工的零件表面，还是用铸、锻、冲压、热轧、冷轧等方法获得的零件表面上，都会存在着具有很小间距的微小峰、谷所形成的微观几何形状误差，用表面粗糙度来表示。零件的表面粗糙度对零件的功能要求、使用寿命、美观程度都有重大影响。

为了正确地测量和评定零件表面粗糙度，以及在零件图上正确地标注表面粗糙度的技术要求，以保证零件的互换性，我国发布了《产品几何技术规范(GPS)　表面结构　轮廓法术语、定义及表面结构参数》(GB/T 3505—2009)、《产品几何技术规范(GPS)　表面结构　轮廓法　评定表面结构的规则和方法》(GB/T 10610—2009)、《产品几何技术规范(GPS)　表面结构　轮廓法　表面粗糙度参数及其数值》(GB/T 1031—2009)和《产品几何技术规范(GPS)　技术产品文件中表面结构的表示法》(GB/T 131—2006)等国家标准。

5.1　概　　述

5.1.1　表面粗糙度的定义

为了研究零件的表面结构，通常用垂直于零件的实际表面的平面与这个零件实际表面相交所得到的轮廓作为评估对象，它称为表面轮廓，是一条轮廓曲线，如图5-1所示。

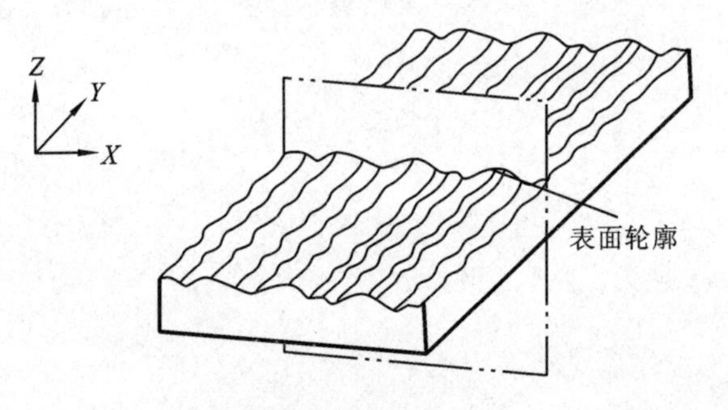

图5-1　表面轮廓

表面粗糙度是反映零件表面微观几何形状误差的一个重要指标。在机械加工过程中，由于刀具或砂轮切削后遗留的刀痕、切削过程中切屑分离时的塑性变形，以及机床的振动等原因，被加工零件的表面会产生微小的峰、谷，这些微小峰、谷的高低程度和间距状况称为表面粗糙度。它是一种微观几何形状误差，也称为微观不平度。表面粗糙度应与表面形状误差(宏观几何形状误差)和表面波度区分开：通常波距小于1 mm的属于表面粗糙度，波距在1～10 mm之间的属于表面波纹度，波距大于10 mm的属于宏观形状误差。

一般来说，任何加工后的表面实际轮廓总是包含表面粗糙度、波纹度、表面形状误差等构成的几何形状误差，如图5-2所示。

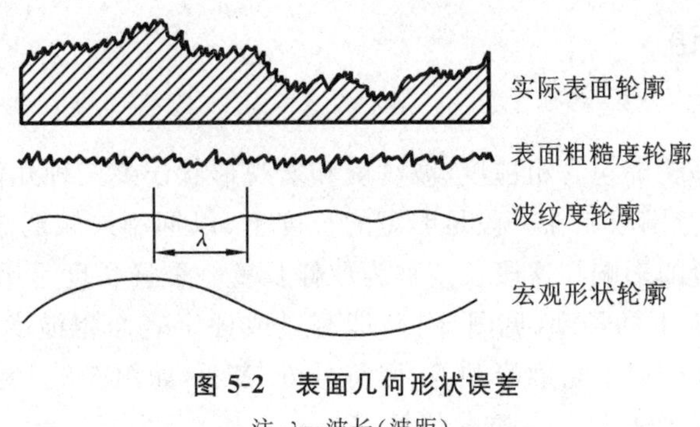

图 5-2　表面几何形状误差

注：λ—波长(波距)。

5.1.2　表面粗糙度对机械零件使用性能的影响

表面粗糙度对机械零件的摩擦磨损、配合性质、耐磨性、耐腐蚀性、疲劳强度及结合密封性等都有很大的影响，尤其对在高温、高速和高压条件下工作的机械零件影响更大。其影响主要表现在以下几个方面。

1. 影响零件的耐磨性

相互运动的两个零件表面越粗糙，则它们的磨损就越快。这是因为这两个零件表面只能在轮廓的峰顶接触，此时两个零件表面的接触面积减小，压强增大，使磨损加剧。零件表面越粗糙，接触阻力越大，零件磨损也越快。

2. 影响配合性质的稳定性

对间隙配合而言，相对运动的表面因粗糙不平而迅速磨损，会致使间隙增大；对过盈配合而言，表面轮廓峰顶在装配时易被挤平，实际有效的过盈减少，会致使连接强度降低。因此，表面粗糙度影响配合的可靠性和稳定性。

3. 影响零件的疲劳强度

零件表面越粗糙，凹痕越深，表面轮廓峰谷的曲率半径也越小，对应力集中越敏感。特别是当零件承受交变载荷时，由于应力集中现象的影响，材料的疲劳强度降低，导致零件表面产生裂纹而损坏。

4. 影响零件的耐腐蚀性

粗糙的零件表面，在其微观凹谷处容易残留一些腐蚀性物质，它们会向金属内层渗透，使腐蚀加剧，造成表面锈蚀。因此，提高零件表面粗糙度的要求，可以增强其耐腐蚀能力。

此外，表面粗糙度对零件的其他使用性能(如零件结合的密封性、接触刚度)，对流体流动的阻力，对机器的外观质量、测量精度等都有很大影响。

因此，为保证机械零件的使用性能，在对零件进行精度设计时，对零件表面粗糙度提出合理的技术要求，是一项不可缺少的重要内容。

5.2　表面粗糙度的评定

零件加工后的表面粗糙度是否符合要求，应该由测量和评定的结果来确定。测量和评定表面粗糙度时，应规定取样长度、评定长度、轮廓滤波器的截止波长、中线和评定参数，以限制或减小表面波纹度对表面粗糙度测量结果的影响。

5.2.1　基本术语

1. 取样长度

由于零件实际表面轮廓包含粗糙度、波纹度和宏观形状误差三种几何形状误差,故测量表面粗糙度时,应把测量范围限制在一段足够短的长度上,以抑制或减弱波纹度,排除宏观形状误差对表面粗糙度测量的影响。这段长度称为取样长度。取样长度是用于判别被评定轮廓的不规则特征的 X 轴方向上的长度(见图 5-1),即测量或评定表面粗糙度时所规定的一段基准线长度。它至少包含 5 个以上轮廓峰和谷,用符号 lr 表示,如图 5-3 所示。表面越粗糙,取样长度 lr 就应该越大。取样长度的标准化值见表 5-1。

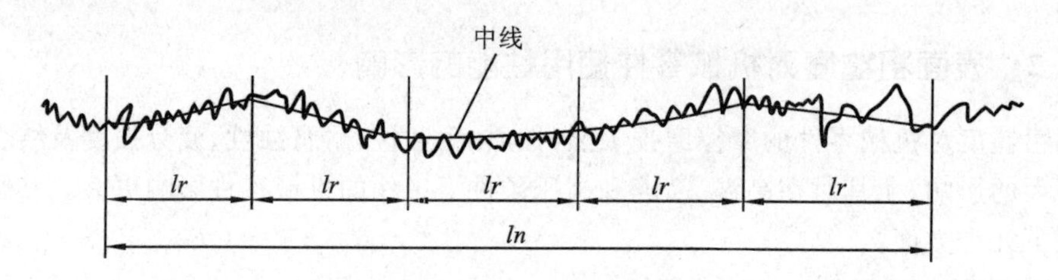

图 5-3　取样长度 lr 和评定长度 ln

表 5-1　轮廓算术平均偏差 Ra 、轮廓的最大高度 Rz 和轮廓单元的平均宽度 RSm 对应的标准取样长度和标准评定长度(摘自 GB/T 1031—2009、GB/T 10610—2009)

Ra /μm	Rz /μm	RSm /mm	标准取样长度 lr		标准评定长度
			λs /mm	$lr=\lambda c$ /mm	$ln=5lr$ /mm
≥0.008~0.02	≥0.025~0.10	>0.013~0.04	0.0025	0.08	0.4
>0.02~0.1	>0.10~0.50	>0.04~0.13	0.0025	0.25	1.25
>0.1~2.0	>0.50~10.0	>0.13~0.4	0.0025	0.8	4.0
>2.0~10.0	>10.0~50.0	>0.4~1.3	0.008	2.5	12.5
>10.0~80.0	>50~320	>1.3~4.0	0.025	8.0	40.0

注:λs 和 λc 分别为短波和长波滤波器截止波长。

2. 评定长度

由于零件表面粗糙度不均匀,为了更可靠地反映表面粗糙度的特性,在测量和评定表面粗糙度时所规定的一段沿 X 方向的最小长度称为评定长度,用符号 ln 表示。

一般情况下,取 $ln=5lr$,称为标准长度(见图 5-3)。如果评定长度取为标准长度,则不需在表面粗糙度代号中注明。当然,根据情况,也可取非标准长度,此时需在表面粗糙度代号中注明。若被测零件表面加工均匀性较好,如车削、铣削、刨削的零件表面,可取 $ln<5lr$;若被测零件表面加工均匀性较差,如磨削、研磨的零件表面,可取 $ln>5lr$。

3. 长波和短波轮廓滤波器的截止波长

为了评价表面轮廓(见图 5-2 中的实际表面轮廓)上各种几何形状误差中的某一种,可以利用轮廓滤波器来呈现这一几何形状误差,过滤掉其他的几何形状误差。

轮廓滤波器是指能将表面轮廓分离成长波成分和短波成分的滤波器,轮廓滤波器所能抑制的成分的波长称为截止波长。从短波截止波长至长波截止波长这两个极限值之间的波长范围称为传输带。

使用接触(触针)式仪器测量表面粗糙度时,为了抑制波纹度对粗糙度测量结果的影响,用

仪器的截止波长为 λc 的长波滤波器从实际表面轮廓上把波长较长的波纹度波长成分加以抑制或排除掉，用截止波长为 λs 的短波滤波器从实际表面轮廓上过滤掉比形成粗糙度的成分波长更短的成分，从而只呈现表面粗糙度，对其进行测量和评定。长波滤波器的截止波长 λc 等于取样长度 lr，即 $\lambda c = lr$。截止波长 λs 和 λc 的标准化值由表 5-1 查取。

4. 轮廓中线

获得零件实际表面轮廓后，为了定量地评定表面粗糙度，首先要确定一条中线，这条中线是具有几何轮廓形状并划分被评定轮廓的基准线。以中线为基础来计算各种评定参数的数值。基准线有下列两种。

1）轮廓的最小二乘中线

轮廓的最小二乘中线是指在一个取样长度 lr 范围内，使轮廓上各点轮廓偏距 Z_i 的平方和为最小的线，即 $\int_0^{lr} Z_i^2 \mathrm{d}x$ 为最小，如图 5-4 所示。轮廓偏距的测量方向为 Z 方向，轮廓总的走向为 X 方向。

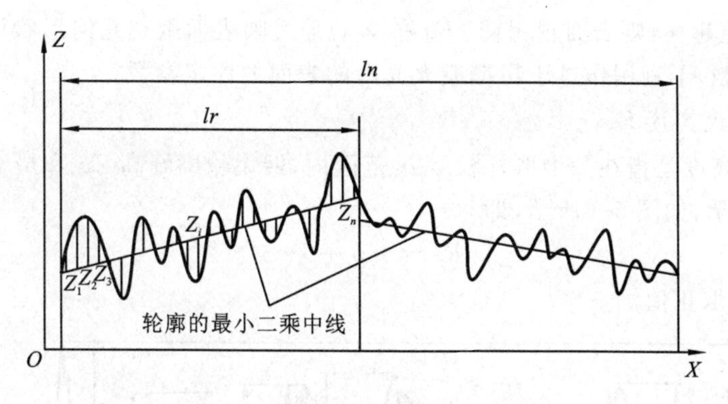

图 5-4　表面粗糙度的最小二乘中线

2）轮廓的算术平均中线

在一个取样长度 lr 范围内，轮廓的算术平均中线与轮廓走向一致，这条中线将轮廓划分为上、下两部分，使上面部分的各个峰的面积之和等于下面部分的各个谷的面积之和，即 $\sum_{i=1}^{n} F_i = \sum_{i=1}^{n} F'_i$，如图 5-5 所示。在轮廓图形上确定最小二乘中线的位置比较困难，可用轮廓算术平均中线代替，通常用目测估计确定算术平均中线。

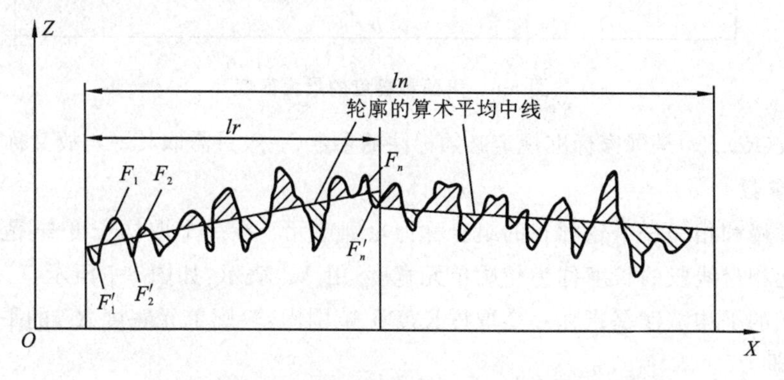

图 5-5　表面粗糙度的算术平均中线

5.2.2 评定参数

为了满足对零件表面不同的功能要求,需要定量地评定表面粗糙度,为此 GB/T 3505—2009 针对表面微观几何形状的幅度、间距和形状三个方面的特征,规定了相应的评定参数。

1. 幅度参数

1) 轮廓的算术平均偏差 Ra

如图 5-4 所示,轮廓的算术平均偏差是指在一个取样长度 lr 范围内,被评定轮廓上各点至中线的纵坐标值 $Z(x)$ 的绝对值的算术平均值,用符号 Ra 表示。即

$$Ra = \frac{1}{lr}\int_0^{lr} |Z(x)|\,\mathrm{d}x \tag{5-1}$$

或近似为

$$Ra = \frac{1}{n}\sum_{i=1}^{n} |Z_i| \tag{5-2}$$

测得的 Ra 值越大,则表面越粗糙。Ra 能客观地反映表面微观几何形状误差,但因受到计量器具功能的限制,不宜用作过于粗糙或太光滑的表面的评定参数。

2) 轮廓的最大高度 Rz

轮廓的最大高度是指在一个取样长度 lr 范围内,最大轮廓峰高 Zp 和最大轮廓谷深 Zv 之和,用符号 Rz 表示,如图 5-6 所示,即

$$Rz = Zp + Zv \tag{5-3}$$

式中,Zp 、Zv 都取正值。

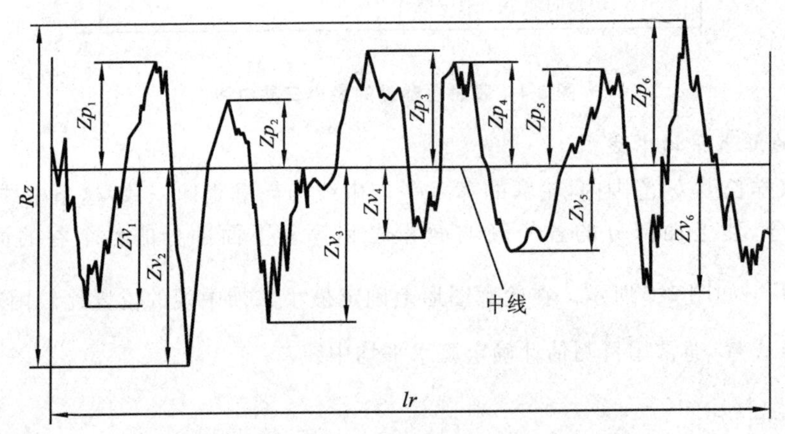

图 5-6　表面粗糙度的最大高度

幅度参数(Ra、Rz)是国家标准规定必须标注的参数(一般只需取其一),故又称为基本参数。

2. 间距参数

一个轮廓峰和相邻一个轮廓谷的组合称为轮廓单元。在一个取样长度 lr 范围内,中线与各个轮廓单元相交线段的长度称为轮廓单元宽度,用 Xs_i 表示,如图 5-7 所示。

轮廓单元的平均宽度是指在一个取样长度 lr 范围内,轮廓单元宽度 Xs_i 的平均值,用符号 RSm 表示。即

$$RSm = \frac{1}{m}\sum_{i=1}^{m} Xs_i \tag{5-4}$$

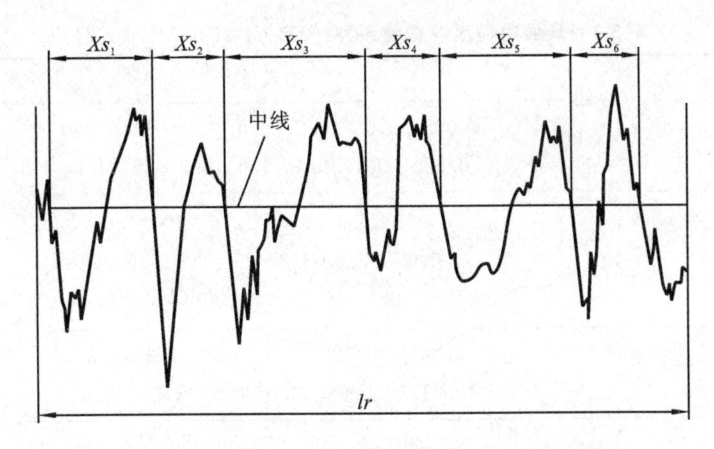

图 5-7　轮廓单元的宽度与轮廓单元的平均宽度

3. 形状参数

轮廓的支承长度率 $Rmr(c)$ 是指在给定水平截面高度 c 上轮廓的实体材料长度 $Ml(c)$ 与评定长度的比率，如图 5-8 所示，用符号 $Rmr(c)$ 表示。即

$$Rmr(c)=\frac{Ml(c)}{ln} \tag{5-5}$$

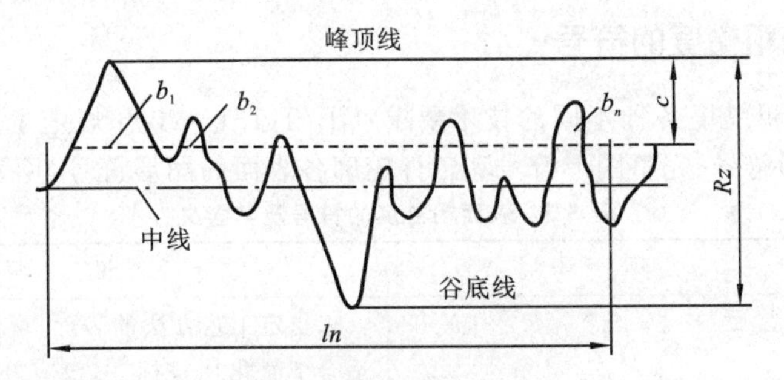

图 5-8　轮廓的支承长度率

所谓轮廓的实体材料长度 $Ml(c)$ 是指在评定长度 ln 范围内，一平行于 X 轴（见图 5-1）的直线从峰顶线向下移动一水平截距 c 时，与轮廓相截所得的各段截线长度之和，如图 5-8 所示。即

$$Ml(c)=b_1+b_2+\cdots+b_n=\sum_{i=1}^{n}b_i \tag{5-6}$$

平行于中线的直线在轮廓上截取的位置不同，即水平截距 c 不同，则所得的支承长度也不同。因此，支承长度率应该对应于水平截距 c 给出。轮廓的水平截距 c 可用 μm 或它占轮廓最大高度的百分比表示。

对应于基本参数（Ra、Rz），间距参数 RSm 与形状参数 $Rmr(c)$ 称为附加参数。只有少数零件的重要表面有特殊要求时，才选用附加参数来评定。

5.2.3　评定参数的数值规定

表面粗糙度的参数值已经标准化，设计时应按 GB/T 1031—2009 规定的参数值系列选取。表 5-2 给出了轮廓的算术平均偏差 Ra、轮廓的最大高度 Rz、轮廓单元的平均宽度 RSm、轮廓的支承长度率 $Rmr(c)$的数值系列。

表 5-2 表面粗糙度参数值系列(摘自 GB/T 1031—2009)

参数名称	参数值
$Ra/\mu m$	0.012 0.05 0.2 0.8 3.2 12.5 50 0.025 0.1 0.4 1.6 6.3 25 100
$Rz/\mu m$	0.025 0.2 1.6 12.5 100 800 0.05 0.4 3.2 25 200 1600 0.1 0.8 6.3 50 400
$RSm/\mu m$	0.006 0.025 0.1 0.4 1.6 6.3 0.0125 0.05 0.2 0.8 3.2 12.5
$Rmr(c)/\%$	10 15 20 25 30 40 50 60 70 80 90

5.3 表面粗糙度的标注

确定零件表面粗糙度评定参数及极限值和其他技术要求后,应按照 GB/T 131—2006 的规定,把表面粗糙度技术要求正确地标注在零件图上。

5.3.1 表面粗糙度的符号

为了标注表面粗糙度各种不同的技术要求,GB/T 131—2006 规定了表面粗糙度的基本图形符号、扩展图形符号、完整图形符号和工件轮廓各表面的图形符号,见表 5-3。

表 5-3 表面粗糙度的符号及其含义

名　称	符　号	说　明
基本图形符号 (简称基本符号)		未指定工艺方法的表面,可用任何方法获得,仅适合于简化代号标注,没有补充说明时不能单独使用
扩展图形符号		用去除材料方法(如车、铣、钻、磨、抛光等)获得的表面
		用不去除材料方法(如铸造、锻造、冲压、粉末冶金等方法)获得的表面
完整图形符号		在上述三个符号的长边上加一横线,用于标注表面粗糙度特征的补充信息
工作轮廓各表面的图形符号		在完整图形符号上加一圆圈,表示在图样某个视图上构成封闭轮廓的各表面有相同的表面粗糙度要求。它标注在图样中工件的封闭轮廓线上

5.3.2 表面粗糙度的代号及其注法

1. 表面粗糙度要求标注的内容

为了明确表面粗糙度要求,除了标注表面粗糙度单一要求外,必要时还应标注补充要求。

单一要求是指对传输带、取样长度、表面粗糙度参数代号及其极限值的要求；补充要求是指对加工方法、表面纹理和纹理方向、加工余量等的要求。在完整图形符号中，对上述技术要求应如图5-9所示按照指定位置标注。

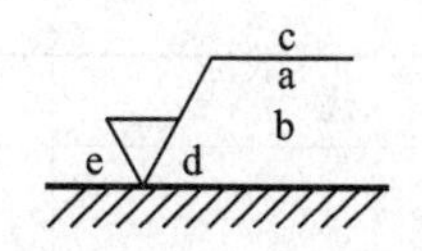

图5-9　在表面粗糙度完整图形符号上各项技术要求的标注位置

a—第一个表面粗糙度的单一要求(μm)；
b—第二个表面粗糙度的单一要求(μm)；
c—加工方法；d—表面纹理和纹理方向；
e—加工余量(mm)

注写了技术要求的完整图形符号称为表面粗糙度代号，简称粗糙度代号。

2. 表面粗糙度要求在图样中的标注

1) 位置a处标注的表面粗糙度要求

位置a处标注第一个表面粗糙度的单一要求，该要求是不能省略的。它包括表面粗糙度参数代号及其极限值、传输带或取样长度等内容，在图中注法如图5-10和表5-4所示。

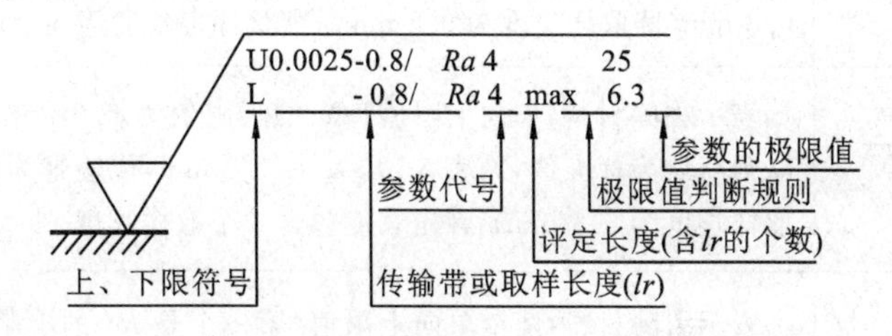

图5-10　表面粗糙度的单一要求注法

(1) 上限和下限的标注。在完整的图形符号中，表示双向极限时应标注上限符号“U”和下限符号“L”，上限在上方，下限在下方，见图5-10和表5-4(序号3)。如果同一参数具有双向极限要求，在不引起歧义时，可以省略“U”和“L”的标注，见表5-4(序号8)。当只有单向极限要求时：若为单向上限值，则可省略“U”的标注，见表5-4(序号7)。若为单向下限值，则必须加注“L”，见表5-4(序号4)。

(2) 传输带和取样长度的标注。传输带标注时短波滤波器的截止波长值 λs 在前，长波滤波器的截止波长值 λc 在后，并用连接符号“-”隔开，见表5-4(序号8)。长波滤波器截止波长等于取样长度 lr，如表5-4(序号6)中 $lr=0.8$ mm。在某些情况下，传输带中只标注两个滤波器中的一个，若未标注滤波器，则使用它的默认截止波长的标准值，见表5-1。如果只标注一个滤波器，也应保留连字号“-”来区分是短波还是长波滤波器的截止值。

(3) 参数代号的标注。表面粗糙度参数代号标注在传输带或取样长度之后，它们之间加一斜线“/”隔开，见表5-7(序号5、6)。

(4) 评定长度 ln 的标注。如果采用默认的评定长度，即评定长度 $ln=5lr$ 时，评定长度可省略标注。如果评定长度 $ln\neq 5lr$ 时，则应在相应参数代号后注出取样长度 lr 的个数，见表5-7(序号6，表中 $ln=3lr$)。

表5-4　表面粗糙度的代号及意义

序号	代　号	意　义
1	Rz 3.2	表示不允许去除材料，单向上限值，轮廓的最大高度 Rz 的上限值为3.2 μm，默认传输带，默认评定长度为5个取样长度；极限值判断规则默认为“16%”规则

续表

序号	代　号	意　义
2	√Rzmax 6.3	表示去除材料,单向上限值,轮廓的最大高度 *Rz* 的最大值为 6.3 μm,默认传输带,默认评定长度为 5 个取样长度,极限值判断规则为“最大规则”(以下略)
3	√U Ramax 3.2 L Ra 0.8	表示不允许去除材料,双向极限值,*Ra* 的最大值为 3.2 μm,*Ra* 的下限值为 0.8 μm,两个极限值均使用默认传输带,默认评定长度为 5 个取样长度
4	√L Ra 0.4	表示加工表面用任意方法获得,单向下限值,*Ra* 的下限值为 0.4 μm,默认传输带,默认评定长度为 5 个取样长度
5	√0.0025-0.8/Ra 6.3	表示去除材料,单向上限值,*Ra* 的上限值为 6.3 μm,传输带为 0.0025～0.8 mm(即取样长度为 0.8 mm),默认评定长度为 5 个取样长度
6	√-0.8/Ra3 6.3	表示去除材料,单向上限值,*Ra* 的上限值为 6.3 μm,λs =0.0025 mm(省略则默认为标准值,见表 5-1),λc =0.8 mm,传输带为0.0025～0.8 mm(即取样长度为 0.8 mm),评定长度包含 3 个取样长度
7	铣 √Ra 0.8 ⊥-2.5/Rz 3.2	表示去除材料,两个单向上限值(第一个是 *Ra* 的上限值,为 0.8 μm,默认传输带和评定长度;第二个是 *Rz* 的上限值,为 3.2 μm,传输带为 0.002 5～2.5 mm,即取样长度为 2.5 mm),表面纹理垂直于视图所在的投影面,加工方法为铣削
8	3√0.008-4/Ra 50 0.008-4/Ra 6.3	表示去除材料,双向极限值,*Ra* 的上限值为 50 μm,下限值为 6.3 μm;上、下极限传输带均为 0.008～4 mm;默认评定长度为 5 个取样长度;加工余量为 3 mm
9	√　√Y　√Z	简化符号,符号及所加字母的含义由图样中的标注说明

(5) 极限判断原则和极限值标注。按 GB/T 10610—2009 的规定,根据表面粗糙度代号中给定的极限值,对实际表面进行检测后判断其合格性时,可以采用下列两种判断原则。

①16%规则:在同一评定长度范围内幅度参数所有的实测值中,大于上限值的个数少于总数的 16%,小于下限值的个数少于总数的 16%,则认为合格。

16%规则是表面粗糙度技术要求标注中的默认规则(省略标注)。

②最大规则:它是指整个被测表面上幅度参数所有的实测值皆不大于最大允许值和不小于最小允许值,才认为合格(见表 5-7,序号 3)。在幅度参数符号的后面增加“max”或“min”标记,则表示检测时合格性的判断采用最大规则。

为了避免误解,在参数代号和极限值之间应插入一个空格。

表面粗糙度的其他要求(见图 5-9 中位置 b、c、d、和 e 处)可根据零件功能需要标注。

2) 位置 b 处标注的表面粗糙度要求

位置 b 处标注第二个表面粗糙度要求。如果要标注第三个或更多的表面粗糙度要求,图形符号应在垂直方向扩大,以留出足够空间。此时,位置 a、b 处的标注内容随之上移。

3）位置 c 处标注的表面粗糙度要求

位置 c 处标注加工方法、表面处理、涂层及其他加工工艺要求等，如表 5-4(序号 7)所示。

4）位置 d 处标注的表面粗糙度要求

位置 d 处标注表面纹理和纹理方向，各种典型的表面纹理及其方向符号的规定标注见表 5-5。

表 5-5　加工纹理方向的符号及其标注图例

符号	说　明	示　意　图	符号	说　明	示　意　图
=	纹理平行于视图所在的投影面	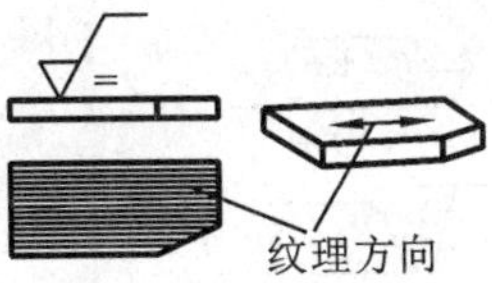 纹理方向	C	纹理呈近似同心圆且圆心与表面中心相关	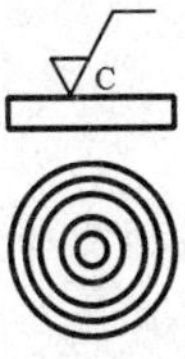
⊥	纹理垂直于视图所在的投影面	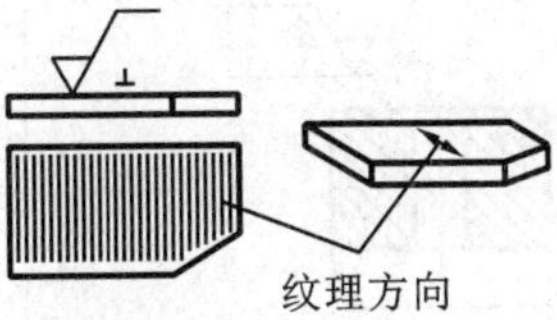 纹理方向	R	纹理呈近似放射状且与表面中心相关	
×	纹理呈斜向交叉且与视图所在的投影面相交	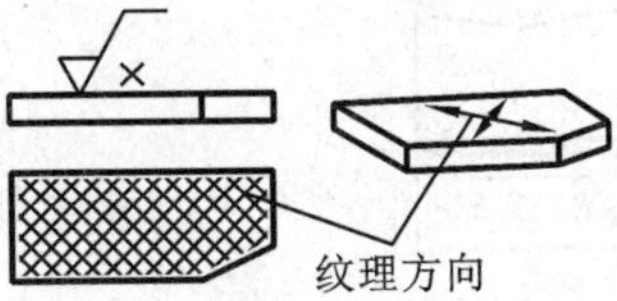 纹理方向	P	纹理呈微粒、凸起状，无方向	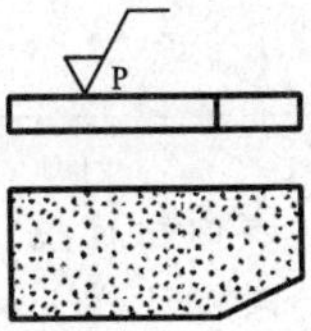
M	纹理呈多方向	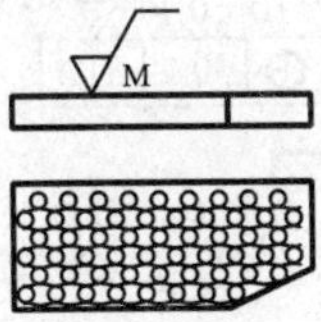			

5）位置 e 处标注的表面粗糙度要求

位置 e 处标注所要求的加工余量(单位为 mm)，见表 5-4(序号 8)。

5.3.3　表面粗糙度在图样上的标注

1. 一般规定

表面粗糙度要求对零件的每一表面一般只标注一次，并尽可能标注在相应的尺寸及其极限偏差的同一视图上。除非另有说明，所标注的表面粗糙度要求只是对完工零件表面的要求。此外，表面粗糙度代号的各种符号和数字的注写和读取方向应与尺寸的注写和读取方向一致，并且表面粗糙度代号的尖端必须从材料外指向并接触零件表面。

2. 常规标注方法

表面粗糙度要求在图样上的常规标注方法示例见表 5-6。

表 5-6　表面粗糙度要求在图样上的标注示例

要　求	图　例	说　明
表面粗糙度要求的注写方向	Ra 0.8　Rz 3.2　Rz 12.5　Ra1.6	表面粗糙度代号的各种符号和数字的注写和读取方向应与尺寸的注写和读取方向一致
表面粗糙度要求标注在轮廓线或指引线上	Rz 12.5　Rz 6.3　Ra 1.6　Ra 1.6　Rz 12.5　Rz 6.3	表面粗糙度代号可以标注在轮廓线、轮廓线的延长线和带箭头的指引线上
	铣　Rz 3.2　车　Rz 3.2	必要时，表面粗糙度代号可以用带箭头的指引线或用带黑端点(它位于可见表面上)的指引线引出标注
表面粗糙度要求标注在特征尺寸的尺寸线上	ϕ120h7　Rz 12.5	在不引起误解的情况下，表面粗糙度代号可标注在特征尺寸的尺寸线上
表面粗糙度要求标注在几何公差框格上	Ra 1.6　0.1　ϕ10±0.1　Rz 6.3　ϕ0.2　A　B	表面粗糙度代号可以标注在几何公差框格的上方
表面粗糙度要求标注在延长线上	Ra 1.6　Rz 6.3　Rz 6.3　Rz 6.3　Ra 1.6	表面粗糙度代号可以直接标注在延长线上，或用带箭头的指引线引出标注。圆柱和棱柱表面的表面粗糙度要求只标注一次
	Ra 3.2　Rz 1.6　Ra 6.3　Ra 3.2	如果棱柱的各个表面有不同的表面粗糙度要求，则应分别标出

3. 简化标注方法

表面粗糙度要求在图样上的简化标注方法示例见表 5-7。

表 5-7　表面粗糙度要求在图样上的简化标注示例

要　求	图　例	说　明
大多数表面（包括全部）有相同表面粗糙度要求的简化标注	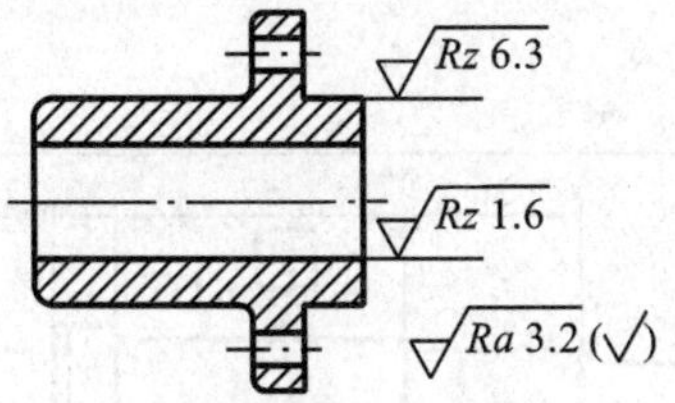 Rz 6.3 Rz 1.6 Ra 3.2 (√)	如果工件的多数表面有相同的表面粗糙度要求，则其要求可统一标注在标题栏附近。此时，表面粗糙度要求的符号后面要加上括号，并在括号内给出基本符号
	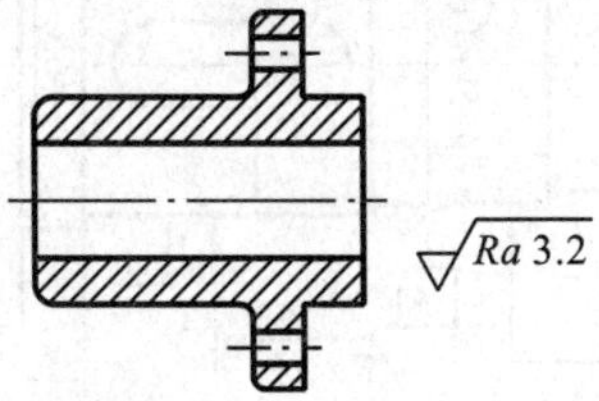 Ra 3.2	如果工件全部表面有相同的表面粗糙度要求，则其要求可统一标注在标题栏附近
多个表面有相同表面粗糙度要求或图纸空间有限时的简化标注	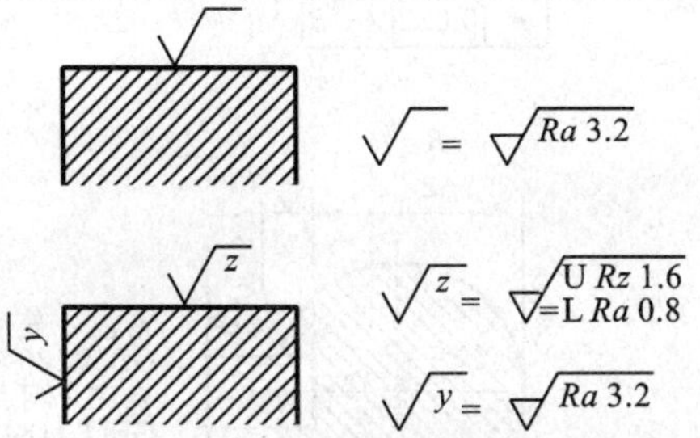 √ = Ra 3.2 z = U Rz 1.6 / L Ra 0.8 y = Ra 3.2	可用带字母的完整符号以等式的形式在图形或标题栏附近标出，对有相同表面粗糙度要求的表面进行简化标注
	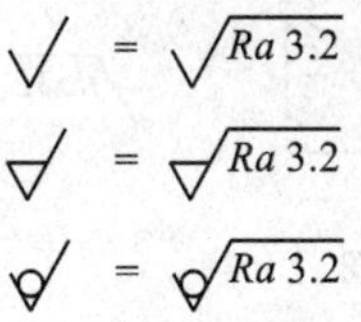 √ = Ra 3.2　未指定工艺方法的多个表面结构要求的简化注法 √ = Ra 3.2　要求去除材料的多个表面结构要求的简化注法 √ = Ra 3.2　不去除材料的多个表面结构要求的简化注法	可以用表面粗糙度基本符号和扩展图形符号，以等式的形式给出对多个表面共同的表面粗糙度要求
键槽表面粗糙度要求的简化标注	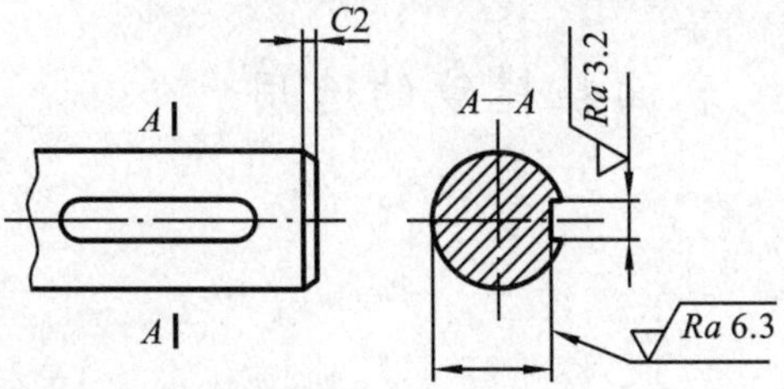 C2 A A—A Ra 3.2 Ra 6.3 A	键槽宽度两侧面的表面粗糙度要求可标注在键槽宽度的尺寸线上，单向上限值 Ra 为 3.2 μm。 键槽底面的表面粗糙度要求可标注在带箭头的指引线上，单向上限值 Ra 为 6.3 μm
倒角、倒圆表面的粗糙度要求的简化标注	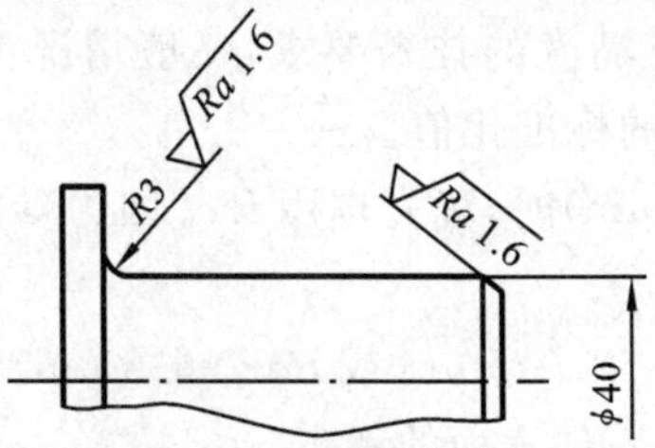 Ra 1.6 R3 Ra 1.6 ϕ40	倒圆表面的粗糙度要求可标注在带箭头的指引线上，单向上限值 Ra 为 1.6 μm；倒角表面的表面粗糙度要求可标注在其轮廓延长线上，单向上限值 Ra 为 1.6 μm
两种或多种工艺获得的同一表面的简化标注	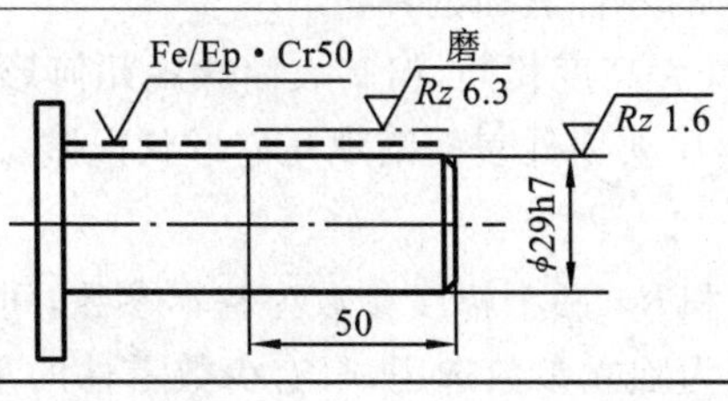 Fe/Ep · Cr50 磨 Rz 6.3 Rz 1.6 ϕ29h7 50	由几种不同工艺方法获得的同一表面，当需要明确每种工艺方法的表面粗糙度要求时，可按照左图进行标注

4. 在零件图上对零件各表面标注表面粗糙度代号的示例

如图 5-11 所示为减速器的输出轴的零件图,其上标注了尺寸及其公差带代号、几何公差和表面粗糙度等技术要求。

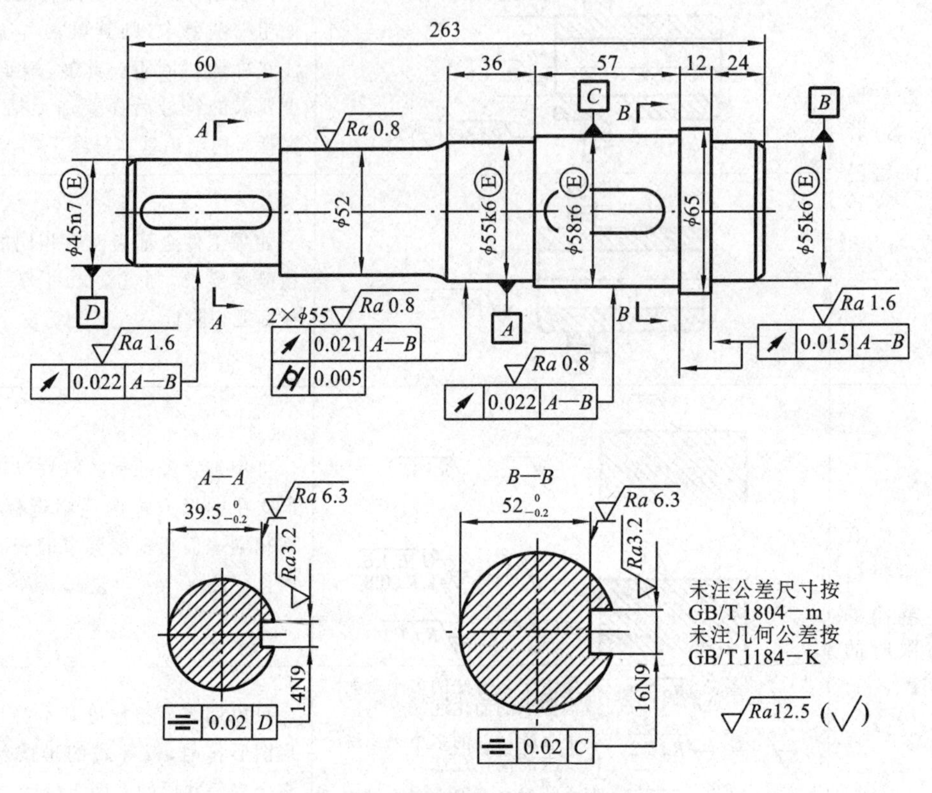

图 5-11 减速器输出轴的零件图

5.4 表面粗糙度的选用

5.4.1 评定参数的选用

1. 幅度参数的选用

在机械零件精度设计中,对于表面粗糙度的技术要求,一般情况下,可以从幅度参数 *Ra* 和 *Rz* 中任选一个,而其他要求采用默认的标准化值。

当 *Ra* 在常用值范围内(0.025～6.3 μm)时,优先选用 *Ra*。因为参数 *Ra* 的概念比较直观,它反映表面粗糙度轮廓特性的信息量大。

当表面粗糙度特别高或特别低($Ra<0.025$ μm 或 $Ra>6.3$ μm)时,可选用 *Rz*。*Rz* 用于测量部位小、峰谷小或有疲劳强度要求的零件表面的评定。

如图 5-12 所示,三种表面轮廓的最大高度相同,但其表面微观几何形状相差很大,而使用质量显然不同,只用幅度参数不能全面反映零件表面微观几何形状误差。

2. 间距参数和混合参数的选用

在表面粗糙度的评定参数中,*Ra* 和 *Rz* 两个幅度参数为基本参数,间距参数 *RSm* 和形状参数 *Rmr*(*c*)为附加参数,一般不能作为独立参数选用,只有少数零件的重要表面或有特殊要

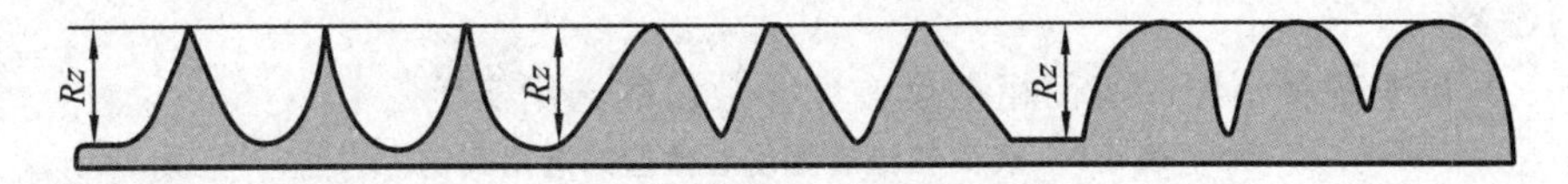

图 5-12　不同的表面微观几何形状

求时才附加选用。

单元的平均宽度 RSm 主要在对涂漆性能、抗裂纹性能、抗振性、耐腐蚀性、减少流体流动摩擦阻力的性能等有要求时选用。

支承长度率 $Rmr(c)$ 主要在耐磨性、接触刚度要求较高等情况下附加选用。

5.4.2　评定参数值的选用

表面粗糙度参数已经标准化。设计时表面粗糙度参数的极限值应从 GB/T 1031—2009 规定的参数值系列(见表 5-2)中选取。

表面粗糙度参数值的选用原则，首先是满足零件表面的功能要求，其次是考虑经济性和工艺的可能性。在满足功能要求的前提下，除参数 $Rmr(c)$ 外，其他参数的允许值应尽可能大一些。在实际工程中，由于表面粗糙度和功能的关系十分复杂，因而很难准确地确定参数的允许值，在具体设计时，多采用经验统计资料，用类比法来选用。用类比法具体选择表面粗糙度参数时，应注意以下原则。

(1) 同一零件上，工作表面比非工作表面的 Ra 或 Rz 值小。

(2) 摩擦表面比非摩擦表面的 Ra 或 Rz 值小。

(3) 公差等级相同时，过盈配合表面应小于间隙配合表面的 Ra（或 Rz）值，轴的 Ra（或 Rz 值）应小于孔的 Ra（或 Rz）值，小尺寸表面的 Ra（或 Rz 值）应小于大尺寸表面的 Ra（或 Rz）值。

(4) 对于要求配合性质稳定的小间隙配合和承受重载荷作用的过盈配合，它们的孔、轴的 Ra 或 Rz 值都应取小值。

(5) 在确定表面粗糙度参数值时，应注意它与尺寸公差和形状公差的协调，可参考表 5-8 所示的比例关系来确定。尺寸公差值和形状公差值越小，表面粗糙度的 Ra（或 Rz）值就应越小。

表 5-8　表面粗糙度幅度参数值与尺寸公差值、形状公差值的一般关系

形状公差值 t 对尺寸公差值 T 的百分比 t/T(%)	表面粗糙度幅度参数值对尺寸公差的百分比	
	Ra/T (%)	Rz/T (%)
约 60	≤5	≤30
约 40	≤2.5	≤15
约 25	≤1.2	≤7

(6) 相对运动速度高、单位面积压力大，以及承受交变应力作用的重要零件的圆角沟槽的 Ra 或 Rz 值都应取小值。

(7) 对于耐腐蚀性、密封性要求高的表面以及要求外表美观的表面，表面粗糙度 Ra 或 Rz 值应取小值。

(8) 凡有关标准业已对其粗糙度做出具体规定的特定表面，应按标准的规定来确定表面

粗糙度的参数。

表 5-9 列出了各种不同的表面粗糙度幅度参数值的选用实例。

表 5-9　表面粗糙度幅度参数值的选用实例

$Ra/\mu m$	$Rz/\mu m$	表面形状特征		应用举例
>20	>125	粗糙表面	明显可见刀痕	未标注公差(采用一般公差)的表面
>10～20	>63～125		可见刀痕	半成品粗加工的表面、非配合的加工表面,如轴端面、倒角面、钻孔内表面、齿轮和带轮侧面、垫圈接触面等
>5～10	>32～63	半光表面	微见加工痕迹	轴上不安装轴承或齿轮的非配合表面,键槽底面,紧固件的自由装配表面,轴和孔的退刀槽等
>2.5～5	>16.0～32		微见加工痕迹	半精加工表面,箱体、支架、盖面、套筒等与其他零件结合而无配合要求的表面等
>1.25～2.5	>8.0～16.0		看不清加工痕迹	接近于精加工表面,箱体上安装轴承的镗孔内表面、齿轮齿面等
>0.63～1.25	>4.0～8.0	光表面	可辨加工痕迹方向	圆柱销、圆锥销表面,与滚动轴承配合的表面,普通车床导轨表面,内、外花键定心表面,齿轮齿面等
>0.32～0.63	>2.0～4.0		微辨加工痕迹方向	要求配合性质稳定的配合表面,工作时承受交变应力的重要表面,精度较高的车床导轨表面、高精度齿轮齿面等
>0.16～0.32	>1.0～2.0		不可辨加工痕迹方向	精密机床主轴圆锥孔、顶尖圆锥面,发动机曲轴轴颈表面和凸轮轴的凸轮工作表面等
>0.08～0.16	>0.5～1.0	极光表面	暗光泽面	精密机床主轴轴颈表面,量规工作表面,汽缸套内表面,活塞销表面等
>0.04～0.08	>0.25～0.5		亮光泽面	精密机床主轴轴颈表面,滚动轴承滚珠的表面,高压油泵中柱塞和柱塞孔的配合表面等
>0.01～0.04			镜状光泽面	
≤0.01			镜面	高精度量仪、量块的测量面,光学仪器中的金属镜面等

5.5　表面粗糙度的测量方法

表面粗糙度的测量方法主要有比较法、光切法、针描法、干涉法和激光反射法等几种。

5.5.1　比较法

比较法是将工件的被测表面与已知其评定参数值的表面粗糙度样板(见图 5-13)相比较,而估算出被测表面粗糙度的一种测量方法。比较时可通过触觉或视觉判断。通过触觉比较是用手摸来判断,通过视觉比较是靠目测或用放大镜、显微镜观察判断。所选用比较样块的材料、形状、加工方法和表面纹理等应尽可能与被测件表面一致。

比较法使用简便,适用于车间检验。

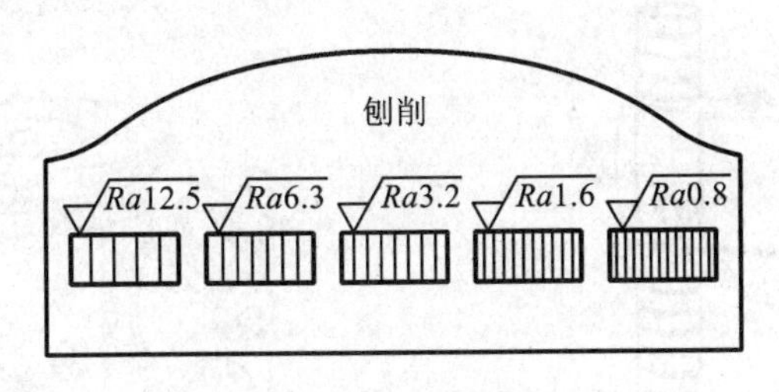

图 5-13　表面粗糙度样板

5.5.2　针描法

针描法又称触针法，其原理是：利用仪器的触针在工件的被测表面上轻轻划过，由于被测表面轮廓峰谷起伏，触针将在垂直于被测轮廓表面的方向上产生上下移动，再通过传感器将位移变化量转换成电量的变化，经信号放大和处理后，在显示器上显示出被测表面的评定参数值（也可以从打印机上打印出被测表面粗糙度轮廓曲线）。根据这种方法设计、制造的测量表面粗糙度的量仪称为精密粗糙度测量仪，如图 5-14 所示，它适用于测量 Ra 值为 0.02～5 μm 的内、外表面和球面。

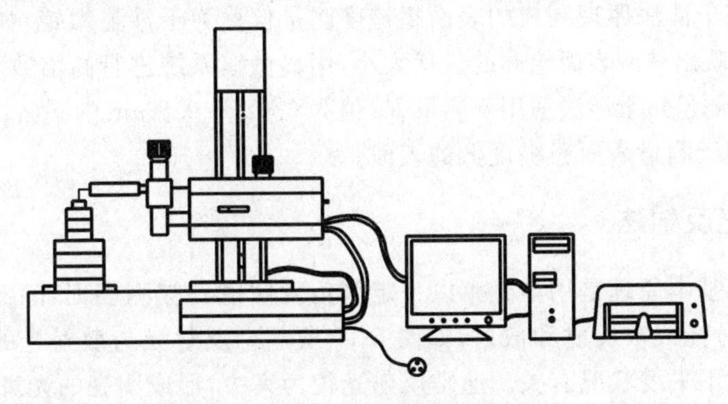

图 5-14　JB-4C 型精密粗糙度测量仪

精密粗糙度测量仪常被称为轮廓仪，根据转换原理的不同，分为电动式轮廓仪、电容式轮廓仪、压电式轮廓仪等。此外，还有光学触针轮廓仪，它适用于非接触测量（如平面、内/外圆柱面、圆锥面、球面、曲面，以及小孔、沟槽等表面的测量），可以防止划伤被测零件表面。

针描法测量具有性能稳定、测量范围广、测量迅速、测值精度高、读数可直观显示、放大倍数高、使用方便且易实现自动测量和可用个人计算机进行数据处理等优点，因此在计量室和生产现场都获得了广泛应用。

5.5.3　光切法

光切法是利用光切原理测量表面粗糙度的一种测量方法，它属于非接触测量方法。采用光切原理制成的表面粗糙度测量仪称为光切显微镜（或称双管显微镜），如图 5-15 所示，光切法适用于测量 Rz 值为 0.8～80 μm 的平面和外圆柱面。

用光切显微镜可测量以车、铣、刨或其他类似方法加工的金属零件表面，但不便于检验用磨削或抛光等方法加工的零件表面。

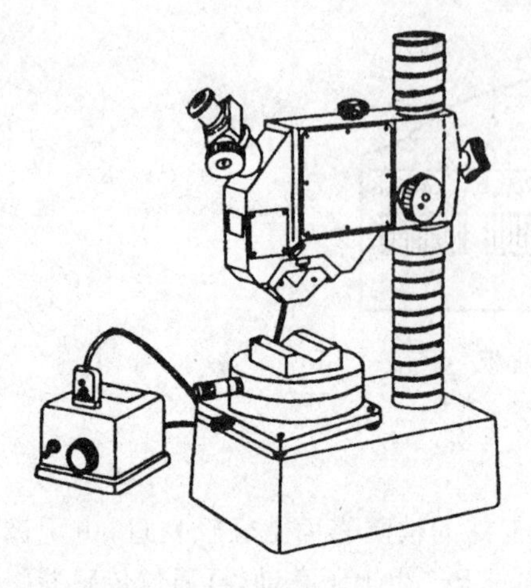

图 5-15　光切显微镜外形

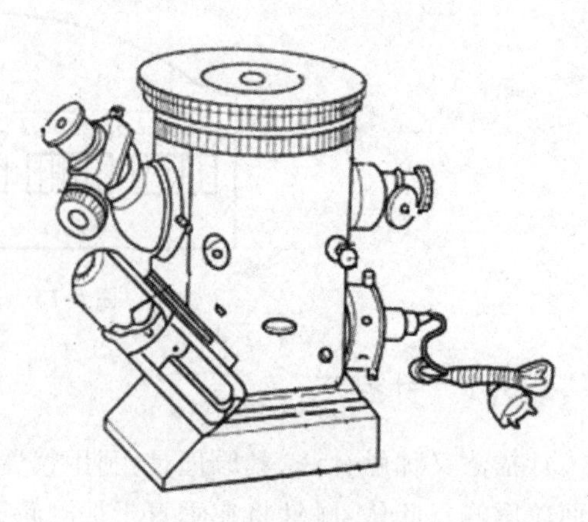

图 5-16　干涉显微镜的外形图

5.5.4　干涉法

干涉法是指利用光波干涉原理和显微系统测量精密加工表面粗糙度的方法，它属于非接触测量方法。采用干涉法原理制成的表面粗糙度测量仪称为干涉显微镜，如图 5-16 所示。它用光波干涉原理反映出被测表面轮廓的起伏大小，用显微镜系统进行高倍数放大后再对被测表面进行轮廓观察和测量。干涉法适用于测量 Rz 值为 0.025～0.8 μm 的平面、外圆柱面和球面。

干涉法一般用于测量表面粗糙度低的表面。

5.5.5　激光反射法

激光反射法的基本原理是用激光束以一定的角度照射到被测表面，除部分光线被试件表面吸收以外，大部分光线被反射和散射，如图 5-17 所示。反射光与散射光的强度及其分布与被照射表面的微观不平度状况有关。通常反射光较为集中，形成明亮的光斑；散射光则分布在光斑周围，形成较弱的光带。表面越光滑，反射光占的比例越大，即形成的光斑强度越大、光带宽度越小；表面越粗糙，则与上述情况相反。

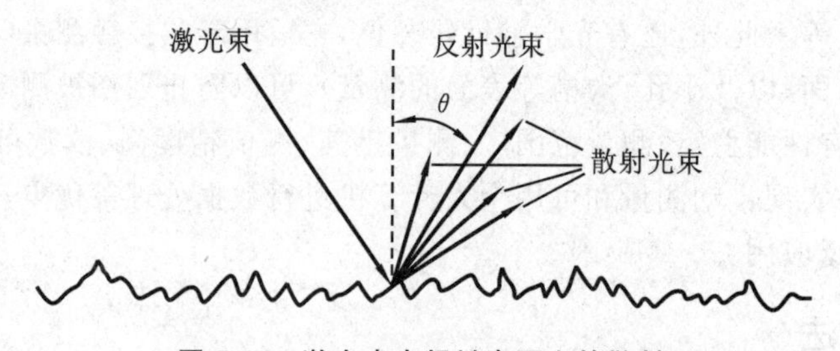

图 5-17　激光束在粗糙表面上的散射

激光反射法具有测量速度快、仪器结构简单、抗干扰能力强、不会划伤被测件等优点，适用于在线测量。

5.5.6　三维几何表面测量

表面粗糙度的一维和二维测量只能反映表面的某些几何特征，把这些特征作为表征整个表面的统计特征是很不恰当的，只有采用三维评定参数才能真实地反映被测表面的实际特征。

三维几何表面测量技术目前已将光纤法、微波法和电子显微镜等测量方法成功地应用于三维几何表面的测量。常用的基于三维几何表面测量法的测量仪是三坐标测量仪，该测量仪一般由主机（包括光栅尺）、测头、电气系统及软件系统等组成。

三维几何表面测量法适用于测量形状复杂的零件。

习　题

5-1　表面粗糙度的含义是什么？其对零件的工作性能有哪些影响？

5-2　试述测量和评定表面粗糙度时中线、传输带、取样长度、评定长度的含义。

5-3　为什么在表面粗糙度标准中，除了规定取样长度外，还规定了评定长度？

5-4　表面粗糙度的基本评定参数有哪些？哪些是基本参数？哪些是附加参数？简述各参数的含义。

5-5　表面粗糙度参数值是否选得越小越好？选用的原则是什么？如何选用？

5-6　试述规定表面粗糙度幅度参数上限值的含义。

5-7　常见的加工纹理方向符号有哪些？它们各有什么意义？

5-8　一般情况下，下列各组表面粗糙度参数值的允许值是否应该有差异？如果有差异，那么哪个孔的允许值较小？为什么？

(1) ϕ40H8 孔与 ϕ20H8 孔。

(2) ϕ50H7/f6 孔与 ϕ50H7/t6 孔。

(3) 圆柱度公差分别为 0.01 mm 和 0.02 mm 的两个 ϕ30H6 孔。

5-9　解释题 5-9 图中标注的各表面粗糙度要求的含义。

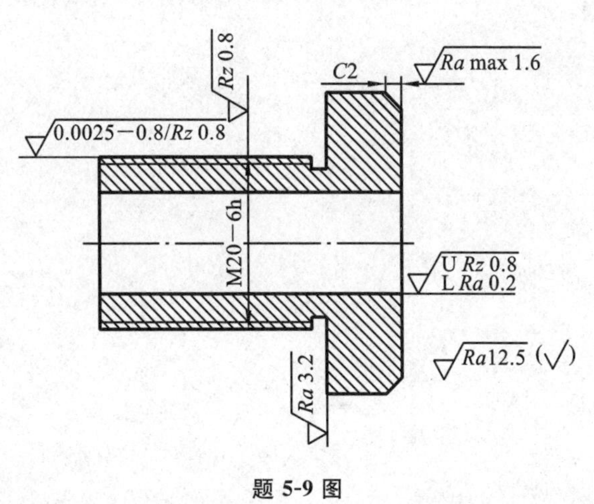

题 5-9 图

5-10　试将表面粗糙度要求标注在题 5-10 图所示的图样上。

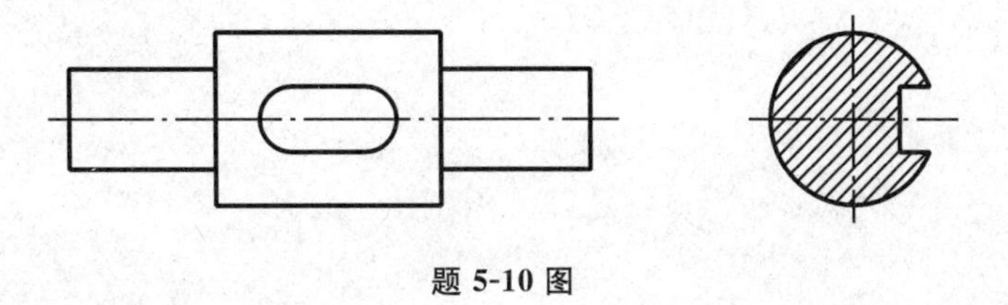

题 5-10 图

(1) 两端圆柱面的表面粗糙度参数 Ra 的上限值为 3.2 μm,下限值为 1.6 μm。

(2) 中间圆柱的轴肩表面粗糙度参数 Rz 的最大值为 25 μm。

(3) 中间圆柱的表面粗糙度参数 Ra 的最大值为 1.6 μm,最小值为 0.8 μm。

(4) 键槽两侧面的表面粗糙度参数 Ra 的上限值为 3.2 μm。

(5) 其余表面的粗糙度参数 Ra 的最大值为 12.5 μm。

第 6 章　光滑极限量规

6.1　概　　述

6.1.1　量规的作用

1. 概念

光滑圆柱体工件的检验可以采用通用测量器具，也可以采用光滑极限量规。大批量生产时，通常采用光滑极限量规检验工件。

光滑极限量规(简称量规)是一种无刻度的定值专用量具，它用模拟装配状态的方法检验工件孔或轴。量规有通规和止规之分，需成对设计和使用。量规的通规按零件的最大实体尺寸设计，用以控制零件的体外作用尺寸；量规的止规按零件的最小实体尺寸设计，用以控制零件的实际组成要素(实际尺寸)。光滑极限量规结构简单、制造容易、使用方便，适用于成批生产工件的检验。

2. 作用

光滑极限量规无刻度，故不能测得工件实际组成要素的尺寸大小，但能用来迅速地确定被测工件实际组成要素的尺寸是否在规定的极限范围内，以便对工件做出合格性判断。

塞规是用于孔径检验的光滑极限量规，其测量面为外圆柱面。其中公称直径为被检孔径下极限尺寸的一端为孔用通规，公称直径为被检孔径上极限尺寸的一端为孔用止规，如图 6-1 所示。检验时，通规能通过被检孔，而止规不能通过，则被检孔合格。

卡规(或环规)是用于轴径检验的光滑极限量规，其测量面为两平行平面。其中两平行平面间公称尺寸为被检轴径上极限尺寸的为轴用通规，两平行平面间公称尺寸为被检轴径下极限尺寸的为轴用止规，如图 6-2 所示。检验时，能通过通规而不能通过止规，则被检轴合格。

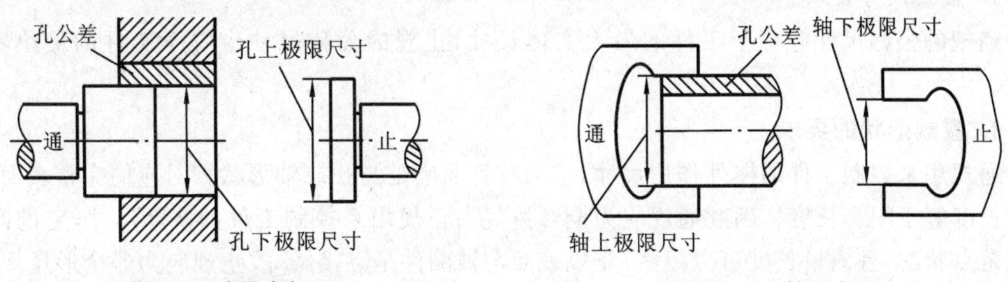

图 6-1　孔用塞规　　　　图 6-2　轴用卡规

光滑极限量规结构简单，使用方便，检验结果可靠，因而在批量生产中得到了广泛应用。

6.1.2　量规的种类

光滑极限量规按其用途的不同可分为工作量规、验收量规和校对量规三类。

1. 工作量规

工人在加工时用来检验工件的量规。工作量规的通端用代号“T”表示,止端用代号“Z”表示。

2. 验收量规

检验部门或用户代表验收工件时使用的量规为验收量规。

3. 校对量规

校对量规是用于检验轴用量规在制造时是否符合制造公差,在使用中是否已达到磨损极限所使用的量规。检验孔用的量规,由于易用普通量仪检验,故不需采用校对量规。

轴用校对量规又可分为以下三种。

(1)“校通-通”量规(代号 TT),即检验轴用量规通规的校对量规。

(2)“校止-通”量规(代号 ZT),即检验轴用量规止规的校对量规。

(3)“校通-损”量规(代号 TS),即检验轴用量规通规磨损极限的校对量规。

需要说明,国家标准《光滑极限量规　技术条件》(GB/T 1957—2006)并没有对验收量规做特别的规定,但在附录中做了如下的规范性说明:制造厂对工件进行检验时,操作者应使用新的或者磨损较少的通规;检验部门应使用与操作者所用形式相同且已磨损较多的通规。用户代表在用量规验收工件时,通规公称尺寸应接近工件的最大实体尺寸,止规公称尺寸应接近工件的最小实体尺寸。

6.2　量规的设计原则

6.2.1　泰勒原则

设计光滑极限量规时应遵守泰勒原则(极限尺寸判断原则)的规定。泰勒原则是指遵守包容要求的单一要素(孔或轴)的实际尺寸和几何误差综合形成的体外作用尺寸不允许超越最大实体尺寸,在孔或轴的任何位置上的实际尺寸不允许超越最小实体尺寸。符合泰勒原则的量规有如下要求。

1. 量规尺寸要求

通规的公称尺寸应等于工件的最大实体尺寸,止规的公称尺寸应等于工件的最小实体尺寸。

2. 量规形状的要求

通规用来控制工件的体外作用尺寸,它的测量面应是与孔或轴形状相对应的完整表面,且测量长度等于配合长度。因此通规应为全形量规。止规用来控制工件的实际尺寸,它的测量面应是点状的,且测量长度可以短些,止规表面与被测件是点接触,故止规应为非全形量规。

使用符合泰勒原则的光滑极限量规检验零件,基本上可以保证零件公差与配合的要求。但在实际应用中,为了使制造和使用方便,量规常偏离上述原则。如检验轴的通规按泰勒原则应为圆形环规,但环规使用不方便,故一般都做成卡规,如图 6-3 所示;检验大尺寸孔的通规,为了减轻质量,常做成不全形塞规或球端杆规,如图 6-4 所示;由于点接触容易磨损,故止规也不一定是两点接触式,而常采用小平面或圆柱面,即是线、面接触形式;检验小尺寸孔的止规为了加工方便,常做成全形(圆柱形)止规。

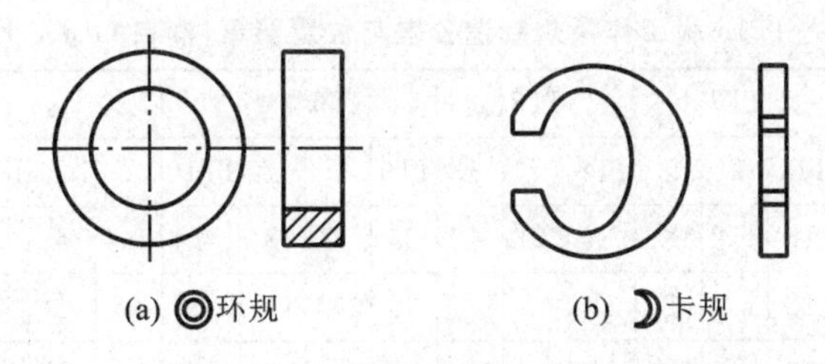

(a) ◎环规　　(b) ☽卡规

图 6-3　全形环规与不全形卡规

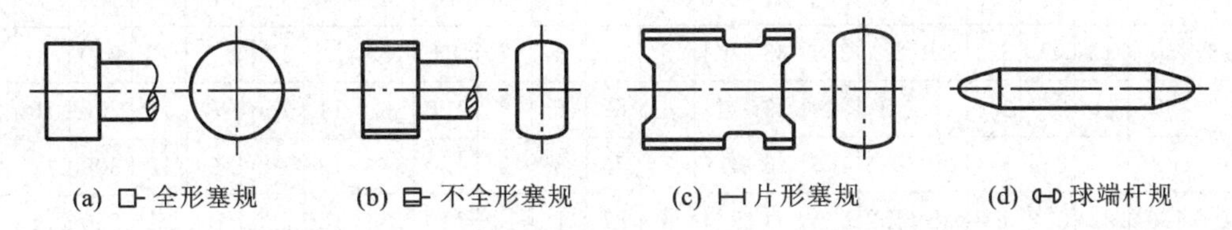

(a) 全形塞规　(b) 不全形塞规　(c) 片形塞规　(d) 球端杆规

图 6-4　全形塞规与不全形塞规

国家标准规定,使用偏离泰勒原则的量规的条件是保证被检工件的形状误差不致影响配合的性质。

6.2.2　量规公差带

量规是专用量具,它的制造精度要求比被检验工件更高,但不可能将量规工作尺寸正好加工到某一规定值,故对量规工作尺寸也要规定制造公差。

通规在使用过程中会逐渐磨损,为使通规具有一定的寿命,需要留出适当的磨损储量,规定磨损极限。至于止规,由于它一般不通过工件,则不需要留磨损储量。校对量规也不留磨损储量。

1. 工作量规的公差带

GB/T 1957—2006 规定量规的公差带不得超越工件的公差带。工作量规的制造公差 T 与被检验零件的公差等级和公称尺寸有关,如表 6-1 所示;其公差带分布如图 6-5 所示。通规尺寸公差带的中心线到工件最大实体尺寸界线之间的距离 Z(位置要素)和制造公差 T 的数值,是根据量规的制造工艺水平和使用寿命确定的。通规的磨损极限尺寸就是零件的最大实体尺寸。

由图 6-5 可知,量规的公差带全部位于被检验工件公差带内,这样能有效地保证产品的质量与互换性,但有时会把一些合格的工件检验成不合格品(这实质上是缩小了工件公差范围,提高了工件的制造精度要求)。

2. 校对量规的公差带

如前所述,只有轴用量规才有校对量规。校对量规的公差带如图 6-5(b)所示。

“校通-通”量规(代号 TT)的作用是防止通规尺寸过小,其公差带从通规的下偏差起,向轴用通规公差带内分布。

“校止-通”量规(代号 ZT)的作用是防止止规尺寸过小,其公差带从止规的下偏差起,向轴用止规公差带内分布。

“校通-损”量规(代号 TS)的作用是防止通规在使用过程中超过磨损极限,其公差带从通规的磨损极限起,向轴用通规公差带内分布。

校对量规的尺寸公差 T_p 为工作量规尺寸公差 T 的一半,校对量规的形状误差应控制在其尺寸公差带内。

表 6-1　IT6～IT16 级工作量规制造公差与位置要素(摘自 GB/T 1957—2006)　　(μm)

工件公称尺寸/mm	IT6			IT7			IT8			IT9			IT10			IT11			IT12		
	IT6	T	Z	IT7	T	Z	IT8	T	Z	IT9	T	Z	IT10	T	Z	IT11	T	Z	IT12	T	Z
≤3	6	1	1	10	1.2	1.6	14	1.6	2	25	2	3	40	2.4	4	60	3	6	100	4	9
>3～6	8	1.2	1.4	12	1.4	2	18	2	2.6	30	2.4	4	48	3	5	75	4	8	120	5	11
>6～10	9	1.4	1.6	15	1.8	2.4	22	2.4	3.2	36	2.8	5	58	3.6	6	90	5	9	150	6	13
>10～18	11	1.6	2	18	2	2.8	27	2.8	4	43	3.4	6	70	4	8	110	6	11	180	7	15
>18～30	13	2	2.4	21	2.4	3.4	33	3.4	5	52	4	7	84	5	9	130	7	13	210	8	18
>30～50	16	2.4	2.8	25	3	4	39	4	6	62	5	8	100	6	11	160	8	16	250	10	22
>50～80	19	2.8	3.4	30	3.6	4.6	46	4.6	7	74	6	9	120	7	13	190	9	19	300	12	26
>80～120	22	3.2	3.8	35	4.2	5.4	54	5.4	8	87	7	10	140	8	15	220	10	22	350	14	30
>120～180	25	3.8	4.4	40	4.8	6	63	6	9	100	8	12	160	9	18	250	12	25	400	16	35
>180～250	29	4.4	5	46	5.4	7	72	7	10	115	9	14	185	10	20	290	14	29	460	18	40
>250～315	32	4.8	5.6	52	6	8	81	8	11	130	10	16	210	12	22	320	16	32	520	20	45
>315～400	36	5.4	6.2	57	7	9	89	9	12	140	11	18	230	14	25	360	18	36	570	22	50
>400～500	40	6	7	63	8	10	97	10	14	155	12	20	250	16	28	400	20	40	630	24	55

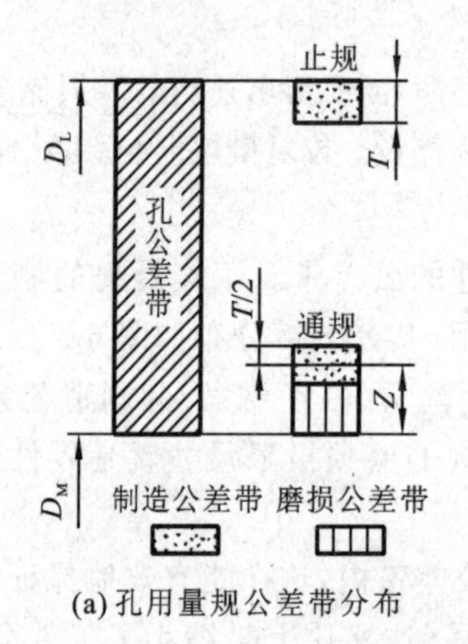

(a) 孔用量规公差带分布

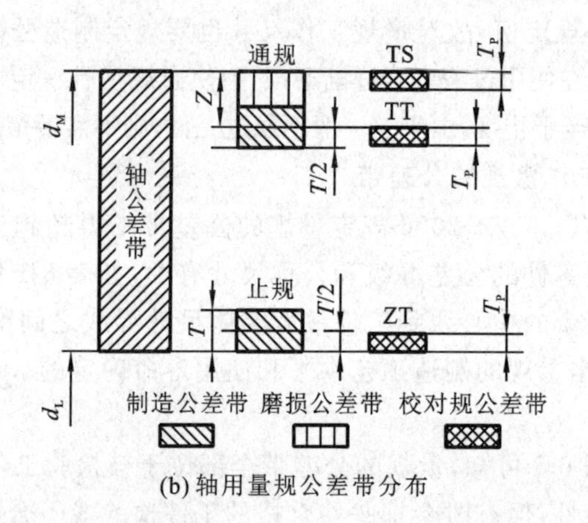

(b) 轴用量规公差带分布

图 6-5　量规的公差带分布

6.3　工作量规设计

6.3.1　光滑极限量规的结构形式

光滑极限量规的结构形式很多，图 6-6、图 6-7 分别给出了几种常用的轴用、孔用量规的结构形式及适用范围，供设计时选用。其具体尺寸参见国家标准《螺纹量规和光滑极限量规　型式与尺寸》(GB/T 10920—2008)。该标准对孔、轴用量规的结构、通用尺寸、适用范围、使用顺序都做了详细的规定和阐述，设计工作量规时可参考有关手册，选用量规结构形式时必须同时考虑工件结构、大小、产量和检验效率等。

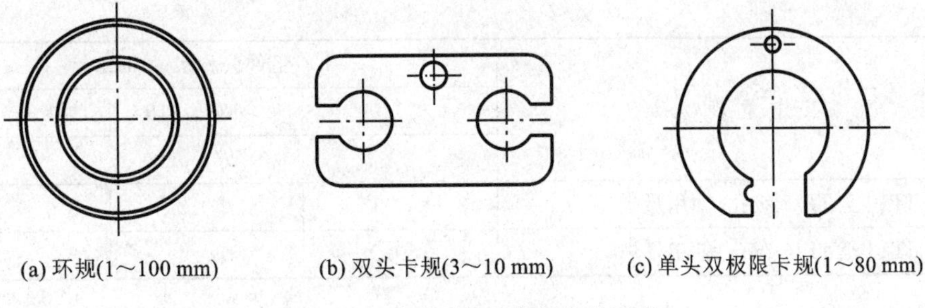

(a) 环规(1～100 mm)　(b) 双头卡规(3～10 mm)　(c) 单头双极限卡规(1～80 mm)

图 6-6　几种常见轴用量规结构形式

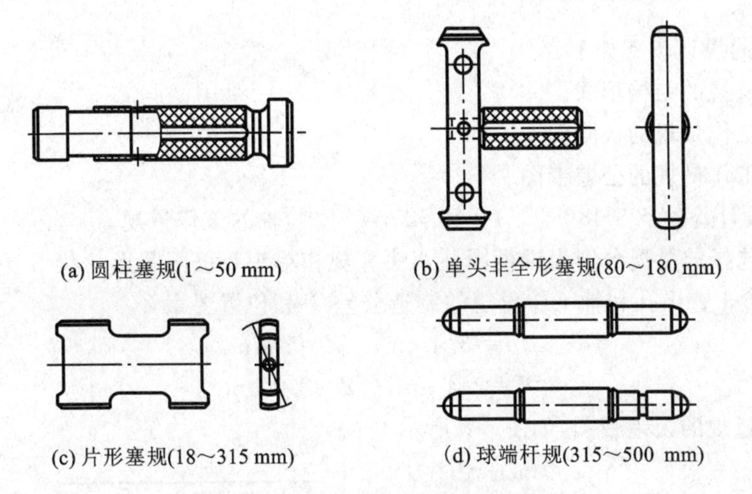

(a) 圆柱塞规(1～50 mm)　(b) 单头非全形塞规(80～180 mm)

(c) 片形塞规(18～315 mm)　(d) 球端杆规(315～500 mm)

图 6-7　几种常见孔用量规结构形式

6.3.2　量规的技术要求

1. 量规材料

量规测量面的材料可为渗碳钢、碳素工具钢、合金结构钢和合金工具钢等耐磨材料，测量面硬度应为 58～65 HRC。

2. 几何公差

量规的几何公差应控制在尺寸公差带内，其几何公差值不大于尺寸公差的 50%，考虑到制造和测量的困难，当量规的尺寸公差小于或等于 0.002 mm 时，其几何公差仍取 0.001 mm。

3. 表面粗糙度

量规测量表面的粗糙度参数 Ra 值为 0.025～0.4 μm，按表 6-2 选取。校对量规测量面的粗糙度应比工作量规更小。

表 6-2　量规测量面的粗糙度参数 Ra 值

工 作 量 规	工件公称尺寸/mm		
	≤120	>120～315	>315～500
	Ra/μm		
IT6 级孔用量规	≤0.025	≤0.05	≤0.1
IT6 至 IT9 级轴用量规 IT7 至 IT9 级孔用量规	≤0.05	≤0.1	≤0.2

续表

工 作 量 规	工件公称尺寸/mm		
	≤120	>120～315	>315～500
	$Ra/\mu m$		
IT10 至 IT12 级孔、轴用量规	≤0.1	≤0.2	≤0.4
IT13 至 IT16 级孔、轴用量规	≤0.2	≤0.4	≤0.4

6.3.3 量规设计应用实例

工作量规的设计步骤如下。

(1) 选择量规的结构形式。

(2) 计算工作量规的极限偏差。

(3) 绘制工作量规的公差带图。

例 6-1 设计检验 $\phi25\mathrm{H}8(^{+0.033}_{0})$孔和 $\phi25\mathrm{f}7(^{-0.020}_{-0.041})$轴的工作量规。

解 (1) 选择的量规分别为锥柄圆柱双头塞规和单头双极限圆形片状卡规。

(2) 由表 6-1 查出孔和轴工作量规的制造公差 T 和位置要素 Z。

塞规: $T=3.4\ \mu\mathrm{m}$, $Z=5\ \mu\mathrm{m}$

卡规: $T=2.4\ \mu\mathrm{m}$, $Z=3.4\ \mu\mathrm{m}$

画出工作量规的公差带图,如图 6-8 所示。

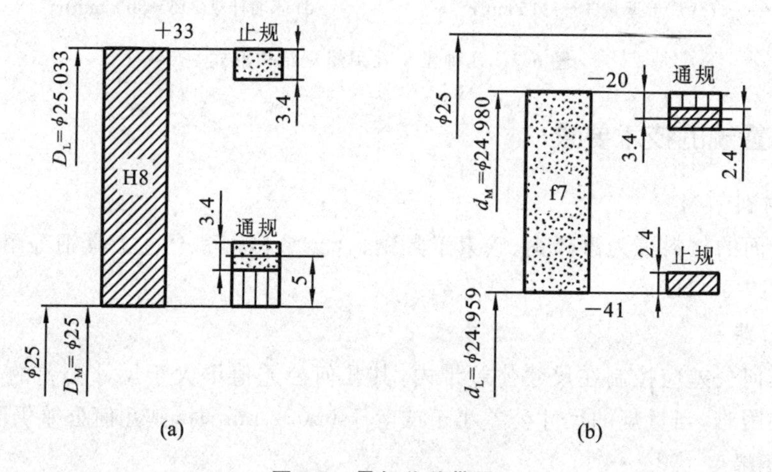

图 6-8 量规公差带图

(3) 计算量规极限偏差。

① 塞规通端。

$$上偏差=\mathrm{EI}+Z+\frac{T}{2}=\left(0+0.005+\frac{0.0034}{2}\right)\ \mathrm{mm}=+0.0067\ \mathrm{mm}$$

$$下偏差=\mathrm{EI}+Z-\frac{T}{2}=\left(0+0.005-\frac{0.0034}{2}\right)\ \mathrm{mm}=+0.0033\ \mathrm{mm}$$

则塞规通端尺寸为 $\phi25^{+0.0067}_{+0.0033}$ mm,按工艺尺寸标注为 $\phi25.0067^{\ 0}_{-0.0034}$ mm。

通规的磨损极限尺寸为 $\phi25$ mm。

② 塞规止端。

$$上偏差=ES=+0.033\ mm$$

$$下偏差=ES-T=(0.033-0.0034)\ mm=+0.0296\ mm$$

所以止规的尺寸为$\phi25^{+0.033}_{+0.0296}$ mm，按工艺尺寸标注为 $\phi25.033^{\ 0}_{-0.0034}$ mm。

③ 卡规通端。

$$上偏差=es-Z+\frac{T}{2}=\left(-0.020-0.0034+\frac{0.0024}{2}\right)\ mm=-0.0222\ mm$$

$$下偏差=es-Z-\frac{T}{2}=\left(-0.020-0.0034-\frac{0.0024}{2}\right)\ mm=-0.0246\ mm$$

所以，卡规通端尺寸 $\phi25^{-0.0222}_{-0.0246}$ mm，按工艺尺寸标注为 $\phi24.9754^{+0.0024}_{\ 0}$ mm。

其磨损极限尺寸为 $\phi24.980$ mm。

④ 卡规止端。

$$上偏差=ei+T=(-0.041+0.0024)\ mm=-0.0386\ mm$$

$$下偏差=ei=-0.041\ mm$$

所以卡规止端的尺寸为 $\phi25^{-0.0386}_{-0.0410}$ mm，按工艺尺寸标注为 $\phi24.959^{+0.0024}_{\ 0}$ mm。

在使用过程中，量规的通规不断磨损，如塞规通规尺寸可以小于 25.003 3 mm，但当其尺寸接近磨损极限尺寸 25 mm 时，就不能再用作工作量规，而只能转为验收量规使用；当通规尺寸磨损到 25 mm 时，通规应报废。

(4) 绘制量规图样。

检验 $\phi25H8(^{+0.033}_{\ 0})$孔和 $\phi25f7(^{-0.020}_{-0.041})$轴的工作量规简图如图 6-9、图 6-10 所示。

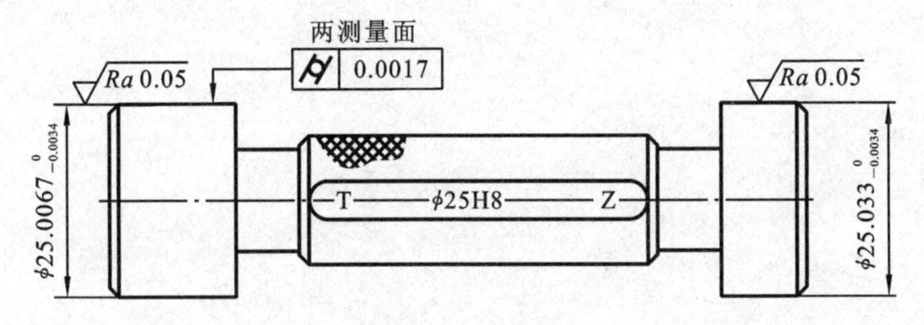

图 6-9　塞规简图

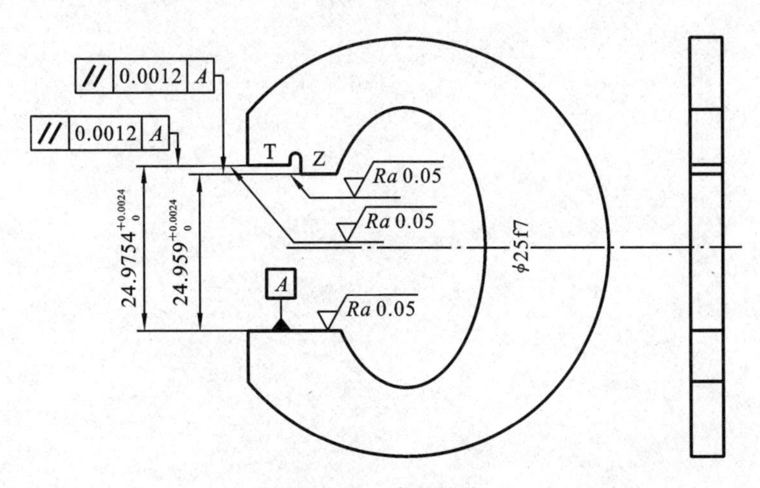

图 6-10　卡规简图

习　题

6-1　极限量规有何特点？如何用它判断工件的合格性？

6-2　量规的通规和止规按工件的哪个实体尺寸制造？分别控制工件的什么尺寸？

6-3　光滑极限量规的设计原则是什么？说明其含义。

6-4　误收和误废是怎么造成的？

6-5　试计算遵守包容要求的$\phi 40\frac{H7}{n6}$Ⓔ配合的孔、轴工作量规的上、下偏差，量规的工作尺寸以及通规的磨损极限尺寸，并画出量规公差带图。

第7章　常用结合件的互换性

7.1　滚动轴承与孔轴结合的互换性

滚动轴承作为标准部件，是机器上广泛使用的支承部件，由专业化的滚动轴承制造厂生产。滚动轴承的公差与配合设计是指正确地确定滚动轴承内圈与轴颈的配合、外圈与轴承座孔的配合，以及轴颈和轴承座孔的尺寸公差带、几何公差和表面粗糙度参数值，以保证其工作性能和使用寿命。

7.1.1　滚动轴承的组成和形式

滚动轴承的组成和形式如图 7-1 所示，包括内圈、外圈、滚动体、保持架等。其内圈内径 d 用来和轴颈装配，外圈外径 D 用来和轴承座孔装配，通常是用于内圈随轴颈回转而外圈固定的场合，但也可以用于外圈回转而内圈不动，或是内、外圈同时回转的场合。当内圈、外圈相对转动时，滚动体即在内、外圈的滚道内滚动，保持架的作用主要是均匀地隔开滚动体。滚动体的基本类型有钢球、圆柱滚子、圆锥滚子、滚针及鼓形滚子等。

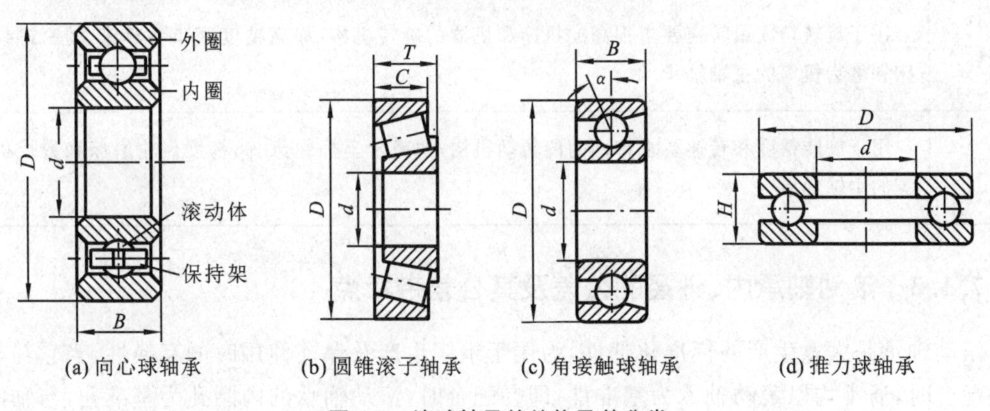

图 7-1　滚动轴承的结构及其分类

7.1.2　滚动轴承的公差等级及应用

1. 滚动轴承的公差等级

滚动轴承的公差等级由轴承的尺寸公差和旋转精度决定。尺寸公差是指轴承的内径 d、外径 D 和宽度 B 等的公差；旋转精度是指轴承内、外圈相对转动时跳动的程度，包括轴承内、外圈的径向跳动和轴向跳动，以及内圈基准端面对内孔的跳动的程度。

GB/T 307.3—2017 规定，向心轴承的公差等级，由低到高依次分为普通级、6、5、4 和 2 五级，圆锥滚子轴承的公差等级分为普通级、6X、5、4 和 2 五级，推力轴承的公差等级分为普通级、6、5 和 4 四级。圆锥滚子轴承有 6X 级，而无 6 级。6X 级轴承与 6 级轴承的内径公差、外径公差和径向跳动公差均分别相同,所不同的是前者装配宽度较为严格。

2. 滚动轴承精度的应用

轴承精度等级的选择主要依据有两点:一是对轴承部件提出的旋转精度要求,如径向跳动和轴向跳动公差要求。例如:当机床主轴径向跳动公差为0.01 mm时,可选用5级轴承;当机床主轴径向跳动公差为0.001～0.005 mm时,可选用4级轴承。二是转速的高低,转速高时,由于与轴承结合的旋转轴(或轴承座孔)可能随轴承的跳动而跳动,势必造成旋转不平稳,产生振动和噪声,因此,转速高时,应选用精度等级高的滚动轴承。此外,为保证主轴部件有较高的精度,可以采用不同等级的搭配方式。例如,机床主轴的后支承比前支承用的滚动轴承低一个公差等级,即后支承轴承内圈的径向跳动值要比前支承的稍大些。各个公差等级的滚动轴承的应用范围见表7-1。

表7-1 各个公差等级的滚动轴承的应用范围

公差等级	应用范围
普通级	在机械制造业中应用最广,通常称为普通级,在轴承代号标注时不予注出。它用于旋转精度要求不高、中等载荷、中等转速的一般机构,如减速器的旋转机构,普通机床的变速、进给机构,汽车、拖拉机的变速机构,普通电动机、水泵、压缩机的旋转机构等
6,5	用于旋转精度和转速要求较高的旋转机构,其中6级、5级轴承多用于比较精密的机床和机器,例如卧式车床主轴的前端用5级轴承,后端用6级轴承
4	用于旋转精度或转速要求很高的机床和机器的旋转机构,如高精度磨床和车床、精密螺纹车床和磨齿机等的主轴轴承
2	用于旋转精度和转速要求特别高的转动机构,如精密坐标镗床、高精度齿轮磨床和数控机床等的主轴轴承

7.1.3 滚动轴承内、外径的公差及其公差带特点

滚动轴承是大量生产的标准化部件,为便于组织生产及保证使用时的互换性,当它与其他零件配合时,通常均以滚动轴承为基准件,即在配合时,滚动轴承的内圈孔为基准孔,与轴的配合采用基孔制;而外圈的外圆柱面为基准轴,与轴承座孔的配合采用基轴制。

1. 滚动轴承内、外径的公差

滚动轴承的内圈、外圈都是薄壁件,在制造过程中或在自由状态下都容易变形。当轴承内圈与轴、外圈与轴承座孔装配后,又容易使这种变形得到纠正。因此,为了便于制造,允许内、外圈有一定的变形(允许的变形在国家标准中用单一直径偏差和单一平面直径变动量来控制,详见GB/T 307.1—2017)。为保证轴承与结合件的配合性质,所限制的仅是内、外圈在其单一平面内的平均直径(用d_{mp}和D_{mp}表示),也即轴承的配合尺寸。平均直径的数值是轴承内、外径在单一平面内的最大值与最小值的平均值。

表7-2和表7-3给出了GB/T 307.1—2017规定的向心轴承平均内径、平均外径的极限偏差及径向跳动值。

表 7-2　向心轴承(圆锥滚子轴承除外)内圈公差　　(μm)

偏差或公差	公差等级	偏差或允许跳动	内径公称尺寸 d/mm						
			>10～18	>18～30	>30～50	>50～80	>80～120	>120～180	>180～250
单一平面平均内径偏差 Δd_{mp}	普通级	下偏差(上偏差为0)	−8	−10	−12	−15	−20	−25	−30
	6		−7	−8	−10	−12	−15	−18	−22
	5		−5	−6	−8	−9	−10	−13	−15
	4		−4	−5	−6	−7	−8	−10	−12
	2		−2.5	−2.5	−2.5	−4	−5	−7	−7
成套轴承内圈的径向跳动 K_{ia}	普通级	最大	10	13	15	20	25	30	40
	6		7	8	10	10	13	18	20
	5		5	6	7	8	10	8	10
	4		2.5	3	4	4	5	6	8
	2		1.5	2.5	2.5	2.5	2.5	5	5

表 7-3　向心轴承(圆锥滚子轴承除外)外圈公差　　(μm)

偏差或公差	公差等级	偏差或允许跳动	内径公称尺寸 d/mm							
			>10～18	>18～30	>30～50	>50～80	>80～120	>120～150	>150～180	>180～250
单一平面平均外径偏差 ΔD_{mp}	0	下偏差(上偏差为0)	−8	−9	−11	−13	−15	−18	−25	−30
	6		−7	−8	−10	−12	−15	−18	−18	−22
	5		−5	−6	−7	−9	−10	−11	−13	−15
	4		−4	−5	−6	−7	−8	−9	−10	−11
	2		−2.5	−4	−4	−4	−5	−5	−7	−8
成套轴承外圈的径向跳动 K_{ea}	0	最大	15	15	20	25	35	40	45	50
	6		8	9	10	13	18	20	23	25
	5		5	6	7	8	10	11	13	15
	4		3	4	5	5	6	7	8	10
	2		1.5	2.5	2.5	4	5	5	5	7

2. 滚动轴承内、外径的公差带特点

轴承内圈通常与轴一起旋转，为防止内圈和轴颈配合时相对滑动而产生磨损，影响轴承的工作性能，要求配合面具有一定的过盈，但过盈量不能太大。根据滚动轴承使用的特殊性，国家标准规定，轴承外圈外径的公差带位于零线的下方，它与国家标准《极限与配合》中具有基本偏差 h 的基轴制的公差带类似，但公差值不同；规定内圈与轴的配合采用基孔制，公差带位于零线的下方，如图 7-2 所示，这和一般基孔制的规定不同。因而，各级轴承的内径、外径公差带的上偏差均为零，下偏差均为负值，呈现单向分布的特点，当内圈与一般过渡配合的轴相配合时，可以获得一定的过盈量，从而满足轴承内径与轴配合的要求，同时又可按标准偏差来加工。

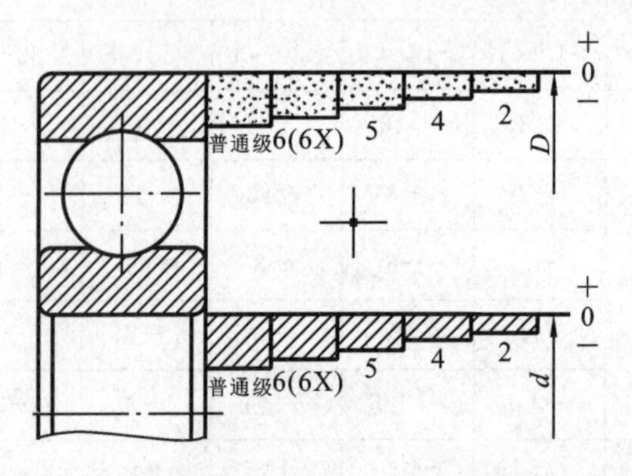

图 7-2　不同公差等级轴承的内、外径公差带的分布图

7.1.4　滚动轴承与轴、轴承座孔的配合及其选择

1. 轴颈和轴承座孔的公差带

由于轴承内径和外径本身的公差带在轴承制造时已确定，因此轴承内圈与轴颈、外圈与轴承座孔的配合面间的配合性质，分别由轴颈和轴承座孔的公差带决定，即轴承配合的选择就是确定轴颈和轴承座孔的公差带。如图 7-3(a)、(b)所示分别为滚动轴承与轴、滚动轴承与轴承座孔配合的常用公差带。

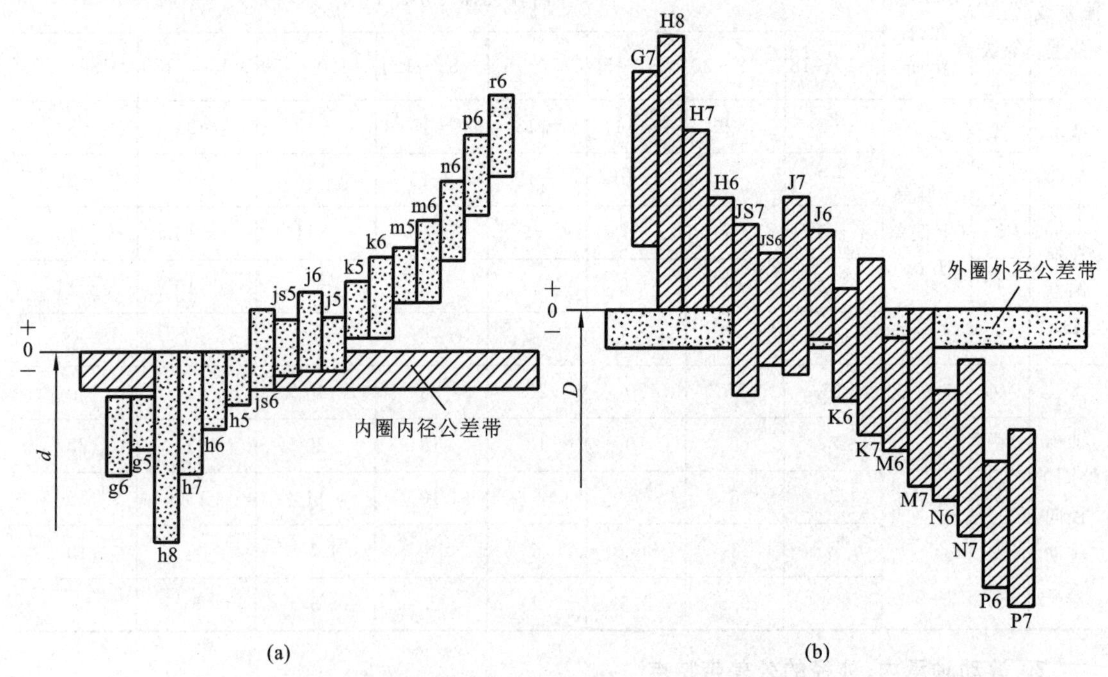

图 7-3　滚动轴承与轴、轴承座孔配合的常用公差带

GB/T 275—2015 规定了在一般条件下，滚动轴承与轴、轴承座孔的配合选用的基本原则和要求，与轴承配合的轴、轴承座孔的公差等级及轴承精度有关。与普通级、6(6X)级精度轴承配合的轴，其公差等级一般为 IT6，轴承座孔的公差等级一般为 IT7。对旋转精度和运转平稳性有较高要求的场合，在提高轴承公差等级的同时，轴承配合部位精度也应相应提高。

2. 配合选择的基本原则

1）载荷的类型

套圈运转、承载情况、内圈与外圈的配合以及典型应用如表7-4所示。

表7-4　套圈运转及承载情况

套圈运转情况	典型示例	示意图	套圈承载情况	推荐的配合
内圈旋转、外圈静止，载荷方向恒定	传动带驱动轴		内圈承受旋转载荷，外圈承受静止载荷	内圈采用过盈配合，外圈采用间隙配合
内圈静止、外圈旋转，载荷方向恒定	传动带托辊，汽车轮毂轴承		内圈承受静止载荷，外圈承受旋转载荷	内圈采用间隙配合，外圈采用过盈配合
内圈旋转、外圈静止，载荷随内圈旋转	离心机、振动筛、振动机械		内圈承受静止载荷，外圈承受旋转载荷	内圈采用间隙配合，外圈采用过盈配合
内圈静止、外圈旋转，载荷随外圈旋转	回转式破碎机		内圈承受旋转载荷，外圈承受静止载荷	内圈采用过盈配合，外圈采用间隙配合

2）载荷的大小

轴承套圈与轴、轴承座孔配合的最小过盈取决于载荷的大小。而载荷的大小，一般用当量径向载荷P与轴承的额定动载荷C的比值来划分：当径向载荷$P<0.06C$时称为轻载荷；当$0.06C<P<0.12C$时称为正常载荷；当$P>0.12C$时称为重载荷。轴承承受的载荷愈大或为冲击载荷时，最小过盈应选择较大值；反之，可选择较小值。

与滚动轴承的配合选择一般用类比法，表7-5、表7-6、表7-7和表7-8可作为参考。

3）轴承尺寸大小

随着轴承尺寸的增大，选择的过盈配合过盈量增大，间隙配合间隙量增大。但是对于重型机械上使用的尺寸特别大的轴承，应采用较松的配合。

4）轴承游隙

若游隙过小，则当轴承与轴颈、轴承座孔的配合为过盈配合时，轴承中滚动体与套圈之间会产生较大的接触应力，使轴承工作时的摩擦发热增加，轴承寿命降低。若游隙过大，转轴会产生较大的径向圆跳动和轴向跳动，致使轴承工作时产生较大的振动和噪声，因此应检验安装后轴承的游隙是否满足使用要求。

5）旋转精度和旋转速度

对于载荷较大且有较高旋转精度要求的轴承，为了消除弹性变形和振动的影响，应避免采用间隙配合。对于精密机床的轻载荷轴承，为避免轴承座孔与轴颈形状误差对轴承精度的影响，常采用较小的间隙配合。一般认为，轴承的旋转速度愈高，配合也应该愈紧。

表 7-5　向心轴承与轴的配合——轴公差带(摘自 GB/T 275—2015)

<table>
<tr><th colspan="3" rowspan="2">载荷情况</th><th rowspan="2">举　例</th><th>深沟球轴承、
调心球轴承和
角接触轴承</th><th>圆柱滚子轴承和
圆锥滚子轴承</th><th>调心滚子轴承</th><th rowspan="2">公差带</th></tr>
<tr><th colspan="3">轴承公称内径/mm</th></tr>
<tr><td rowspan="3">内圈承受旋转载荷或方向不定载荷</td><td colspan="2">轻载荷</td><td>输送机、轻载齿轮箱</td><td>≤18
>18～100
>100～200
—</td><td>—
≤40
>40～140
>140～200</td><td>—
≤40
>40～100
>100～200</td><td>h5
j6①
k6①
m6①</td></tr>
<tr><td colspan="2">正常载荷</td><td>一般通用机械、电动机、泵、内燃机、正齿轮传动装置</td><td>≤18
>18～100
>100～140
>140～200
>200～280
—
—</td><td>—
≤40
>40～100
>100～140
>140～200
>200～400
—</td><td>—
≤40
>40～65
>65～100
>100～140
>140～280
>280～500</td><td>j5、js5
k5②
m5②
m6
n6
p6③
r6</td></tr>
<tr><td colspan="2">重载荷</td><td>铁路机车车辆轴箱、牵引电动机、破碎机等</td><td>—</td><td>>50～140
>140～200
>200
—</td><td>>50～100
>100～140
>140～200
>200</td><td>n6
p6
r6
r7</td></tr>
<tr><td rowspan="2">内圈承受固定载荷</td><td rowspan="2">所有载荷</td><td>内圈需在轴向移动</td><td>非旋转轴上的各种轮子</td><td colspan="3" rowspan="2">所有尺寸</td><td>f6
g6①</td></tr>
<tr><td>内圈不需在轴向移动</td><td>张紧轮、绳轮</td><td>h6
j6</td></tr>
<tr><td colspan="4">仅有轴向载荷</td><td colspan="3">所有尺寸</td><td>j6、js6</td></tr>
</table>

注：①凡对精度有较高要求的场合，应该用 j5、k5、m5 来分别代替 j6、k6、m6。

②圆锥滚子轴承和角接触球轴承配合游隙的影响不大，可以选用 k6、m6 来分别代替 k5、m5。

③重载荷下轴承游隙选用大于 N 组。

6）工作温度

轴承工作时，由于摩擦发热和其他热源的影响，轴承套圈的温度经常高于结合零件的温度。由于发热膨胀，轴承内圈与轴颈的配合可能变松，外圈与轴承座孔的配合可能变紧。轴承工作的温度一般应低于 100 ℃，高于此温度时，必须考虑温度影响的修正值。

表 7-6　向心轴承和轴承座孔的配合——孔公差带(摘自 GB/T 275—2015)

运转状态		举　例	其他状况	公差带①	
说明	载荷状态			球轴承	滚子轴承
外圈承受固定载荷	轻、正常、重载荷	一般机械、铁路机车车辆轴箱	轴向易移动，可采用剖分式轴承座	H7、G7②	
	冲击载荷		轴向能移动，可采用整体或剖分式轴承座	J7、JS7	
方向不定载荷	轻、正常载荷	电机、泵、曲轴主轴承			
	正常、重载荷		轴向不能移动，采用整体式轴承座	K7	
	重、冲击载荷			M7	
外圈承受旋转载荷	轻载荷	传动带张紧轮		J7	K7
	正常载荷	轮毂轴承		M7	N7
	重载荷			—	N7、P7

注：①并列公差带随尺寸的增大，从左至右选择，对旋转精度要求较高时，可相应提高一个公差等级。

②不适于剖分式轴承座。

表 7-7　推力轴承和轴的配合——轴的公差带(摘自 GB/T 275—2015)

载荷情况		轴承类型	轴承公称内径/mm	公　差　带
仅有轴向载荷		推力球和推力圆柱滚子轴承	所有尺寸	j6、js6
径向和轴向联合载荷	轴圈承受固定载荷	推力调心滚子轴承、推力角接触球轴承、推力圆锥滚子轴承	≤250	j6
			>250	js6
	轴圈承受旋转载荷或方向不定载荷		≤200	k6
			≥200～400	m6
			>400	n6

注：要求过盈较小时，可分别用 j6、k6、m6 代替 k6、m6、n6。

表 7-8　推力轴承和轴承座孔的配合——孔的公差带(摘自 GB/T 275—2015)

载荷情况		轴承类型	公差带	备　注
仅有轴向载荷		推力球轴承	H8	
		推力圆柱、圆锥滚子轴承	H7	
		推力调心滚子轴承		轴承座孔与座圈的间隙为0.001D(D 为轴承公称外径)
径向和轴向联合载荷	座圈承受固定载荷	推力角接触球轴承、推力调心滚子轴承、推力圆锥滚子轴承	H7	
	座圈承受旋转载荷或方向不定载荷		K7	普通使用条件
			M7	有较大径向载荷时

7）配合表面的形状公差

轴承的内、外圈是薄壁件，易变形，尤其超轻、特轻系列的轴承，其形状误差在装配后会因轴颈和轴承座孔的正确形状得到校正。为了保证轴承安装正确、传动平稳，通常对轴颈和轴承座孔的表面提出圆柱度要求。为保证轴承工作时有较高的旋转精度，应限制套圈端面接触的轴肩的倾斜，特别是在高速旋转的场合，从而避免轴承装配后滚道位置不正，旋转不稳，因此轴颈和轴承座孔表面的圆柱度公差、轴肩及轴承座孔肩的轴向圆跳动公差(见图 7-4 和 7-5)按表 7-9 来选取。

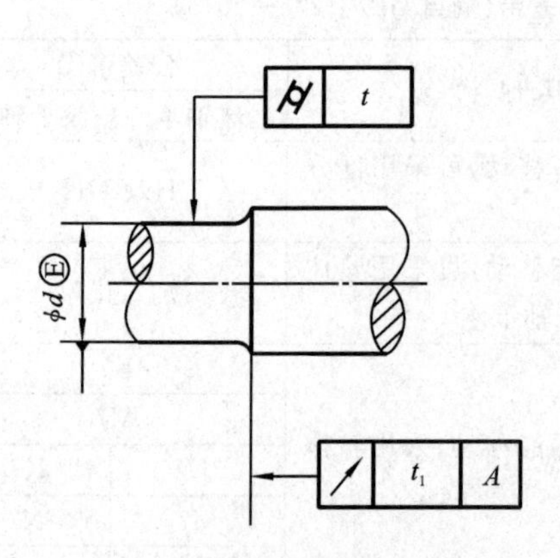

图 7-4　轴颈的圆柱度公差和轴肩的轴向圆跳动公差

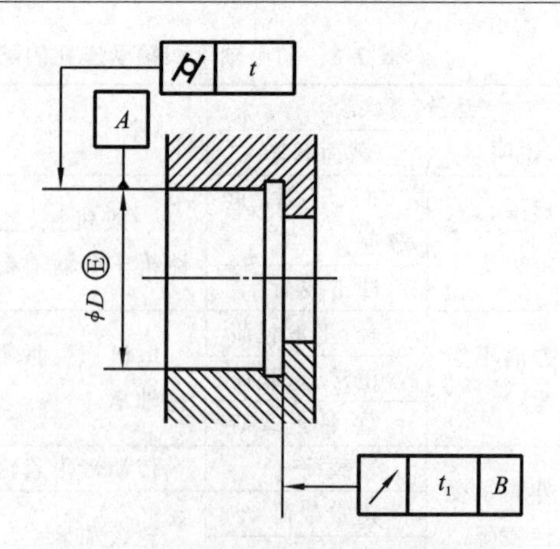

图 7-5　轴承座孔表面的圆柱度公差和孔肩的轴向圆跳动公差

表 7-9　轴和轴承座孔的几何公差(摘自 GB/T 275—2015)

公称尺寸/mm		圆柱度 t				轴向圆跳动 t_1			
		轴颈		轴承座孔		轴肩		轴承座孔	
		轴颈公差等级							
		普通级	6(6X)	普通级	6(6X)	普通级	6(6X)	普通级	6(6X)
超过	到	公差值/μm							
—	6	2.5	1.5	4	2.5	5	3	8	5
6	10	2.5	1.5	4	2.5	6	4	10	6
10	18	3	2	5	3	8	5	12	8
18	30	4	2.5	6	4	10	6	15	10
30	50	4	2.5	7	4	12	8	20	12
50	80	5	3	8	5	15	10	25	15
80	120	6	4	10	6	15	10	25	15
120	180	8	5	12	8	20	12	30	20
180	250	10	7	14	10	20	12	30	20
250	315	12	8	16	12	25	15	40	25
315	400	13	9	18	13	25	15	40	25
400	500	15	10	20	15	25	15	40	25

8) 表面粗糙度

轴颈和轴承座孔的表面粗糙度会使有效过盈量减少，接触刚度下降，而导致支承不良。为此，国家标准规定了与轴承配合的轴颈和轴承座孔的表面粗糙度要求，见表 7-10。

表 7-10　轴和轴承座孔的表面粗糙度值(摘自 GB/T 275—2015)

轴或轴承座孔直径/mm		轴或轴承座配合表面直径公差等级								
		IT7			IT6			IT5		
		表面粗糙度/μm								
超过	到	Rz	Ra		Rz	Ra		Rz	Ra	
			磨	车		磨	车		磨	车
—	80	10	1.6	3.2	6.3	0.8	1.6	4	0.4	0.8
80	500	16	1.6	3.2	10	1.6	3.2	6.3	0.8	1.6
端面		25	3.2	6.3	25	3.2	6.3	10	1.6	3.2

9）其他影响因素

空心轴颈比实心轴颈采用的配合要紧，薄壁轴承座比厚壁轴承座采用的配合要紧，轻合金轴承座比钢或铸铁轴承座采用的配合要紧。剖分式轴承座比整体式轴承座采用的配合要松，以免将轴承外圈夹扁，甚至将轴卡住。紧于 k7（包括 k7）的配合或轴承座孔的标准公差小于 IT6 级时，应选用整体式轴承座。

为了便于安装、拆卸，特别对于重型机械，宜采用较松的配合。如果要求拆卸，而又要采用较紧配合，可采用分离式轴承或内圈带有锥孔和紧定套或退卸套的轴承。

当要求轴承的内圈或外圈能沿轴向游动时，该内圈与轴或外圈与轴承座孔的配合，应选较松的配合。

由于过盈配合使轴承径向游隙减小，如轴承的两个套圈之一需采用过盈量特大的配合，应选择具有大于基本组的径向游隙的轴承。

例 7-1　一圆柱齿轮减速器，小齿轮轴要求较高的旋转精度，装有普通级单列深沟球轴承（型号为 310），如图 7-6(a)所示，轴承尺寸为 50 mm×110 mm×27 mm，额定动载荷 C=32 000 N，径向载荷 P=4 000 N。试确定与轴承配合的轴颈和轴承座孔的配合尺寸和技术要求。

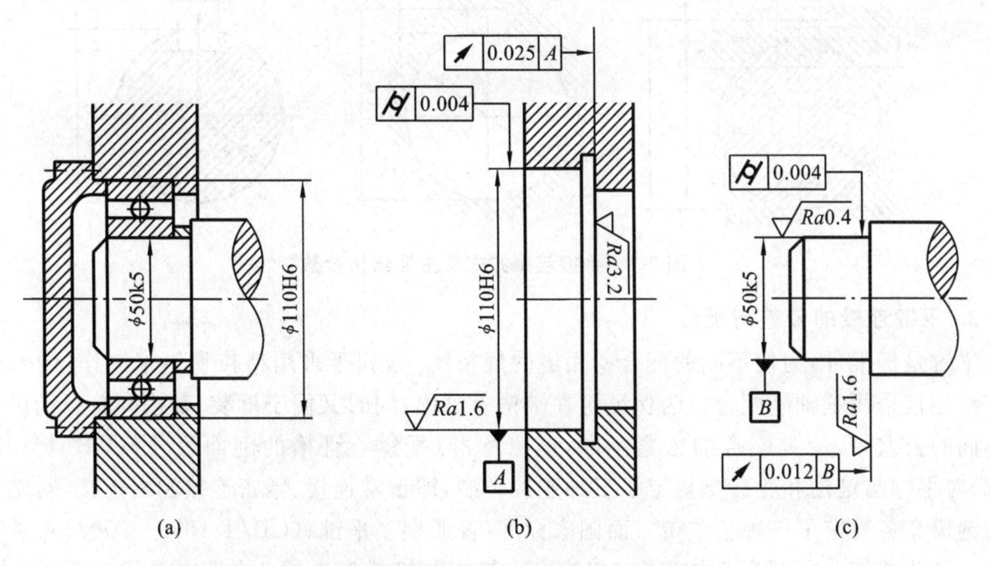

图 7-6　轴颈、轴承座孔的零件图标注示例

解　按给定条件，P/C=4 000/32 000=0.125，属于正常载荷。减速器的齿轮传递动力，内圈承受旋转载荷，外圈承受局部载荷。

按轴承类型和尺寸规格，查表 7-5 确定轴颈公差带为 k5；查表 7-6 确定轴承座孔的公差带为 G7、H7 均可，但由于该轴旋转精度要求较高，可相应提高一个公差等级，选定 H6；查表 7-9 得，轴颈的圆柱度公差为 0.004 mm，轴向圆跳动公差为 0.012 mm，轴承座孔的圆柱度公差为 0.010 mm，轴向圆跳动公差为 0.025 mm；查表 7-10 得，轴颈表面粗糙度 Ra=0.4 μm，轴肩表面粗糙度 Ra=1.6 μm，轴承座孔表面粗糙度 Ra=1.6 μm，孔肩表面粗糙度 Ra=3.2 μm。

轴颈和轴承座孔的配合尺寸和技术要求在图样上的标注如图 7-6(b)、图 7-6(c)所示。

7.2　平键和花键连接的互换性

键连接属于可拆卸连接，在机器中有着广泛的应用。平键和花键通常用于轴与轴上零件

(齿轮、带轮、联轴器等)之间的连接,起周向固定零件的作用,以传递旋转运动或扭矩。

7.2.1 平键连接的互换性

1. 概述

键是一种标准件,分为平键、半圆键、楔键和切向键等多种类型,它们统称为单键。其中,以平键和半圆键用得最多。

平键连接是由键、轴、轮毂三个零件结合,通过键的侧面分别与轴槽、轮毂槽的侧面接触来传递运动和转矩的,键的上表面和轮毂槽底面之间留有一定的间隙。因此,键和轴槽的侧面应有足够大的实际有效面积来承受载荷,并且键嵌入轴槽要牢固可靠,防止松动脱落。所以,键宽和键槽宽 b 是决定配合性质和配合精度的主要参数,是主要配合尺寸,应规定较严的公差;而键长 L、键高 h、轴槽深 t_1 和轮毂槽深 t_2 为非配合尺寸,其精度要求较低。平键连接方式及主要参数如图 7-7 所示。

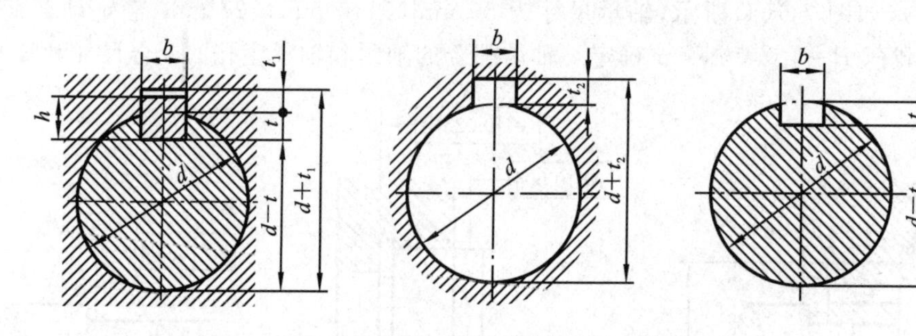

图 7-7 平键连接方式及主要结构参数

2. 平键连接的公差与配合

平键是标准件,为使不同的配合所用键的规格统一,利于采用精拉型钢来制作,国家标准规定键连接采用基轴制配合。为保证键在轴槽上紧固,同时又便于拆装,轴槽和轮毂槽可以采用不同的公差带,使其配合的松紧不同,国家标准《平键 键槽的剖面尺寸》(GB/T 1095—2003)对平键与键槽和轮毂槽规定了三种连接类型,即正常连接、紧密连接和松连接,对轴和轮毂的键槽宽各规定了三种公差带。而国家标准《普通型 平键》(GB/T 1096—2003)对键宽规定了一种公差带 h8,这样就构成了三组配合。键宽与键槽宽 b 的公差带如图 7-8 所示。具体的公差带和各种连接的配合性质及应用见表 7-11。平键与键槽的剖面尺寸及键槽的公差与极限偏差见表 7-12。对于普通型平键,键宽公差带为 h8,键高公差带为 h11,键长公差带为 h14;轴槽长度的公差带为 H14。

表 7-11 平键连接的三组配合及应用

配合种类	尺寸 b 的公差带			配合性质及应用场合
	键	轴键槽	轮毂键槽	
松连接	h8	H9	D10	用于导向平键,轮毂可在轴上移动
正常连接		N9	JS9	键在轴键槽中和轮毂键槽中均固定,用于载荷不大的场合
紧密连接		P9	P9	键在轴键槽中和轮毂键槽中均牢固地固定,用于载荷较大、有冲击和双向扭矩的场合

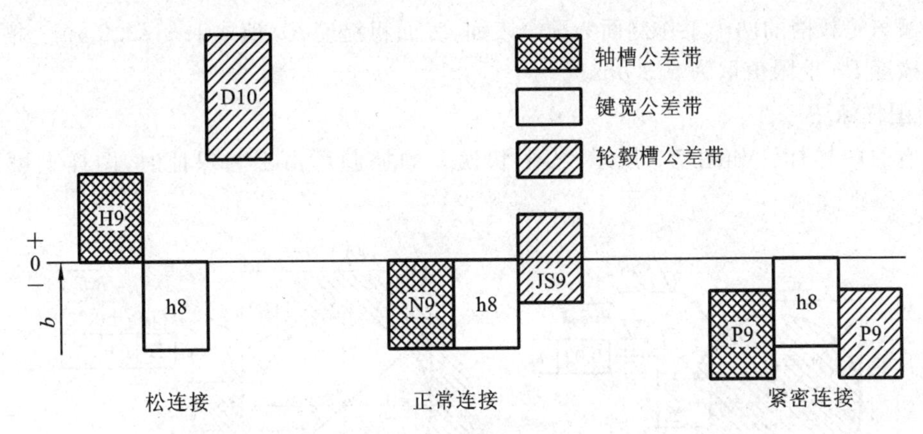

图 7-8　键宽和键槽宽 b 的公差带

表 7-12　普通平键键槽的尺寸与公差(摘自 GB/T 1095—2003)　(mm)

键尺寸 $b\times h$	键槽										
	宽度 b						深度				半径 r
	公称尺寸	极限偏差					轴槽 t_1		毂槽 t_2		
		正常连接		紧密连接	松连接		公称尺寸	极限偏差	公称尺寸	极限偏差	min，max
		轴 N9	毂 JS9	轴和毂 P9	轴 H9	毂 D10					
4×4	4	0 −0.030	±0.015	−0.012 −0.042	+0.030 0	+0.078 +0.030	2.5	+0.1 0	1.8	+0.1 0	0.16， 0.25
5×5	5						3.0		2.3		
6×6	6						3.5		2.8		
8×7	8	0 −0.036	±0.018	−0.015 −0.051	+0.036 0	+0.098 +0.040	4.0	+0.2 0	3.3	+0.2 0	0.25， 0.40
10×8	10						5.0		3.3		
12×8	12	0 −0.043	±0.0215	−0.018 −0.061	+0.043 0	+0.120 +0.050	5.0		3.3		
14×9	14						5.5		3.8		
16×10	16						6.0		4.3		
18×11	18						7.0		4.4		
20×12	20	0 −0.052	±0.026	−0.022 −0.074	+0.052 0	+0.149 +0.065	7.5		4.9		0.40， 0.60
22×14	22						9.0		5.4		
25×14	25						9.0		5.4		
28×16	28						10.0		6.4		
32×18	32						11.0		7.4		
36×22	36	0 −0.062	±0.031	−0.026 −0.088	+0.062 0	+0.180 +0.080	12.0	+0.3 0	8.4	+0.3 0	0.70， 1.00
40×22	40						13.0		9.4		
45×25	45						15.0		10.4		
50×28	50						17.0		11.4		

3. 平键连接的几何公差及表面粗糙度

为保证键与键槽的侧面具有足够的接触面积和避免装配困难，应分别规定轴槽对轴线和轮毂槽对孔的轴线的对称度公差、键的两个配合侧面的平行度公差。按《形状和位置公差》(GB/T 1184—1996)的规定，对称度公差一般取 IT7～IT9 级。当键长 L 与键宽 b 之比大于或等于 8 时，键的两侧面平行度公差按以下方法取：若 $b\leqslant 6$ mm，取 IT7 级；若 $b\geqslant 8\sim 36$ mm，取 IT6 级，若 $b\geqslant 40$ mm 时，取 IT5 级。

轴槽与轮毂槽的两个工作侧面为配合表面，表面粗糙度 Ra 值取 1.6～3.2 μm。槽底面的表面粗糙度 Ra 上限值取为 6.3 μm。

4. 图样标注

键槽的图样标注如图 7-9 所示，当形状误差的控制可由工艺保证时，图样上可不给出公差。

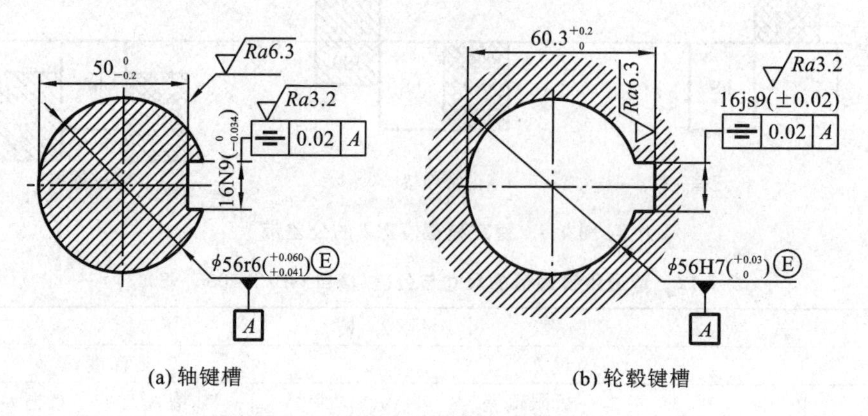

(a) 轴键槽　　(b) 轮毂键槽

图 7-9　键槽尺寸和公差的图样标注

7.2.2　矩形花键连接的公差与配合

当传递较大的转矩、定心精度又要求较高时，单键连接满足不了要求，需采用花键连接。花键连接是花键轴、花键套两个零件的结合。花键可用于固定连接，也可用于滑动连接。花键按其键齿形状主要分为矩形花键、渐开线花键两种，如图 7-10 所示。

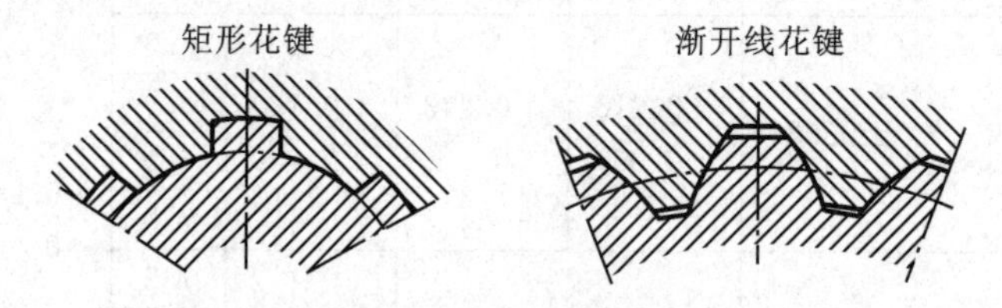

图 7-10　花键的类型

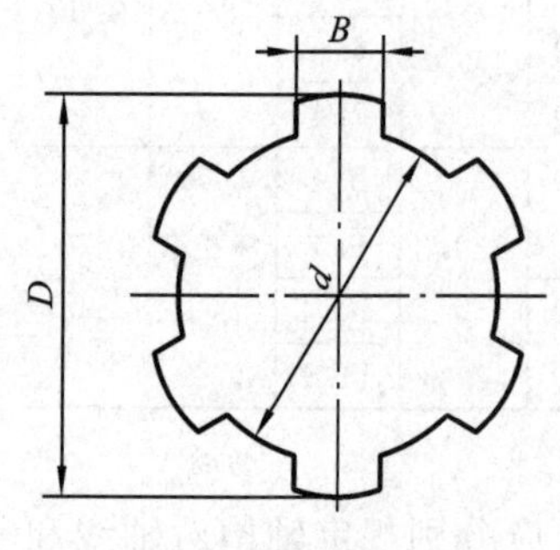

图 7-11　矩形花键

花键连接与平键连接相比具有明显的优势：孔、轴的轴线对准精度（定心精度）高，导向性好，轴和轮毂上承受的载荷分布比较均匀，因而可以传递较大的转矩，而且强度高，连接更可靠。

1. 矩形花键的配合尺寸及定心方式

矩形花键主要尺寸有小径 d、大径 D、键（槽）宽 B，如图 7-11 所示。

矩形花键连接的结合面有三个，即大径结合面、小径结合面和键侧结合面。要保证三个结合面同时起到高精度的定心作用很困难，也没有必要。实用中，只需以其中之一为主要结合面，确定内、外花键的配合性质，确定配合性质的结合面称为定心表面。每个结合面都可作为定心表面，所以花键连接有三种定心方式：小径 d 定心、大径 D 定心和键（槽）宽定心，如图 7-12 所示。

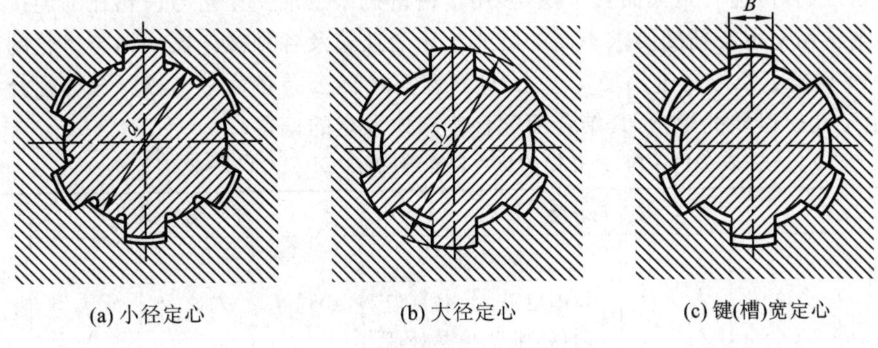

(a) 小径定心　　(b) 大径定心　　(c) 键(槽)宽定心

图 7-12　矩形花键连接的定心方式

GB/T 1144—2001 规定矩形花键以小径结合面作为定心表面，即采用小径定心。定心直径 d 的公差等级较高，非定心直径 D 的公差等级较低，并且非定心直径 D 表面之间有相当大的间隙，以保证它们不接触。键齿侧面是传递转矩及导向的主要表面，故键(槽)宽 B 应具有足够的精度，一般比非定心直径 D 精度要求严格。

为了便于加工和检测，键数 N 规定为偶数(有 6、8、10)，键齿均布于全圆周。按承载能力，矩形花键分为中、轻两个系列。对同一小径，两个系列花键的键数相同，键(槽)宽相同，仅大径不相同。中系列花键的承载能力强，多用于汽车、拖拉机制造业；轻系列花键的承载能力相对低，多用于机床制造业。矩形花键的公称尺寸系列见表 7-13。

表 7-13　矩形花键公称尺寸系列(摘自 GB/T 1144—2001)　(mm)

小径 d	轻系列				中系列			
	规格 $N\times d\times D\times B$	键数 N	大径 D	键宽 B	规格 $N\times d\times D\times B$	键数 N	大径 D	键宽 B
23	6×23×26×6	6	26	6	6×23×28×6	6	28	6
26	6×26×30×6	6	30	6	6×26×32×6	6	32	6
28	6×28×32×7	6	32	7	6×28×34×7	6	34	7
32	8×32×36×6	8	36	6	8×32×38×6	8	38	6
36	8×36×40×7	8	40	7	8×36×42×7	8	42	7
42	8×42×46×8	8	46	8	8×42×48×8	8	48	8
46	8×46×50×9	8	50	9	8×46×54×9	8	54	9
52	6×52×58×10	8	58	10	8×52×60×10	8	60	10
56	8×56×62×10	8	62	10	8×56×65×10	8	65	10
62	8×62×68×12	8	68	12	8×62×72×12	8	72	12
72	10×72×78×12	10	78	12	10×72×82×12	10	82	12

2. 矩形花键的公差与配合

为了减少制造内花键用的拉刀和量具的品种规格，有利于拉刀和量具的专业化生产，矩形花键配合应采用基孔制。

选择矩形花键配合精度时，主要考虑定心精度要求和传递转矩的大小。精密传动用花键连接定心精度高,传递转矩大而且平稳,多用于精密机床主轴变速箱与齿轮孔的连接。一般用花键连接则常用于定心精度要求不高的卧式车床变速箱及各种减速器中轴与齿轮的连接。

表 7-14 列出了矩形花键小径 d、大径 D 和键宽 B 的公差带代号。尽管三类配合都是间隙配合,但由于几何误差的影响,其结合面配合普遍比预定的偏紧。

表 7-14　内、外花键的尺寸公差带(摘自 GB/T 1144—2001)

<table>
<tr><th rowspan="3">用　途</th><th colspan="4">内　花　键</th><th colspan="3">外　花　键</th><th rowspan="3">装配形式</th></tr>
<tr><th rowspan="2">小径 d</th><th rowspan="2">大径 D</th><th colspan="2">键宽 B</th><th rowspan="2">小径 d</th><th rowspan="2">大径 D</th><th rowspan="2">键宽 B</th></tr>
<tr><th>拉削后不热处理</th><th>拉削后热处理</th></tr>
<tr><td rowspan="3">一般用</td><td rowspan="3">H7</td><td rowspan="9">H10</td><td rowspan="3">H9</td><td rowspan="3">H11</td><td>f7</td><td rowspan="9">a11</td><td>d10</td><td>滑动</td></tr>
<tr><td>g7</td><td>f9</td><td>紧滑动</td></tr>
<tr><td>h7</td><td>h10</td><td>固定</td></tr>
<tr><td rowspan="6">精密传动用</td><td rowspan="3">H5</td><td rowspan="6" colspan="2">H7、H9</td><td>f5</td><td>d8</td><td>滑动</td></tr>
<tr><td>g5</td><td>f7</td><td>紧滑动</td></tr>
<tr><td>h5</td><td>h8</td><td>固定</td></tr>
<tr><td rowspan="3">H6</td><td>f6</td><td>d8</td><td>滑动</td></tr>
<tr><td>g6</td><td>f7</td><td>紧滑动</td></tr>
<tr><td>h6</td><td>h8</td><td>固定</td></tr>
</table>

注:①精密传动用的内花键,当需要控制键侧配合间隙时,槽宽可选 H7,一般情况下可选 H9。

②小径 d 的公差带代号为 H6、H7 的内花键,允许与高一级的外花键配合。

配合种类的选择,首先应根据内、外花键之间是否有轴向移动,确定是固定连接还是非固定连接。对于内、外花键之间要求有相对移动,而且移动距离长、移动频率高的情况,应选择配合间隙较大的滑动连接,使配合面间有足够的润滑油层,以保证运动灵活,例如汽车、拖拉机等变速箱中的齿轮与轴的连接。对于内、外花键之间有相对移动,定心精度要求高,传递转矩大或经常有反向转动的情况,则应选择配合间隙较小的紧滑动连接。内、外花键之间相对固定,无轴向滑动要求时,则选择固定连接。

3. 矩形花键的几何公差和表面粗糙度

为保证定心表面的配合性质,应对矩形花键做出如下规定。

(1) 内、外花键定心直径 d 的尺寸公差与几何公差的关系,必须采用包容要求。

(2) 内、外花键键槽(键)侧面对定心轴线的位置度公差标注如图 7-13 所示,并采用最大实体要求,用综合量规检验。矩形花键的位置度公差见表 7-15。

表 7-15　矩形花键的位置度公差(摘自 GB/T 1144—2001)　　(mm)

<table>
<tr><th colspan="2">键槽宽或键宽 B</th><th>3</th><th>3.5～6</th><th>7～10</th><th>12～18</th></tr>
<tr><td colspan="2">键槽宽</td><td>0.010</td><td>0.015</td><td>0.020</td><td>0.025</td></tr>
<tr><td rowspan="2">键宽</td><td>滑动、固定</td><td>0.010</td><td>0.015</td><td>0.020</td><td>0.025</td></tr>
<tr><td>紧滑动</td><td>0.006</td><td>0.010</td><td>0.013</td><td>0.016</td></tr>
</table>

(3) 单件小批生产,采用单项测量时,应规定键槽(键)的中心平面对定心轴线的对称度和等分度,并采用独立原则。矩形花键对称度公差见表 7-16。

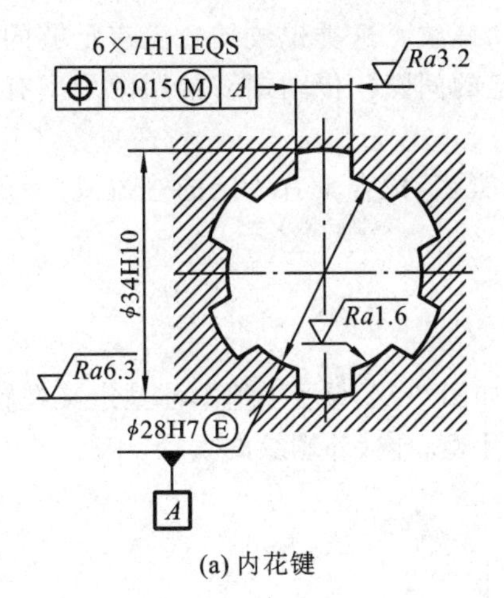

(a) 内花键

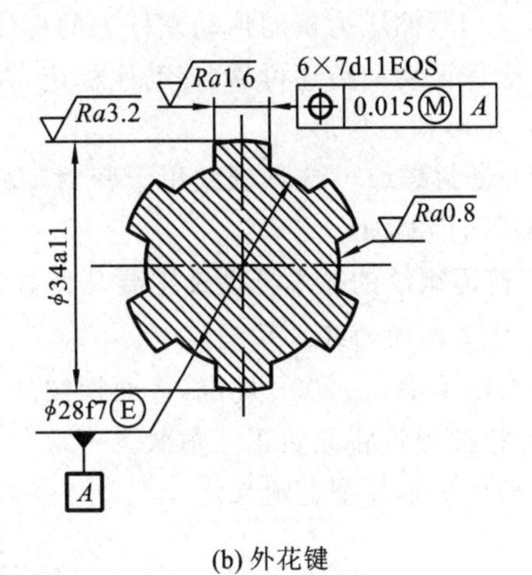

(b) 外花键

图 7-13 花键位置度公差标注

表 7-16 矩形花键对称度公差(摘自 GB/T 1144—2001) (mm)

键槽宽或键宽 B	3	3.5～6	7～10	12～18
一般用	0.010	0.012	0.015	0.018
精密传动用	0.006	0.008	0.009	0.011

注:矩形花键的等分度公差与键宽的对称公差相同。

(4) 对较长的花键可根据性能自行规定键侧对轴线的平行度公差。

(5) 矩形花键的表面粗糙度 Ra 推荐值。

对于内花键,小径表面 $Ra\leqslant1.6$ μm,大径表面 $Ra\leqslant6.3$ μm,键槽侧面 $Ra\leqslant3.2$ μm。

对于外花键,小径表面 $Ra\leqslant0.8$ μm,大径表面 $Ra\leqslant3.2$ μm,键槽侧面 $Ra\leqslant1.6$ μm。

4. 图样标注

矩形花键的尺寸公差带代号和配合代号按照花键规格规定的次序标注,即 $N\times d\times D\times B$。例如:

内花键:6×28H6×32H10×7H9　　外花键:6×28g5×32a11×7f7

花键副:$6\times28\ \dfrac{\text{H6}}{\text{g5}}\times\dfrac{\text{H10}}{\text{a11}}\times\dfrac{\text{H9}}{\text{f7}}$

7.3 普通螺纹连接的互换性

7.3.1 螺纹分类及主要几何参数

1. 螺纹分类

螺纹的种类繁多,按用途可分为连接螺纹、传动螺纹和密封螺纹三类。按牙型可分为三角螺纹、梯形螺纹、矩形螺纹和锯齿形螺纹等。

(1) 连接螺纹　连接螺纹又称紧固螺纹,主要用于紧固和连接零件,可拆卸,如螺栓与螺母连接、螺钉与机体连接、管道连接所用的螺纹。对这类螺纹主要是要求有可旋合性和连接可靠性,有些还要求有密封性。普通螺纹常用的牙型有三角形。

(2) 传动螺纹　传动螺纹用于传递运动、动力和位移。如机床中的丝杠螺母副、千斤顶的起重螺杆和摩擦压力机的传动螺杆上的螺纹均为传动螺纹。这类螺纹结合需有足够的强度，使用时应保证动力传递可靠、传动比稳定，并保证一定的间隙。传动螺纹常用的牙型有梯形、锯齿形、矩形和三角形。

(3) 密封螺纹　这种螺纹用于密封，要求是结合紧密，配合具有一定的过盈，以保证不漏水、不漏气、不漏油。

2. 普通螺纹的基本牙型及主要几何参数

1) 普通螺纹的基本牙型

按 GB/T 192—2003 规定，普通螺纹的基本牙型如图 7-14 所示。基本牙型定义在轴向剖面上，是指按规定将原始正三角截去一部分后获得的牙型。内、外螺纹的大径、中径、小径的公称尺寸都在基本牙型上定义。

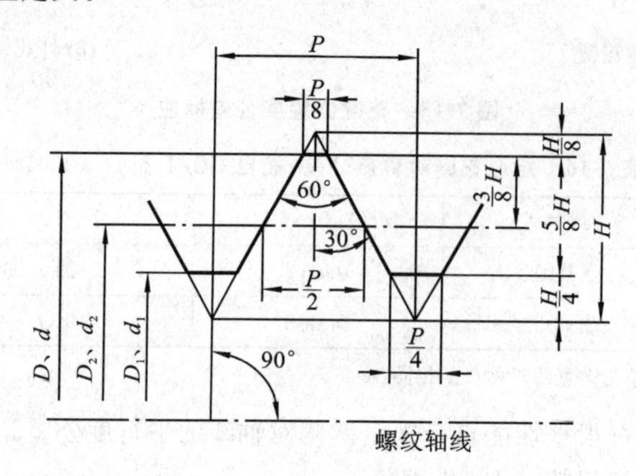

图 7-14　普通螺纹的基本牙型

2) 普通螺纹的主要几何参数

(1) 大径 $D(d)$　螺纹的大径是指在基本牙型上，与外螺纹牙顶(或内螺纹牙底)相切的假想圆柱面的直径。外螺纹的大径 d 又称外螺纹的顶径，内螺纹的大径 D 又称内螺纹的底径。螺纹大径的公称尺寸为螺纹的公称直径。

(2) 小径 $D_1(d_1)$　螺纹的小径是指在螺纹基本牙型上，与外螺纹牙底(或内螺纹牙顶)相切的假想圆柱的直径。

(3) 中径 $D_2(d_2)$　螺纹牙型的沟槽和凸起宽度相等处假想圆柱的直径称为螺纹中径。

(4) 单一中径($D_{2单一}$，$d_{2单一}$)　单一中径是一个假想圆柱的直径，该圆柱的母线通过螺纹牙型上的沟槽宽度等于二分之一螺距的地方，如图 7-15 所示。

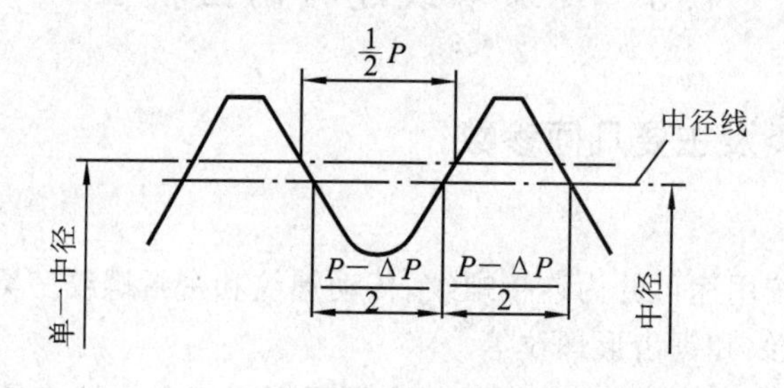

图 7-15　单一中径

注：P—基本螺距；ΔP—螺距误差。

(5) 螺距 P 与导程 L　在螺纹中径线上，相邻两牙对应点间的一段轴向距离称为螺距，用 P 表示(见图 7-15)。国家标准规定了普通螺纹公称直径与螺距系列，参见 GB/T 193—2003。

导程是指同一条螺旋线在中径线上相邻两牙对应点间的轴向距离，用 L 表示。对于单线螺纹，导程 L 和螺距 P 相等；对于多线螺纹，导程 L 等于螺距 P 与螺纹线数 n 的乘积，即 $L=nP$。

(6) 牙型角 α 和牙型半角 $\alpha/2$　牙型角是指在螺纹牙型上相邻两个牙侧间的夹角，如图7-14所示。普通螺纹的牙型角为60°。牙型半角是指在螺纹牙型上，某一牙侧与螺纹轴线的垂线间的夹角，普通螺纹的牙型半角为30°。

(7) 螺纹升角 ψ　在中径圆柱上螺旋线的切线与垂直于螺纹轴线的平面的夹角称为螺纹升角。它与螺距 P 和中径 d_2 的关系为

$$\tan\psi=L/(pd_2)=np/(\pi d_2)$$

(8) 螺纹的旋合长度　螺纹的旋合长度是指两个相互旋合的内、外螺纹沿螺纹轴线方向相互旋合部分的长度。

7.3.2　螺纹几何参数误差对螺纹互换性的影响

螺纹的主要几何参数有大径、小径、中径、螺距和牙型半角，这些参数的误差对螺纹互换性的影响不同，其中中径偏差、螺距误差和牙型半角误差是影响互换性的主要几何参数误差。

1. 螺距误差对互换性的影响

对紧固螺纹来说，螺距误差主要影响螺纹的旋合性和连接的可靠性；对传动螺纹来说，螺距误差直接影响传动精度，影响螺牙上载荷分布的均匀性。

螺距误差包括局部误差和累积误差，局部误差与旋合长度无关，累积误差与旋合长度有关。

假设内螺纹具有理想牙型，外螺纹中径及牙型角与内螺纹相同，外螺纹的螺距有误差，在 n 个螺牙长度上，螺距累积误差为 ΔP_Σ，如图7-16所示，这时在牙侧处将产生干涉。为避免产生干涉，可把外螺纹的实际中径减小 f_p 或把内螺纹的实际中径增大 f_p。f_p 值称为螺距误差的中径当量。

由图7-16的△ABC 可以看出：

$$f_p = 1.732|\Delta P_\Sigma|$$

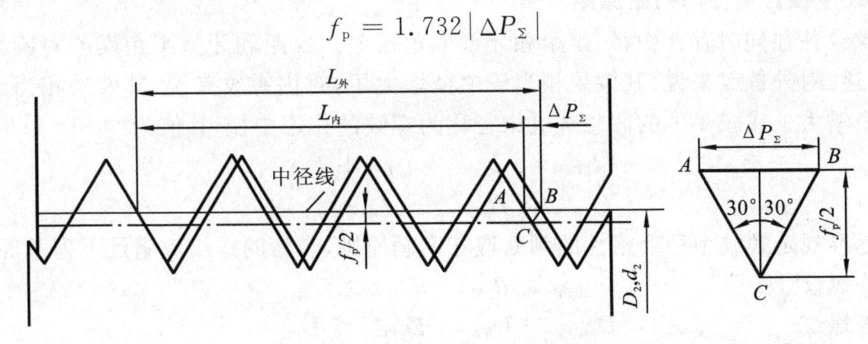

图7-16　螺距误差的影响

2. 牙型半角误差对互换性的影响

牙型半角误差同样会影响螺纹的旋合性与连接强度。为了便于分析，假设内螺纹具有理想的牙型，外螺纹仅牙型半角有误差，如图7-17所示。

当外螺纹的牙型半角小于(见图7-17(a))或大于(见图7-17(b))内螺纹的牙型半角时，在牙侧处产生干涉(图中阴影线部分)。为避免产生干涉，可把外螺纹的实际中径减小 $f_{\frac{\alpha}{2}}$ 或把内螺纹的实际中径增大 $f_{\frac{\alpha}{2}}$。$f_{\frac{\alpha}{2}}$ 值称为半角误差的中径当量。

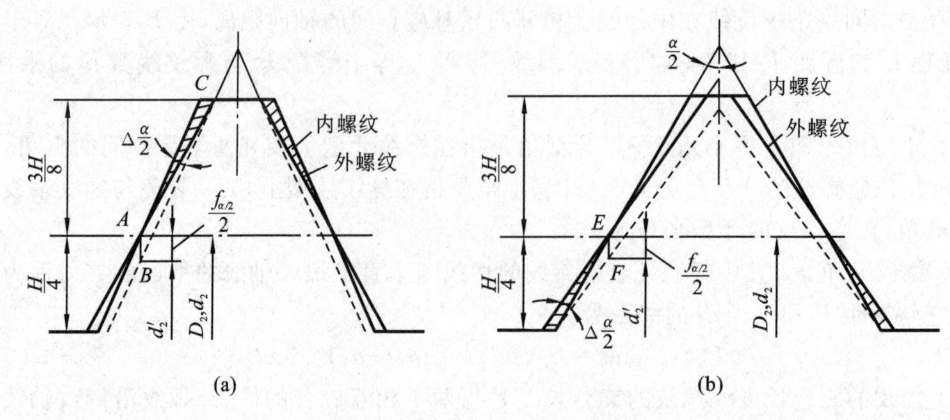

图 7-17　牙型半角误差的影响

根据三角形的正弦定理,考虑到左、右牙型半角可能同时出现的各种情况以及必要的单位换算,得出

$$f_{\frac{\alpha}{2}} = 0.073P\left(K_1\left|\Delta\frac{\alpha_1}{2}\right| + K_2\left|\Delta\frac{\alpha_2}{2}\right|\right)$$

式中:P——螺距(mm)。

$\Delta\frac{\alpha_1}{2}$、$\Delta\frac{\alpha_2}{2}$——左、右牙型半角误差(′)。

K_1、K_2——左、右牙型半角误差系数。对于外螺纹,当半角误差为正时,牙型半角误差系数取为 2,当半角误差为负时,牙型半角误差系数取为 3;内螺纹牙型半角误差系数的取值正好与外螺纹相反。

3. 螺纹中径偏差对互换性的影响

螺纹中径偏差是指中径实际尺寸与中径公称尺寸之代数差。当外螺纹中径比内螺纹中径大时会影响螺纹的旋合性;反之,则使配合过松而影响连接的可靠性和紧密性,削弱连接强度。

4. 螺纹中径合格性的判断原则

实际螺纹往往同时存在中径、螺距和牙型半角误差。螺距和牙型半角误差对旋合性的影响,如前所述,对外螺纹来说,其效果相当于中径增大了,对内螺纹来说,其效果相当于中径减小了。这个增大了或减小了的假想螺纹中径称为螺纹的作用中径,其值为

$$d_{2作用} = d_{2单一} + (f_{\frac{\alpha}{2}} + f_{\mathrm{P}})$$
$$D_{2作用} = D_{2单一} - (f_{\frac{\alpha}{2}} + f_{\mathrm{P}})$$

国家标准规定螺纹中径合格性的判断遵守泰勒原则,合格的螺纹应满足下列不等式:

对于外螺纹　　$d_{2作用} \leqslant d_{2\mathrm{M}}$,　$d_{2单一} \geqslant d_{2\mathrm{L}}$

对于内螺纹　　$D_{2作用} \geqslant D_{2\mathrm{M}}$,　$D_{2单一} \leqslant D_{2\mathrm{L}}$

对螺纹的大径和小径的主要要求是确保旋合时不发生干涉。国家标准对外螺纹大径 d 和内螺纹小径 D 规定了较大的公差值,对外螺纹小径 d_1 和内螺纹大径 D 没有规定公差值,而只规定了该处的实际轮廓不得超越按基本偏差所确定的最大实体牙型,即保证旋合时不会发生干涉。显然,为使外螺纹与内螺纹能自由旋合,必须满足 $D_{2作用} \geqslant d_{2作用}$。

7.3.3　普通螺纹的公差与配合

要保证螺纹的互换性,必须对螺纹的几何精度提出要求。国家标准《普通螺纹公差》(GB/T 197—2003)对普通螺纹规定了供选用的螺纹公差、螺纹配合、旋合长度及精度等级。

1. 普通螺纹的公差带

普通螺纹的公差带的位置由基本偏差决定，公差大小由公差等级决定。

1）公差等级

螺纹公差按公差值的大小分为若干等级，见表7-17。各公差等级中3级最高，9级最低，6级为基本级。

表 7-17　螺纹公差等级

螺纹类型	螺纹直径	公差等级
内螺纹	中径 D_2	4、5、6、7、8
	小径（顶径）D_1	
外螺纹	中径 d_2	3、4、5、6、7、8、9
	大径（顶径）d	4、6、8

2）螺纹的基本偏差

螺纹公差带以基本牙型为零线，沿着螺纹牙型的牙侧、牙顶和牙底布置，在垂直于螺纹轴线的方向上计量。GB/T 197—2003对内螺纹规定了两种基本偏差，其代号分别为H、G，对外螺纹的规定了四种基本偏差，其代号分别为h、g、f、e，其中H、h的基本偏差为零，G的基本偏差为正值，e、f、g的基本偏差为负值。

内、外螺纹的基本偏差和顶径公差见表7-18，中径公差见表7-19。由于内螺纹加工困难，在公差等级和螺距值都一样的情况下，内螺纹的公差值比外螺纹的公差值约大32%。

表 7-18　普通螺纹的基本偏差和顶径公差(GB/T 197—2003)

螺距 P/mm	内螺纹的基本偏差 EI/μm		外螺纹的基本偏差 es/μm				内螺纹小径公差 T_{D_1} /μm					外螺纹大径公差 T_d /μm		
	G	H	e	f	g	h	4	5	6	7	8	4	6	8
1	+26	0	−60	−40	−26	0	150	190	236	300	375	112	180	280
1.25	+28	0	−63	−42	−28	0	170	212	265	335	425	132	212	335
1.5	+32	0	−67	−45	−32	0	190	236	300	375	475	150	236	375
1.75	+34	0	−71	−48	−34	0	212	265	335	425	530	170	265	425
2	+38	0	−71	−52	−38	0	236	300	375	475	600	180	280	450
2.5	+42	0	−80	−58	−42	0	280	355	450	560	710	212	335	530
3	+48	0	−85	−63	−48	0	315	400	500	630	800	236	375	600

表 7-19　普通螺纹螺距和中径公差(摘自 GB/T 197—2003)

公称直径 D、d/mm	螺距 P/mm	内螺纹中径公差 T/μm					外螺纹中径公差 T/μm						
		等级公差					公差等级						
		4	5	6	7	8	3	4	5	6	7	8	9
>11.2～22.4	1	100	125	160	200	250	60	75	95	118	150	190	236
	1.25	112	140	180	224	280	67	85	106	132	170	212	265
	1.5	118	150	190	236	300	71	90	112	140	180	224	280
	1.75	125	160	200	250	315	75	95	118	150	190	236	300
	2	132	170	212	265	335	80	100	125	160	200	250	315
	2.5	140	180	224	280	355	85	106	132	170	212	265	335

续表

公称直径 D、d/mm	螺距 P/mm	内螺纹中径公差 T/μm					外螺纹中径公差 T/μm						
		等级公差					公差等级						
		4	5	6	7	8	3	4	5	6	7	8	9
>22.4～45	1	106	132	170	212	—	63	80	100	125	160	200	250
	1.5	125	160	200	250	315	75	95	118	150	190	236	300
	2	140	180	224	280	355	85	106	132	170	212	265	335
	3	170	212	265	335	425	100	125	160	200	250	315	400

2. 普通螺纹公差和配合选用

1）螺纹公差带的选用

不同螺纹的公差等级和基本偏差相组合可以生成许多公差带，考虑到定值刀具和量规增多会造成经济和管理上的困难，同时有些公差带在实际使用中效果不好，国家标准对内、外螺纹公差带进行了筛选，选用公差带时可参考表 7-20，除非有特别的需要，一般不选用表外的公差带。

表 7-20　普通螺纹的推荐公差带

公差精度	内螺纹公差带			外螺纹公差带		
	S	N	L	S	N	L
精密	4H	5H	6H	(3h4h)	**4h** (4g)	(5h4h) (5g4g)
中等	**5H** (5G)	**6H** **6G**	**7H** (7G)	(5g6g) (5h6h)	**6e** **6f** 6g 6h	(7e6e) (7g6g) (7h6h)
粗糙	—	7H (7G)	8H (8G)	—	(8e) 8g	(9e8e) (9g8g)

注：①选用顺序依次为：粗字体公差带、一般字体公差带、括弧内的公差带。

②带方框的粗字体公差带用于大量生产的紧固件螺纹。

③推荐公差带也适用于薄涂镀层的螺纹，例如电镀螺纹。所选择的涂镀公差带应满足涂镀后螺纹实际轮廓上的任何点不超出按公差带位置 H 或 h 确定的最大实体牙型。

2）配合的选用

内、外螺纹的选用公差带可以任意组成各种配合。国家标准要求完工后的螺纹配合最好是 H/g、H/h 或 G/h 的配合。为了保证螺纹旋合后有良好的同轴度和足够的连接强度，可选用 H/h 的配合。要求装拆方便，一般选用 H/g 的配合。对于需要涂镀保护层的螺纹，根据涂镀层的厚度选用配合。镀层厚度为 5 μm 左右，选用 6H/6g 的配合；镀层厚度为 10 μm 左右，则选用 6H/6f 的配合；若内、外螺纹均涂镀，可选用 6G/6e 的配合。

3）螺纹精度和旋合长度

螺纹精度是衡量螺纹加工质量的综合指标，由螺纹公差带和旋合长度构成。螺纹旋合长度愈长，螺距累积误差愈大，对螺纹旋合性的影响愈大。螺纹的旋合长度分短旋合长度（以 S 表示）、中旋合长度（以 N 表示）、长旋合长度（以 L 表示）三种，螺纹旋合长度见表 7-21。一般优先采用中等旋合长度，中等旋合长度是螺纹公称直径的 0.5～1.5 倍。公差等级相同的螺纹，若旋合长度不同，则可有不同的精度等级。

国家标准将螺纹精度分为精密、中等和粗糙三个等级。精密级用于精密和要求配合性质稳定、配合间隙较小的连接；中等级用于中等精度和一般用途的螺纹连接；粗糙级用于精度要求不高或难以加工的螺纹，例如在热轧棒料上加工的螺纹。

表 7-21　螺纹旋合长度(GB/T 197—2003)

公称直径 D、d		螺距 P	旋合长度				公称直径 D、d		螺距 P	旋合长度			
			S	N		L				S	N		L
＞	≤		≤	＞	≤	＞	＞	≤		≤	＞	≤	＞
5.6	11.2	0.75	2.4	2.4	7.1	7.1	11.2	22.4	2.5	10	10	30	30
		1	3	3	9	9	22.4	45	1	4	4	12	12
		1.25	4	4	12	12			1.5	6.3	6.3	19	19
		1.5	5	5	15	15			2	8.5	8.5	25	25
11.2	22.4	1	3.8	3.8	11	11			3	12	12	36	36
		1.25	4.5	4.5	13	13			3.5	15	15	45	45
		1.5	5.6	5.6	16	16			4	18	18	53	53
		1.75	6	6	18	18			4.5	21	21	63	63
		2	8	8	24	24							

3. 螺纹的标记

1) 单个螺纹的标记

螺纹的完整标记由螺纹特征代号、公称直径、螺距、旋向、螺纹公差带代号和旋合长度代号(或数值)组成。当螺纹是粗牙螺纹时，粗牙螺距省略不标。当螺纹为右旋螺纹时，不标旋向；当螺纹为左旋螺纹时，在相应位置注写"LH"字样。当螺纹中径、顶径公差带代号相同时，两个公差带代号合写为一个。当螺纹旋合长度为中等时，省略标注旋合长度。

例如：

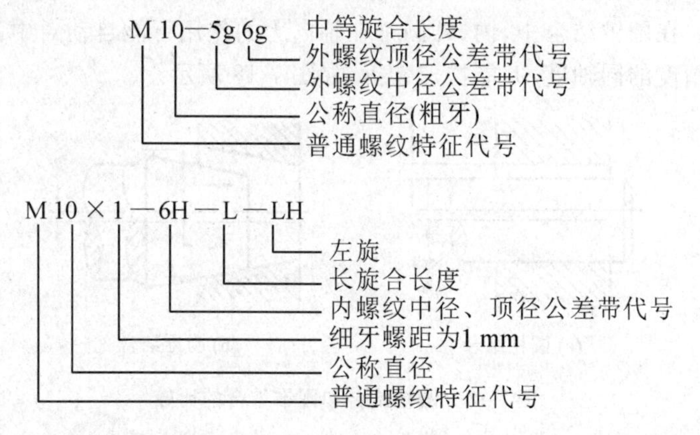

在下列情况下，对中等精度螺纹可不标注公差带代号：

内螺纹公差带代号为 5H，公称直径≤1.4 mm，或公差带代号为 6H，公称直径≥1.6 mm；

外螺纹公差带代号为 6h，公称直径≤1.4 mm，或公差带代号为 6g，公称直径≥1.6 mm 时。

例如:公称直径为 10 mm、中径公差带和顶径公差带为 6g(外螺纹)或 6H(内螺纹)、中等精度的粗牙外螺纹或内螺纹标记为 M10。

2) 螺纹配合在图样上的标注

标注螺纹配合时,内、外螺纹的公差带代号用斜线分开,左边为内螺纹公差带代号,右边外螺纹公差带代号。例如,M20×2-6H/6g,M20×2-6H/6g-LH。

4. 螺纹的表面粗糙度要求

螺纹表面粗糙度要求主要根据中径公差等级来确定。表 7-22 列出了螺纹牙侧表面粗糙度参数 Ra 的推荐值。

表 7-22 螺纹牙侧表面粗糙度参数 Ra 值 (μm)

工　　件	螺纹中径公差等级		
	4~5	6~7	7~9
	Ra 不大于		
螺栓、螺钉、螺母	1.6	3.2	3.2~6.3
轴、套上的螺纹	0.8~1.6	1.6	3.2

7.4 圆锥结合的互换性

7.4.1 概述

圆锥结合是机器中常用的典型结构,它具有较高的同轴度,配合自锁性好,密封性好,间隙和过盈可以自由调整等优点。而锥度系列和公差的标准化是提高圆锥产品质量、保证零部件互换性所不可缺少的环节。

1. 圆锥结合的特点

与光滑圆柱体结合相比较,圆锥结合具有以下优点。

(1) 保证结合件相互自动对准中心。在圆柱结合中,当配合存在间隙时,孔和轴的中心线存在同轴度误差。在圆锥结合中,内、外圆锥在轴向力的作用下能自动对中,以保证内、外圆锥的轴线具有较高精度的同轴度,并能快速装拆,如图 7-18 所示。

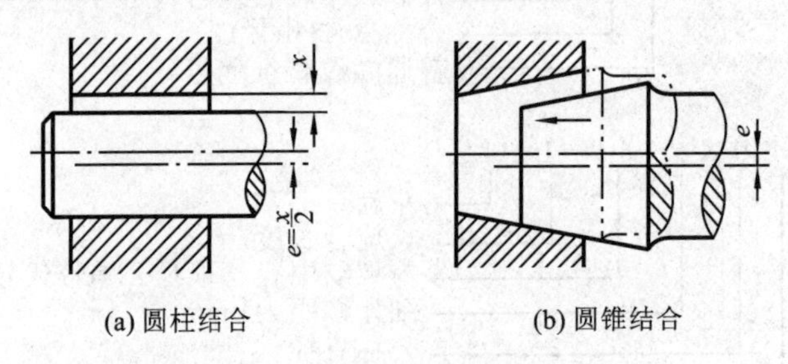

(a) 圆柱结合　　(b) 圆锥结合

图 7-18 圆柱结合和圆锥结合的比较

(2) 配合的间隙(或过盈)可以调整。圆锥结合中,间隙(或过盈)的大小可以通过内、外圆锥的轴向相对移动来调整,并且装拆方便。

(3) 密封性好。内、外圆锥的表面经过配对研磨后,配合起来具有良好的自锁性和密封性。

圆锥配合的缺点:结构较复杂,影响互换性的参数比较多,加工和检测也比较困难,故其应用不如圆柱配合广。

2. 圆锥结合的主要参数

(1) 圆锥角 α　在与圆锥平行并通过轴线的截面内，两条素线(圆锥表面与轴向截面的交线)间的夹角(见图 7-19)，称为圆锥角，圆锥角的代号为 α。

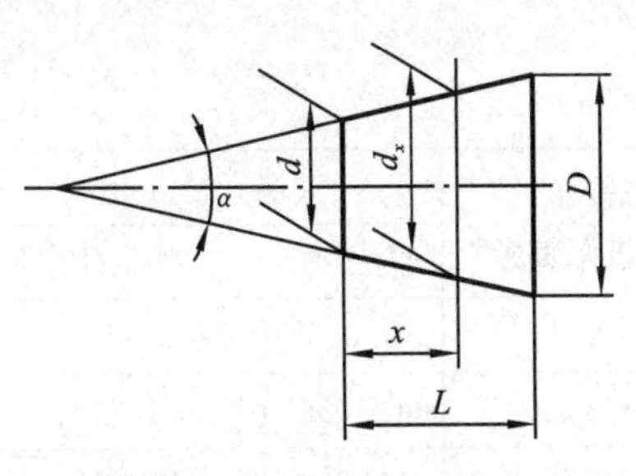

图 7-19　圆锥的主要参数

(2) 圆锥直径　圆锥上垂直于轴线截面的直径，常用的圆锥直径有最大圆锥直径 D、最小圆锥直径 d 和给定截面圆锥直径 d_x，如图 7-19 所示。设计时，一般选用内圆锥的最大直径或外圆锥的最小直径作为公称直径。

(3) 圆锥长度 L　圆锥长度是指最大圆锥截面与最小圆锥截面之间的轴向距离。

(4) 锥度 C　锥度指圆锥的最大直径与最小直径之差与圆锥长度之比。

$$C = \frac{D-d}{L} = 2\tan\frac{\alpha}{2} = 1 : \frac{1}{2}\cot\frac{\alpha}{2}$$

7.4.2　圆锥公差

1. 锥度与锥角系列

圆锥公差国家标准《锥度与锥角系列》(GB/T 157—2001)是参照国际标准《圆锥公差》(ISO 1119：1998)制定的，适用于锥度 C 为 1：3～1：500，圆锥长度 L 为 6～630 mm 的光滑圆锥工件。

1) 一般用途圆锥的锥度与锥角

GB/T 157—2001 标准对一般用途圆锥的锥度与锥角规定了 21 个基本值系列，见表7-23。选用时，应优先选用表中第一系列，当不能满足需要时，选第二系列。

表 7-23　一般用途圆锥的锥度与锥角系列(GB/T 157—2001)

基本值		推算值			基本值		推算值		
系列 1	系列 2	圆锥角 α		锥度 C	系列 1	系列 2	圆锥角 α		锥度 C
120°		—	—	1：0.288 675 1		1：8	7°9′9.6″	7.152 669°	—
90°		—	—	1：0.500 000	1：10		5°43′29.3″	5.724 810°	—
	75°	—	—	1：0.651 613		1：12	4°46′18.8″	4.771 888°	—
60°		—	—	1：0.866 025		1：15	3°49′5.9″	3.818 305°	—
45°		—	—	1：1.207 107	1：20		2°51′51.1″	2.864 192°	—
30°		—	—	1：1.866 025	1：30		1°54′34.9″	1.909 682°	—
1：3		18°55′28.7″	18.924 644°	—		1：40	1°25′56.4″	1.432 320°	—
	1：4	14°15′0.1″	14.250 033°	—	1：50		1°8′45.2″	1.145 877°	—
1：5		11°25′16.3″	11.421 186°	—	1：100		34′22.6″	0.572 953°	—
	1：6	9°31′38.2″	9.527 283°	—	1：200		17′11.3″	0.286 473°	—
	1：7	8°10′16.4″	8.171 234°	—	1：500		6′52.3″	0.114 592°	—

2）特殊用途圆锥的锥度与锥角

GB/T 157—2001 对特殊用途圆锥的锥度与锥角标准规定了 24 个基本值系列，但其仅适用于某些特殊行业和用途。

此外，莫氏锥度在工具行业中应用极广，有关参数、尺寸及公差已标准化。表 7-24 所示为莫氏工具圆锥系列(摘录)。

表 7-24　莫氏工具圆锥

圆锥符号	锥　度	圆锥角(2α)	锥度的极限偏差	锥角的极限偏差	大端直径/mm	
					内锥体	外锥体
No. 0	1：19.212＝0.05205	2°58′54″	±0.0006	±120″	9.045	9.212
No. 1	1：20.047＝0.04988	2°51′26″	±0.0006	±120″	12.065	12.240
No. 2	1：20.020＝0.04995	2°51′41″	±0.0006	±120″	17.780	17.980
No. 3	1：19.922＝0.05020	2°52′32″	±0.0005	±100″	23.825	24.051
No. 4	1：19.254＝0.05194	2°58′31″	±0.0005	±100″	31.267	31.542
No. 5	1：19.002＝0.05263	3°00′53″	±0.0004	±80″	44.399	44.731
No. 6	1：19.180＝0.05214	2°59′12″	±0.00035	±70″	63.348	63.760

2. 术语及定义

圆锥公差的项目有圆锥直径公差、圆锥角公差、圆锥的形状公差和给定截面圆锥直径公差。

1）圆锥直径公差 T_D

圆锥大径 D 或小径 d 的允许变动量(见图 7-20)用公式表示为

$$T_D = D_s - D_i = d_s - d_i$$

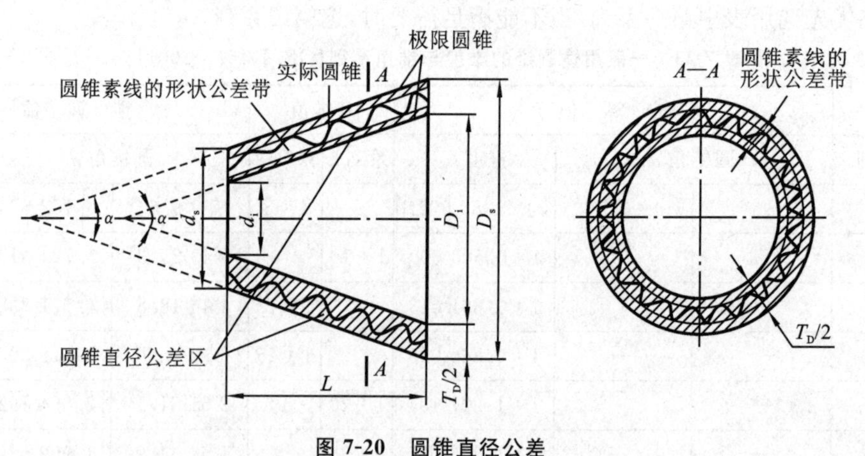

图 7-20　圆锥直径公差

圆锥直径公差值按《极限与配合》中的标准公差值选取，一般以最大圆锥直径 D 或给定截面圆锥直径 d_X 为公称尺寸。对于有配合要求的圆锥，推荐采用基孔制；对于没有配合要求的内、外圆锥，最好选用基本偏差 JS 和 js。

2）圆锥角公差 AT_α

允许圆锥角的变动量称为圆锥角公差(见图 7-21)，用公式表示为

$$AT_\alpha = \alpha_{max} - \alpha_{min}$$

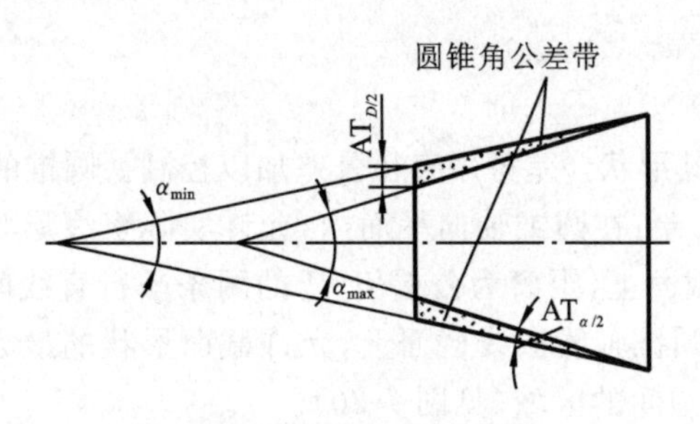

图 7-21　圆锥角公差

圆锥角公差 AT 共分为 12 个公差等级，分别用 AT_1，AT_2，…，AT_{12} 表示。其中 AT_1 为最高公差等级，AT_{12} 为最低公差等级，各公差等级的圆锥角公差数值见表 7-25。其中数值也适用于棱体的角度。

表 7-25　圆锥角公差(摘自 GB/T 11334—2005)

圆锥公称长度 L/mm		圆锥角公差等级								
		AT_4			AT_5			AT_6		
		AT_α		AT_D	AT_α		AT_D	AT_α		AT_D
大于	至	μrad	s	μm	μrad	s	μm	μrad	s	μm
16	25	125	26	＞2～3.2	200	41	＞3.2～5.0	315	65	＞5.0～8.0
25	40	100	21	＞2.5～4.0	160	33	＞4.0～6.3	250	52	＞6.3～10.0
40	63	80	16	＞3.2～5.0	125	26	＞5.0～8.0	200	41	＞8.0～12.5
63	100	63	13	＞4.0～5.3	100	21	＞6.3～10.0	160	33	10.0～16.0
100	160	50	10	＞5.0～8.0	80	16	＞8.0～12.5	125	26	12.5～20.0

圆锥公称长度 L/mm		圆锥角公差等级								
		AT_7			AT_8			AT_9		
		AT_α		AT_D	AT_α		AT_D	AT_α		AT_D
大于	至	μrad	s	μm	μrad	s	μm	μrad	s	μm
16	25	500	103	＞8.0～12.5	800	165	＞12.5～20.0	1250	258	＞20～32
25	40	400	82	＞10.0～16.0	630	130	＞16.0～25.0	1000	206	＞25～40
40	63	315	65	＞12.5～20.0	500	103	＞20.0～32.0	800	165	＞32～50
63	100	250	52	＞16～25.0	400	82	＞25.0～40.0	630	130	＞40～63
100	160	200	41	＞20～32.0	315	65	＞32.0～50.0	500	103	＞50～80

注：1 μrad 等于半径为 1 m、长为 1 μm 的弧所对应的圆心角。5 μrad≈1″，300 μrad≈1′。

圆锥角公差有两种形式。

(1) AT_α　以角度单位微弧度(μrad)或以度、分、秒(°、′、″)表示圆锥角公差。

(2) AT_D　以长度单位微米(μm)表示公差值，它是用与圆锥轴线垂直且距离为 L(mm)的两端直径变动量之差所表示的圆锥角公差。

AT_α (μrad)与 AT_D 的关系如下：

$$AT_D = AT_\alpha \times L \times 10^{-3}$$

当对圆锥角公差无特殊要求时，可用圆锥直径公差加以限制；当对圆锥角精度要求较高时，则应单独规定圆锥角公差。

3) 圆锥的形状公差 T_F

对于要求不高的圆锥，其形状公差可用直径公差加以控制。圆锥的形状公差包括下述两种。

(1) 圆锥素线直线度公差：在圆锥轴向平面内，允许实际素线形状的最大变动量。圆锥素线直线度公差带是在给定截面上，距离为公差值 T_F 的两条平行直线间的区域(见图 7-20)。

(2) 截面圆度公差：在圆锥轴线法线截面上，允许截面形状的最大变动量。截面圆度公差带是半径差为值 T_F 的同心圆间的区域(见图 7-20)。

4) 给定截面圆锥直径公差 T_{DS} 和圆锥角公差 AT

给定截面圆锥直径公差 T_{DS} 是在垂直于圆锥轴线的给定截面内，允许圆锥直径的变动量；圆锥角公差 AT 是在垂直于圆锥轴线的给定截面内，圆锥角的允许变动量。

3. 圆锥公差的给定方法

对于一个具体的圆锥，应根据零件功能的要求规定所需的公差项目，不必给出所有公差项目，圆锥公差有两种给定方法。

1) 给定圆锥直径公差 T_D

给出圆锥直径公差 T_D，此时圆锥角误差和圆锥形状误差都应限制在圆锥直径公差内(见图 7-22)。这种方法通常适用于有配合要求的内、外圆锥，例如圆锥滑动轴承、钻头的锥柄等。

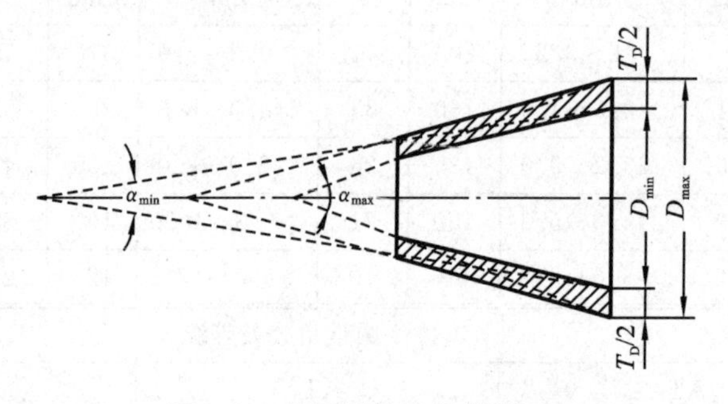

图 7-22 给定圆锥直径公差 T_D

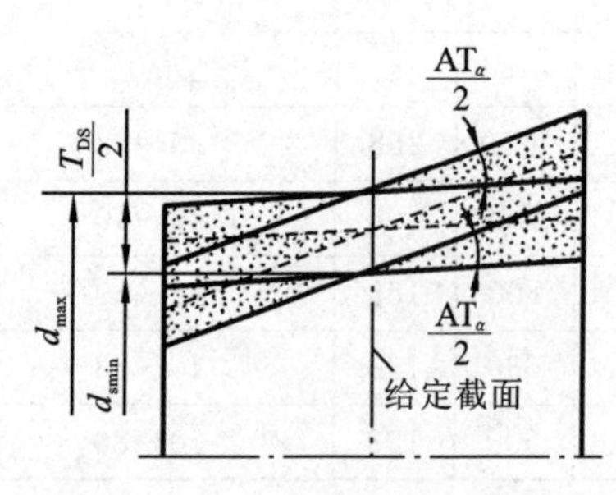

图 7-23 给定截面圆锥直径公差 T_{DS} 和圆锥角公差 AT

2) 给定圆锥截面直径公差 T_{DS} 和圆锥角公差 AT

如图 7-23 所示，给定圆锥截面直径公差 T_{DS} 是在一个给定截面内对圆锥直径给定的，它只对这个截面直径有效。而圆锥截面直径公差带不包容给定的圆锥角公差。

这是在圆锥素线为理想直线的情况下给定的。它适用于对圆锥工件的给定截面有较高精度要求的情况。例如阀类零件，为使内、外圆锥在给定截面上有良好接触，以保证良好的密封性，常采用这种公差。

4. 圆锥的尺寸和公差标注方法

GB/T 15754—1995 规定了圆锥尺寸和公差在图样上的标注方法。圆锥公差的标注方法有两种。

1) 基本锥度法标注

(1) 给定圆锥直径公差 T_D 的标注。如图 7-24 所示，圆锥的直径偏差、锥角偏差和圆锥形状误差都由圆锥直径公差控制。若对圆锥角和其素线精度有更高要求，应另给出它们的公差，但其数值应小于圆锥的直径公差值。

(2) 给定截面圆锥直径公差 T_{DS} 的标注。给定截面圆锥直径公差 T_{DS} 可以保证两个相互配合的圆锥在规定的截面上具有良好的密封性，如图 7-25 所示。

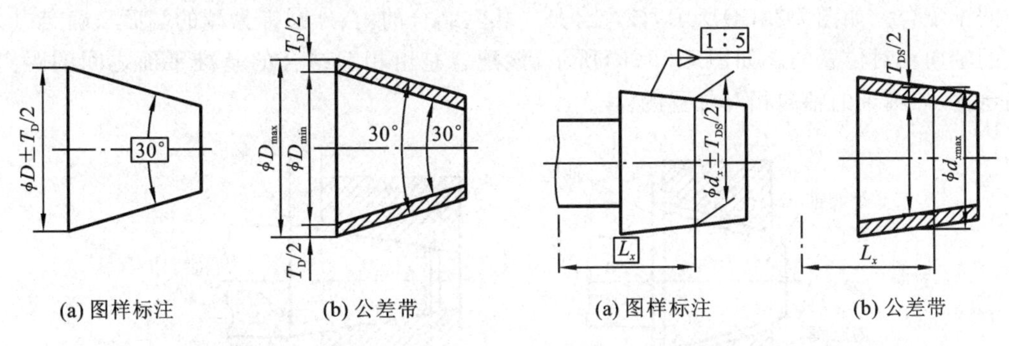

(a) 图样标注　(b) 公差带

图 7-24　给定圆锥直径公差的标注

(a) 图样标注　(b) 公差带

图 7-25　给定截面圆锥直径公差的标注

(3) 给定圆锥形状公差的标注。如图 7-26 所示为给定直线度公差的标注示例，直线度公差带在圆锥直径公差带内浮动。

2) 公差锥度法的标注

公差锥度法适用于非配合的圆锥，也适用于给定截面圆锥直径有较高精度要求的圆锥，其标注方法如图 7-27 所示。

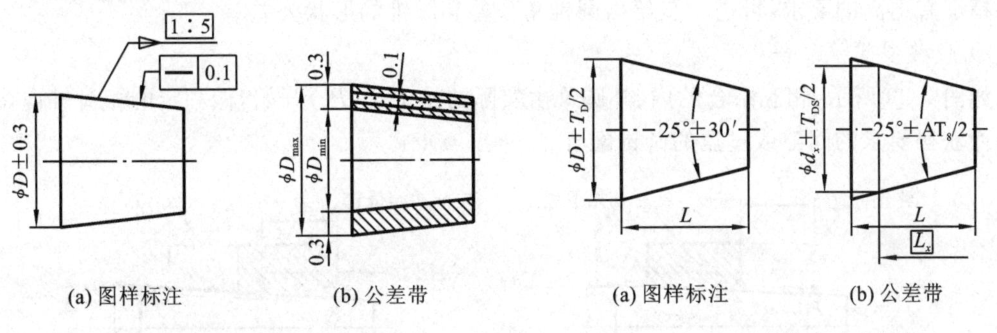

(a) 图样标注　(b) 公差带

图 7-26　给定圆锥形状公差的标注

(a) 图样标注　(b) 公差带

图 7-27　公差锥度法的标注

7.4.3　圆锥配合

1. 圆锥配合的种类

圆锥配合是指基本圆锥相同的内、外圆锥，由于结合松紧的不同所形成的配合关系，可分为三类。

(1) 圆锥间隙配合　圆锥间隙配合是指具有一定的间隙、用于做相对运动的圆锥配合，如车床主轴的圆锥轴颈与滑动轴承的配合。

(2) 圆锥过盈配合　圆锥过盈配合是指具有一定的过盈、用于定心和传递转矩的配合，如带柄铰刀、扩孔钻的锥柄与机床主轴锥孔的配合。

(3) 圆锥过渡配合　圆锥过渡配合是指间隙等于零或略小于零、用于保证定心精度和要求密封的配合，如各种气密和水密装置中的圆锥配合。

2. 圆锥配合的形成方式

圆锥配合是内、外圆锥为获得要求的间隙或过盈，按规定的轴向相对位置相互结合而形成的。按确定相互结合的内、外圆锥轴向相对位置方法的不同，圆锥配合有以下两种形式。

1）结构型圆锥配合

结构型圆锥配合是由内、外圆锥的结构或基准平面之间的尺寸确定装配的最终位置而获得的圆锥配合。如图 7-28(a)所示，该配合是由相互结合的内、外圆锥大端的端面来确定内、外圆锥的轴向相对位置的。如图 7-28(b)所示，该配合是由相互结合的基准平面之间的距离 a 来确定内、外圆锥的轴向相对位置的。

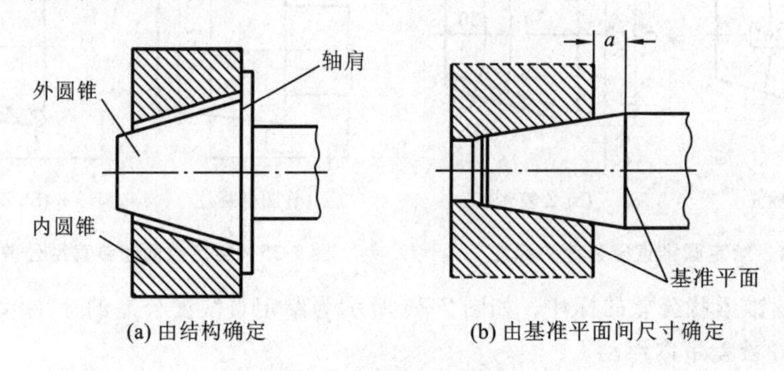

图 7-28 结构型圆锥配合

对于结构型圆锥配合，推荐优先选用基孔制，配合的松紧程度由内、外圆锥直径公差带的相对位置决定，因此，可以得到间隙、过盈和过渡配合，同时直径公差等级不低于 IT9。如果对接触精度有更高的要求，可进一步给出圆锥角公差和圆锥的形状公差。

2）位移型圆锥配合

如图 7-29 所示，相互结合的内、外圆锥由实际初始位置(P_a)开始，做一定的相对轴向位移(E_a)而获得要求的间隙或过盈的圆锥配合。

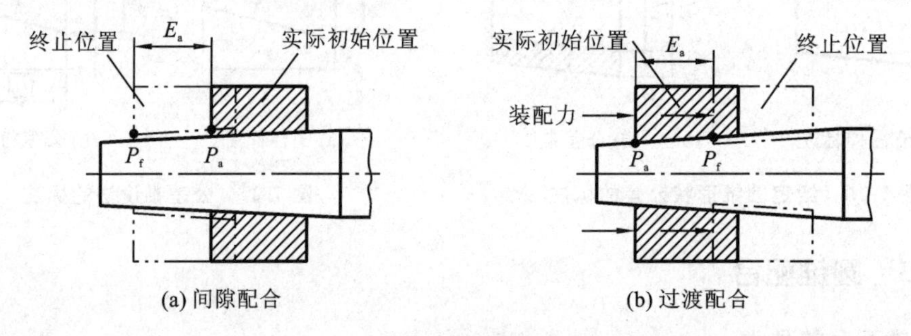

图 7-29 位移型圆锥配合

位移型圆锥配合的间隙或过盈的变动量取决于相对轴向位移(E_a)的变动量，而与相互结合的内、外圆锥的直径公差带无关。

3. 相配合的圆锥的公差的标注

根据 GB/T 12360—2005 的要求，相配合的圆锥应保证各装配件的径向和(或)轴向位置，标注两个相配圆锥的尺寸及公差时，注意二者应具有相同的锥度或锥角；标注尺寸公差的圆锥直径的公称尺寸应一致。

习　题

7-1 滚动轴承的精度分为几级？其代号如何？各应用在什么场合？

7-2　选择轴承与结合件配合的主要依据是什么？

7-3　滚动轴承的内、外径公差带布置有何特点？

7-4　有一6级滚动轴承，内径为45 mm，外径为100 mm。内圈与轴颈的配合为j5，外圈与轴承座孔的配合为H6。试画出配合的公差带图，并计算它们的极限间隙和极限过盈。

7-5　某机床转轴上安装308P6向心球轴承，其内径为40 mm，外径为90 mm，该轴承承受着一个4 000 N的径向载荷，轴承的额定动载荷为31 400 N，内圈随轴一起转动，而外圈静止。试确定轴颈与轴承座孔的极限偏差，几何公差值和表面粗糙度参数值，并把所选的公差带代号和各项公差标注在图样上。

7-6　各种键连接的特点是什么？这些键主要应用在哪些场合？

7-7　单键与轴槽、轮毂槽的配合分为哪几类？如何选择？

7-8　普通平键连接的配合采用哪种基准制，为什么？为什么只对键宽和键槽宽规定较严格的公差带？

7-9　某一配合为$\phi 25\ \frac{H8}{k7}$，用普通平键连接以传递扭矩，已知$b=8$ mm，$h=7$ mm，$L=20$ mm，为正常连接配合。试确定键槽各尺寸及其极限偏差、几何公差和表面粗糙度，并将其标注在图样上。

7-10　矩形花键的结合面有哪些？配合采用何种基准制？定心表面是哪个？试说明理由。

7-11　查表确定螺母M24×2—6H、螺栓M24×2—6h的小径和中径、大径和中径的极限尺寸，并画出公差带。

7-12　有一螺母M20—7H，其公称螺距$P=2.5$ mm，公称中径$D_2=18.376$，测得其实际中径$D_{2实际}=18.61$ mm，螺距累积误差$\Delta P_{\Sigma}=+40\ \mu$m，牙型实际半角$\frac{\alpha}{2}$(左)$=30°30'$，$\frac{\alpha}{2}$(右)$=29°10'$，问此螺母的中径是否合格。

7-13　说明下列螺母标注中各代号的意义。

(1) M24—6H；

(2) M36×2—5g6g—20；

(3) M30×2—6H/5g6g。

7-14　有一外圆锥，已知最大圆锥直径$D=20$ mm，最小圆锥直径$d=5$ mm，圆锥长度$L=100$ mm，试求其锥度及圆锥角。

7-15　铣床主轴端部锥孔及刀杆锥体以锥孔最大圆锥直径$\phi 70$ mm为配合直径，锥度$C=7:24$，配合长度$H=106$ mm，基面距$a=3$ mm，基面距极限偏差$\Delta a=\pm 0.4$ mm，试确定直径和圆锥角的极限偏差。

第8章　圆柱齿轮的互换性

齿轮传动机构是机械产品设计中广泛采用的一种机构，是齿轮、轴、轴承、箱体等零部件的总和。它可以传递机械运动、动力和位移。

8.1　概　　述

在机械产品中，齿轮是使用最多的传动元件，其中渐开线圆柱齿轮应用尤为广泛。目前，随着科技水平的迅猛发展，人们对机械产品的自身质量、传递的功率和工作精度都提出了更高的要求，从而对齿轮传递的精度也提出了更高的要求。因此研究齿轮加工误差、齿轮精度标准及检测方法，对提高齿轮加工质量具有重要的意义。目前我国推荐使用的圆柱齿轮标准为：《圆柱齿轮　精度制》(GB/T 10095—2008)；《圆柱齿轮　检验实施规范》(GB/Z 18620—2008)；《渐开线圆柱齿轮精度　检验细则》(GB/T 13924—2008)。

8.1.1　齿轮的使用要求

各类齿轮都是用来传递运动或动力的，其使用要求因用途不同而异，但归纳起来总是包括以下四个方面。

1. 传递运动的准确性

传递运动的准确性是指齿轮在旋转一周的过程中，最大转角误差不超过一定的限度，以保证从动齿轮与主动齿轮运动协调一致。对于精密分度装置中的齿轮，应重点保证这一特性。

2. 传递运动的平稳性

要求齿轮在旋转一齿的过程中，瞬时传动比变化不超过一定的范围，因为这一变动将会引起冲击、振动和噪声。传递运动的平稳性是对高速轻载传动装置中齿轮的主要要求。

3. 载荷分布的均匀性

要求一对齿轮啮合时，工作齿面接触良好，使啮合能沿全齿面(齿高、齿长)均匀接触，以避免应力集中，减少齿面磨损，提高齿面强度和寿命。对齿轮的此项精度要求又称为接触精度要求，它是对低速重载传动装置中齿轮的主要要求。

4. 传动侧隙的合理性

要求一对齿轮啮合时，在非工作齿面间存在合理的间隙，以使齿轮传动灵活，并能储存润滑油、补偿齿轮的制造与安装误差以及保证热变形等所需的侧隙，否则齿轮在传动过程中会出现卡死或烧伤。

对上述前三项性能的要求表现为对齿轮本身的精度要求，而第四项是对齿轮副的要求，而且对不同用途的齿轮，提出的要求也不一样。对于机械制造业中常用的齿轮，如机床、通用减速器、汽车、拖拉机、内燃机车等机械中用的齿轮，通常对上述前三项性能的要求都是一致的，对齿轮精度评定的各项目可采用同样精度等级。而有的齿轮，可能对上述三项性能要求中的某一项有特殊要求，因此可对某个精度评定项目提出更高的要求。例如：分度、读数机构中的齿轮对控制运动准确性的精度项目有更高的要求；航空发动机、汽轮机中的齿轮，因其转速高，传递动力也大，特别要求振动和噪声小，因此对控制运动平稳性的精度项目有高要求；轧钢机、起重机、矿山机械中的低速动力齿轮对控制接触精度的项目要求高一些。而无论对于何种齿轮，为了保证齿轮正常运转都必须规定合理的齿侧间隙大小，保证合适的齿侧间隙尤为重要，对于仪器仪表中的齿轮更是如此。

8.1.2　齿轮的加工误差

齿轮的各项偏差都是在加工过程中形成的，是由于工艺系统中齿轮坯、齿轮机床、刀具三个方面的各个工艺因素决定的。齿轮加工误差有下述四种形式(见图 8-1)。

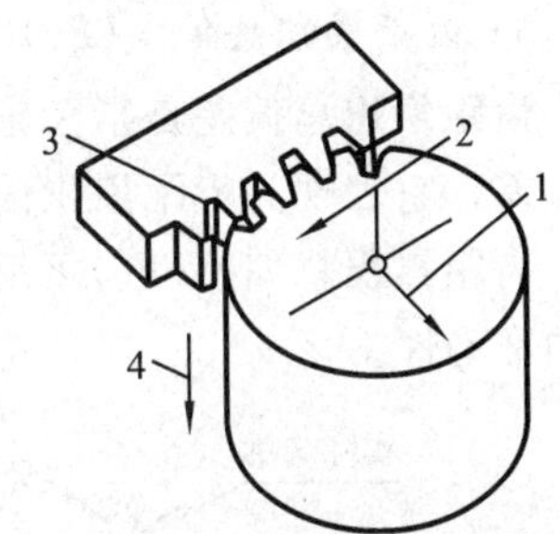

图 8-1　齿轮加工误差

1—径向误差；2—切向误差；3—刀具产形面的误差；4—轴向误差

1. 径向误差

径向误差是指刀具与被切齿轮之间径向距离的偏差。径向误差是由齿坯在机床上的定位误差、刀具的径向跳动、齿坯轴或刀具轴位置的周期变动引起的。

2. 切向加工误差

切向加工误差是指由于刀具与工件的展成运动遭到破坏或分度不准确而产生的加工误差。机床运动链各构件的误差(主要是最终的分度蜗轮副的误差，或机床分度盘和展成运动链中进给丝杠的误差)，是产生切向误差的根源。

3. 轴向误差

轴向误差是指刀具沿工件轴向位移的误差。轴向误差主要是机床导轨不精确、齿坯轴线歪斜造成的，对于斜齿轮，机床运动链也是造成轴向误差的原因之一。轴向误差会破坏齿的纵向接触，对于斜齿轮还会破坏全齿高接触。

4. 齿轮刀具产形面的误差

齿轮刀具产形面的误差是由于刀具产形面的近似造型及其制造和刃磨误差而产生的。此外，由于进给量和刀具切削刃数目有限，切削过程断续也会造成齿形误差。刀具产形面偏离精确表面会使齿轮产生齿形误差，在切削斜齿轮时还会引起接触线误差。刀具产形面和齿形误差会使工件产生基圆齿距偏差和接触线方向误差，从而影响直齿轮的工作平稳性，并破坏直齿轮和斜齿轮的全齿高接触。

8.2　圆柱齿轮精度的评定指标及检测

图样上设计的齿轮都是理想的齿轮，但由于齿轮加工误差，制得的齿轮齿形和几何参数都存在误差。因此，必须了解和掌握控制这些误差的评定项目。

8.2.1　轮齿同侧齿面偏差

1. 齿距偏差

1) 单个齿距偏差(f_{pt})

单个齿距偏差是指在端平面上接近齿高中部的一个与齿轮轴线同心的圆上，实际齿距与理论齿距的代数差。如图 8-2 所示，图中 f_{pt} 为第一个齿距的齿距偏差。齿距偏差影响齿轮传动的平稳性精度。

2）齿距累积偏差(F_{pk})

齿距累积偏差是指任意k个齿距的实际弧长与理论弧长的代数差(见图 8-2)，理论上等于k个齿距中各单个齿距偏差的代数和。F_{pk}适用于齿距数$k=2\sim z/8$的情况，通常k取$z/8$就足够了。

齿距累积偏差实际上是控制在圆周上的齿距累积偏差，如果此项偏差过大，将造成振动和噪声，影响齿轮传递运动的平稳性精度。

3）齿距累积总偏差(F_p)

齿距累积总偏差是指齿轮同侧齿面任意弧段(弧段跨越的齿数$k=1\sim z$)内的最大齿距累积偏差。它表现为齿距累积偏差曲线的总幅值(见图 8-2)。

齿距累积总偏差(F_p)可反映齿轮旋转一周过程中传动比的变化，因此它影响齿轮传递运动的准确性。

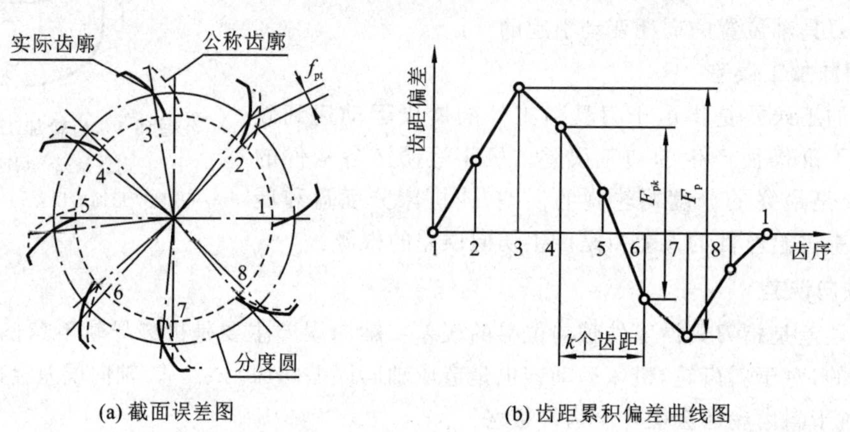

(a) 截面误差图　　(b) 齿距累积偏差曲线图

图 8-2　齿距累积总偏差

2. 齿廓偏差

齿廓偏差是实际齿廓偏离设计齿廓的量，在端平面内且沿垂直于渐开线齿廓的方向计值。

1）齿廓总偏差(F_α)

齿廓总偏差是指在计值范围内，包容实际齿廓迹线的两条设计齿廓迹线间的距离，如图 8-3 和图 8-4(a)所示。齿廓总偏差 F_α 主要影响齿轮传递运动的平稳性。

2）齿廓形状偏差($f_{f\alpha}$)

齿廓形状偏差是指在计值范围内，包容实际齿廓迹线的两条与平均齿廓迹线完全相同的曲线间的距离，且两条曲线与平均齿廓迹线的距离为常数，如图 8-3 和图 8-4(b)所示。

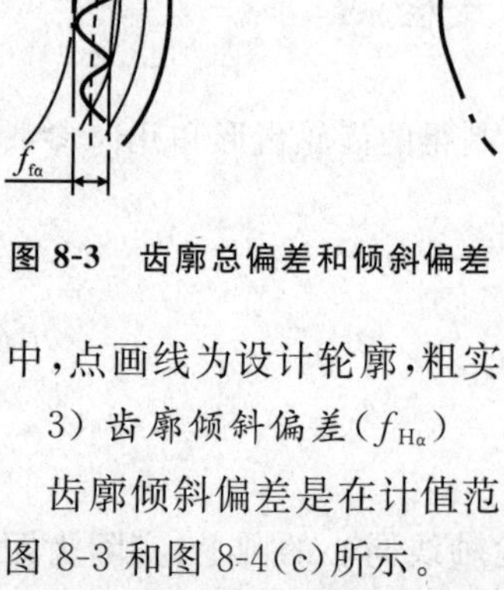

图 8-3　齿廓总偏差和倾斜偏差

图中，点画线为设计轮廓，粗实线为实际轮廓，虚线为平均轮廓。

3）齿廓倾斜偏差($f_{H\alpha}$)

齿廓倾斜偏差是在计值范围内，两端与平均齿廓迹线相交的两条设计齿廓迹线间的距离，如图 8-3 和图 8-4(c)所示。

在近代齿轮设计中，对于高速传动齿轮，为减少基圆齿距偏差和轮齿弹性变形引起的冲击、振动和噪声，常采用以理论渐开线齿形为基础的修正齿形，如修缘齿形、凸齿形等，如图8-4所示。所以设计齿形可以是渐开线齿形，也可以是这种修正齿形。图 8-4 中：第(1)行设计齿廓为未修形的渐开线，实际齿廓在减薄区内偏向体内；第(2)行设计齿廓为修形的渐开线，实际齿廓在减薄区偏向体内；第(3)行设计齿廓为修形的渐开线，实际齿廓在减薄区偏向体外。

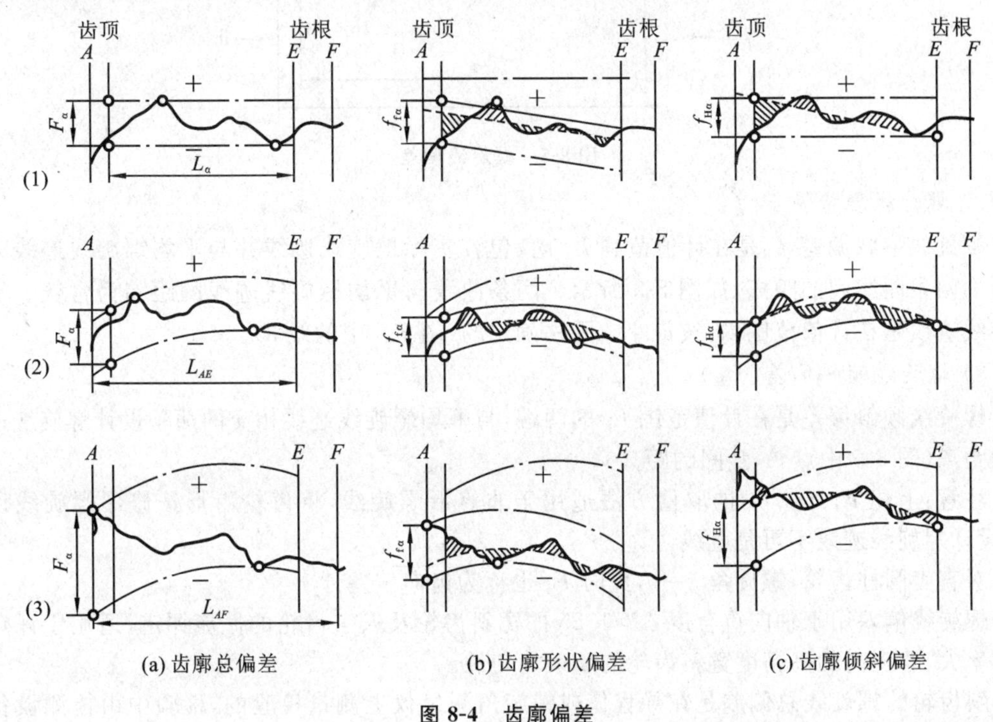

图 8-4　齿廓偏差

L_α— 齿廓计值范围；L_{AE}— 齿廓有效长度；L_A— 齿廓可用长度

齿廓偏差的检验也称为齿形检验，通常是在渐开线检查仪上进行的(测量原理和测量方法见实验指导书)。进行齿轮质量分级时，只需检验齿廓总偏差 F_α 即可。有时为了进行工艺分析或应用户要求，也可以从测量曲线上进一步分析出 $f_{f\alpha}$ 和 $f_{H\alpha}$ 的偏差数值。

3. 螺旋线偏差

螺旋线偏差是在端面基圆切线方向上测得的实际螺旋线偏离设计螺旋线的量，包括螺旋线总偏差 F_β、螺旋线形状偏差 $f_{f\beta}$、螺旋线倾斜偏差 $f_{H\beta}$。

1) 螺旋线总偏差(F_β)

螺旋线总偏差 F_β 是在计值范围 L_β 内，包容实际螺旋线迹线的两条设计螺旋线迹线间的距离。在螺旋线检查仪上测量非修形螺旋线的斜齿轮偏差，原理是将产品齿轮(指被测量或评定的齿轮)的实际螺旋线与标准的理论螺旋线逐点进行比较，并根据所得的差值在记录纸上画出偏差曲线图，如图 8-5 所示。没有螺旋线偏差的螺旋线展开后应该是一条直线(设计螺旋线迹线)，即如果无螺旋线偏差，仪器的记录笔应该走出一条直线(见图 8-5 中线 1)，而存在螺旋线偏差时，则走出一条曲线(实际螺旋线迹线，见图 8-5 中线 2)。齿轮从基准面Ⅰ到非基准面Ⅱ的轴向距离为齿宽 b。齿宽 b 两端各减去 5%的齿宽和减去一个模数长度后得到的值中的最小者是螺旋线计值范围 L_β，分别过实际螺旋线迹线最高点和最低点作与设计螺旋线平行的两条直线，这两条直线之间的距离即为螺旋线总偏差 F_β。该项偏差主要影响齿面接触精度。

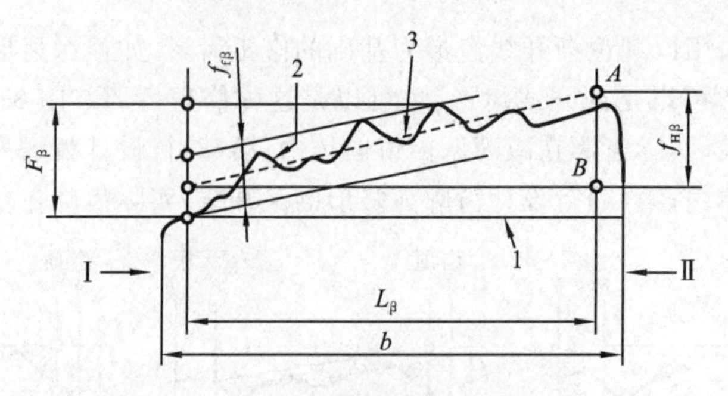

图 8-5　螺旋线偏差

2）螺旋线形状偏差（$f_{f\beta}$）

螺旋线形状偏差 $f_{f\beta}$ 是在计值范围 L_β 内，包容实际螺旋线迹线并与平均螺旋线迹线完全相同的两条曲线间的距离，如图 8-5 所示。两条曲线与平均螺旋线迹线的距离为常数。平均螺旋线迹线是在计值范围内，按最小二乘法确定的(图 8-5 中的线 3)。

3）螺旋线倾斜偏差（$f_{H\beta}$）

螺旋线倾斜偏差是在计值范围 L_β 的两端，与平均螺旋线迹线相交的两条设计螺旋线迹线间的距离(图 8-5 中点 A、B 间的距离)。

注意：上述 F_β、$f_{f\beta}$、$f_{H\beta}$ 的取值方法适用于非修形螺旋线，将齿轮齿形按修形螺旋线设计时，设计螺旋线迹线不再是直线。

对直齿圆柱齿轮，螺旋角 $\beta=0$，此时 F_β 也称为齿向偏差。

螺旋线偏差用于轴向重合度 $\varepsilon_\beta>1.25$ 的宽斜齿轮及人字齿轮的性能评定，适用于评定传递功率大、速度高的高精度宽斜齿轮的承载均匀性。

斜齿轮的螺旋线总偏差是在导程仪或螺旋角测量仪上测量检验的，检验中由检测设备直接画出螺旋线图，如图 8-5 所示。按定义可由偏差曲线求出 F_β 值，然后再与给定的允许值进行比较。有时为进行工艺分析或因用户要求可从曲线上进一步分析得出 $f_{f\beta}$ 或 $f_{H\beta}$ 的值。

直齿圆柱齿轮的齿向偏差 F_β 可用图 8-6 所示方法测量。产品齿轮(指正在被测量或评定的齿轮)连同测量心轴安装在具有前后顶尖的仪器上，将直径大致等于 1.68 mm 的测量棒分别放入齿轮上相隔 90°的 a、c 位置的齿槽间，在测量棒两端打表，测得的两次读数的差就可近似作为齿向误差 F_β。

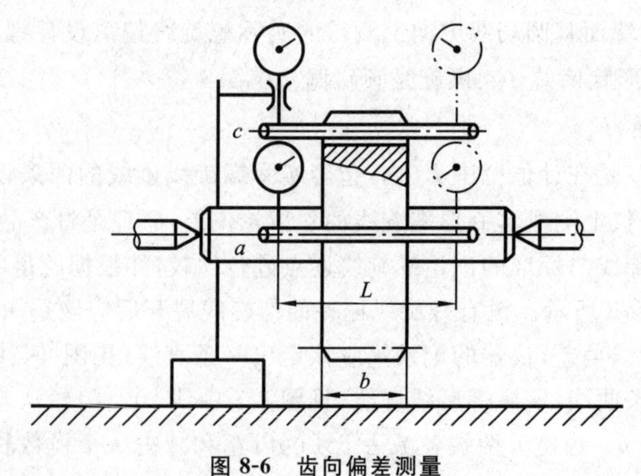

图 8-6　齿向偏差测量

4. 切向综合偏差

切向综合偏差包括切向综合总偏差 F_i' 和一齿切向综合偏差 f_i'。

1）切向综合总偏差（F'_i）

切向综合总偏差是产品齿轮与测量齿轮（指精度较高的标准齿轮）单面啮合检验时，在产品齿轮旋转一周的过程中齿轮分度圆上实际圆周位移与理论圆周位移的最大差值，如图 8-7 所示。切向综合总偏差是反映齿轮运动准确性的检查项目。

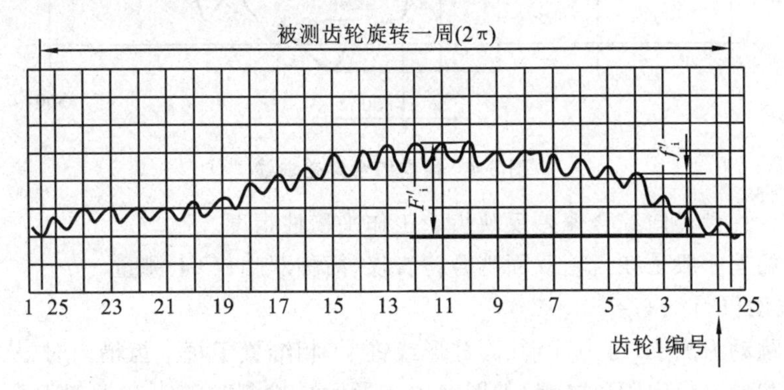

图 8-7　切向综合偏差曲线

图 8-7 所示为在单面啮合检查仪（简称单啮仪）上画出的切向综合偏差曲线。横坐标表示被测齿轮转角，纵坐标表示偏差。如果产品齿轮没有偏差，偏差曲线应是与横坐标平行的直线。在齿轮旋转一周的过程中，过曲线最高、最低点作与横坐标平行的两条直线，则此平行线间的距离即为 F'_i值。

2）一齿切向综合偏差（f'_i）

如图 8-7 所示，一齿切向综合偏差是在一个齿距内的切向综合偏差值（对所有齿距取最大值）。一齿切向综合偏差是检验齿轮平稳性精度的项目。

切向综合偏差的检验一般是在单啮仪上完成的。只有在产品齿轮与测量齿轮呈啮合状态，且只有一组同侧齿面相接触的情况下齿轮旋转一周所获得的偏差曲线图方可用于评定切向综合偏差。

8.2.2　径向综合偏差与径向跳动

1. 径向综合偏差

径向综合偏差的测量值受到测量齿轮的精度和产品齿轮与测量齿轮的总重合度的影响。检测径向综合偏差时，测量齿轮应在有效长度 L_{AE} 上与产品齿轮啮合。

径向综合偏差包括径向综合总偏差 F''_i和一齿径向综合偏差 f''_i。

1）径向综合总偏差（F''_i）

在进行径向（双面啮合）综合检验时，产品齿轮的左右齿面同时与测量齿轮接触并旋转一周，在齿轮旋转过程中出现的中心距最大值和最小值之差称为径向综合总偏差，用 F''_i 表示，如图 8-8 所示。

图 8-8 所示为在双啮仪上测量画出的 F''_i 偏差曲线，横坐标表示齿轮转角，纵坐标表示偏差，过曲线最高、最低点作平行于横坐标轴的两条直线，该两平行线的距离即为 F''_i 值。径向综合总偏差是反映齿轮运动准确性精度的项目。

2）一齿径向综合偏差（f''_i）

一齿径向综合偏差 f''_i 是产品齿轮与测量齿轮啮合并旋转一整周（径向综合检验）时，对应一个齿距（360°/z）的径向综合偏差值（见图 8-8）。产品齿轮所有轮齿的 f''_i 的最大值不应超过

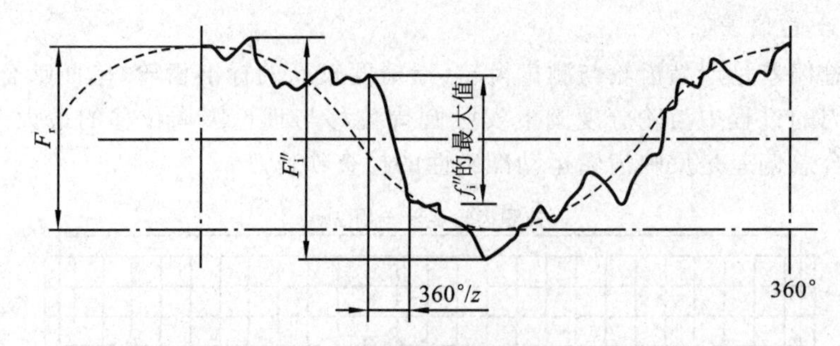

图 8-8　径向综合偏差曲线

规定的允许值。一齿径向综合偏差反映齿轮工作平稳性精度。

径向综合偏差一般是在齿轮双面啮合检查仪(简称双啮仪)上测量。

2. 径向跳动(F_r)

齿轮径向跳动为测头(可为球形、圆柱形或锥形)相继置于每个齿槽内时,从测头顶部到齿轮轴线的最大和最小径向距离之差,如图 8-9(a)所示。检测时测头在近似齿高中部与左右齿面接触,根据测量数值可画出如图 8-9(b)所示的径向跳动曲线图,图中偏心量是径向跳动的一部分。

径向跳动主要反映齿轮的几何偏心,它是反映齿轮运动准确性的项目。

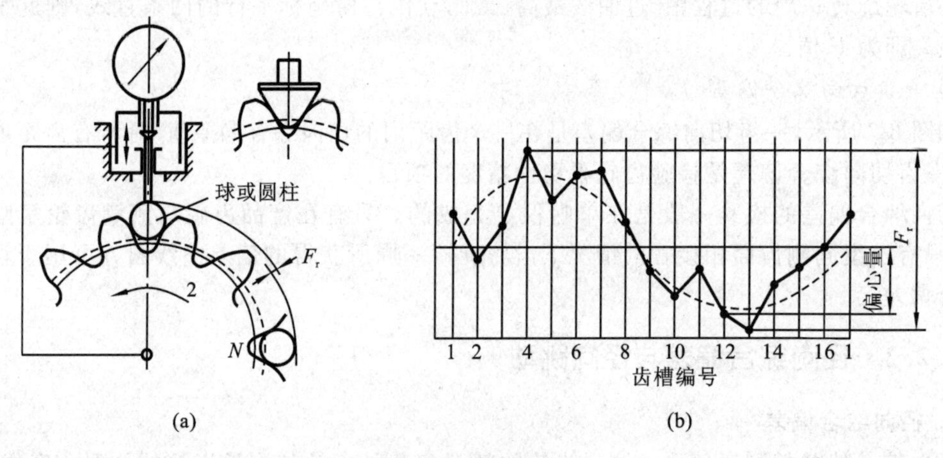

图 8-9　径向跳动

8.2.3　齿厚偏差及公法线平均长度偏差

1. 齿厚偏差(E_{sn})

齿厚偏差是指在分度圆柱面上齿厚的实际值与公称值之差,如图 8-10(a)所示。齿厚测量可用齿厚游标卡尺(见图 8-10(b)),也可用精度更高一些的光学测齿仪测量。

用齿厚游标卡尺测齿厚时,首先将齿厚卡尺的高度游标卡尺调至相应于分度圆弦齿高 $\overline{h}_a$ 位置,然后用宽度游标卡尺测出分度圆弦齿厚 $\overline{s}$ 值,将其与理论值相比较即可得到齿厚偏差 E_{sn}。

对于非变位直齿轮,$\overline{h}_a$ 与 $\overline{s}$ 的计算式分别为

$$\overline{h}_a = m + \frac{zm}{2}\left[1 - \cos\left(\frac{90^\circ}{z}\right)\right] \tag{8-1}$$

$$\overline{s} = zm\sin\frac{90^\circ}{z} \tag{8-2}$$

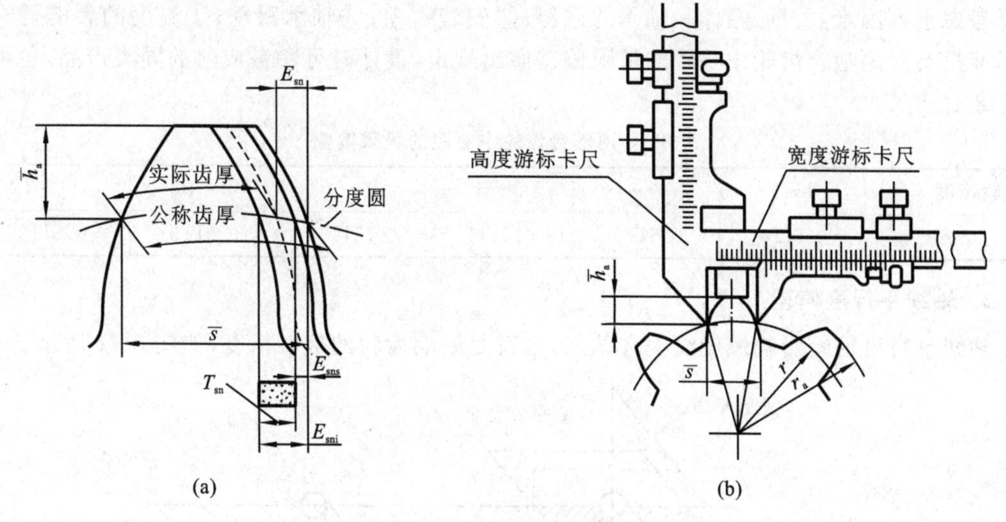

图 8-10 齿厚偏差及测量

对于变位直齿轮，$\overline{h}_a$ 与 $\overline{s}$ 的计算式分别为

$$\overline{h}_{a变} = m\left[1+\frac{z}{2}\left(1-\cos\frac{90^\circ+41.7^\circ x}{z}\right)\right] \tag{8-3}$$

$$\overline{s}_{变} = mz\sin\left(\frac{90^\circ+41.7^\circ x}{z}\right) \tag{8-4}$$

式中：x——变位系数。

对于斜齿轮，应测量法向齿厚，相应的计算式与直齿轮相同，只是应将法向参数即 m_n、α_n、x_n 和当量齿数 $z_{当}$ 代入公式进行计算。

2. 公法线平均长度偏差(E_{bn})

公法线平均长度偏差是指公法线长度的平均测量值与公称值之差。

公法线长度 W_k 是在基圆柱切平面上跨 k 个齿(对外齿轮)或 k 个齿槽(对内齿轮)，在接触到一个齿的右齿面和另一个齿的左齿面的两个平行平面之间测得的距离。公法线公称长度的计算式为

$$W_k = m\cos\alpha[\pi(k-0.5)+z\cdot \mathrm{inv}\alpha]+2xm\sin\alpha$$

式中：x——径向变位系数；

$\mathrm{inv}\alpha$——α 角的渐开线函数；

k——测量时的跨齿数；

m——模数；

z——齿数。

对于标准齿轮，有

$$W_k = m[1.476(2k-1)+0.014z]$$

8.3 齿轮副精度的评定指标

1. 中心距允许偏差($\pm f_\alpha$)

在齿轮只是单向承载运转而不经常反转的情况下，对中心距允许偏差主要考虑重合度的影响。传递运动的齿轮的侧隙需控制，此时中心距允许偏差应较小；当轮齿上的负载常常反转

时要考虑下列因素:①轴、箱体和轴承的偏斜;②安装误差;③轴承跳动;④温度的影响等。国家标准没有对两啮合齿轮中心距的极限偏差做出规定,设计时可参考成熟的同类产品,也可参考表 8-1。

表 8-1　两啮合齿轮中心距的极限偏差

齿轮精度等级	1～2	3～4	5～6	7～8	9～10	11～12
$\pm f_a$	0.5IT4	0.5IT6	0.5IT7	0.5IT8	0.5IT9	0.5IT11

2. 轴线平行度偏差($f_{\sum\delta}$、$f_{\sum\beta}$)

轴线平行度偏差影响螺旋线啮合偏差,也就是影响齿轮的接触精度,如图 8-11 所示。

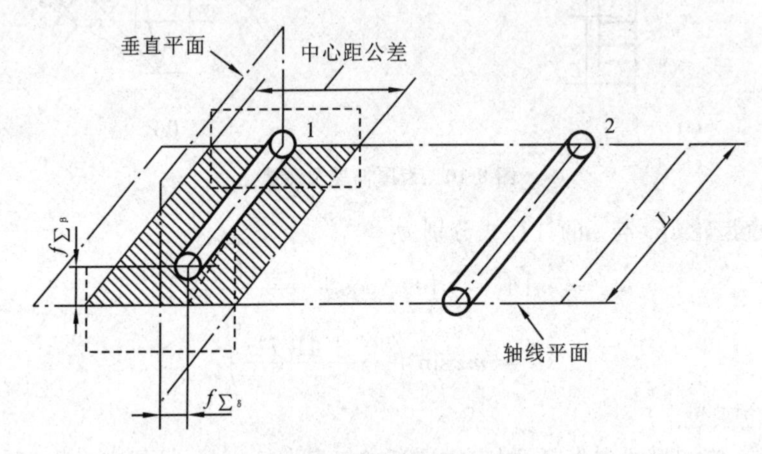

图 8-11　轴线平行度偏差

$f_{\sum\delta}$ 为轴线平面内的平行度偏差,是在两轴线的公共平面上测量的。$f_{\sum\beta}$ 为轴线垂直平面内的平行度偏差,是在两轴线公共平面的垂直平面上测量的。

$f_{\sum\beta}$ 和 $f_{\sum\delta}$ 的最大推荐值分别为

$$f_{\sum\beta} = 0.5(L/b)F_\beta$$
$$f_{\sum\delta} = 2f_{\sum\beta}$$

式中:L——轴线长度;

b——齿轮宽度。

3. 轮齿接触斑点

轮齿接触斑点是指装配好(在箱体内或啮合试验台上)的齿轮副,在轻微制动条件下运转后齿面的接触痕迹。接触斑点面积大小可以用沿齿高方向和沿齿长方向的接触比例(百分数)来表示,图 8-12(a)所示为典型的规范接触,沿齿宽的接触比例近 80%,沿齿高的接触比例近 70%。

检测产品齿轮副在其箱体内所产生的接触斑点,可以帮助我们对齿轮间载荷分布进行评估。产品齿轮与测量齿轮的接触斑点,可用于装配后的齿轮螺旋线和齿廓精度评估(见图 8-12(b)和图 8-12(c))。还可用接触斑点来规定和控制轮齿齿长方向的配合精度。

用接触斑点定量和定性控制齿轮的齿长方向配合精度的方法,一般用于不能装在检查仪上的大齿轮(如舰船用大型齿轮、高速齿轮,以及起重机、提升机的开式末级传动齿轮、圆锥齿轮等)或用在现场没有检查仪的情况下。其优点是测试简易、快捷,能够准确反映装配精度状况,并能综合反映轮齿的承载均匀性。图 8-13 为接触斑点计算示意图。表 8-2 给出了齿轮装配后接触斑点的最低要求(对齿廓和螺旋线修形的齿面不适用)。

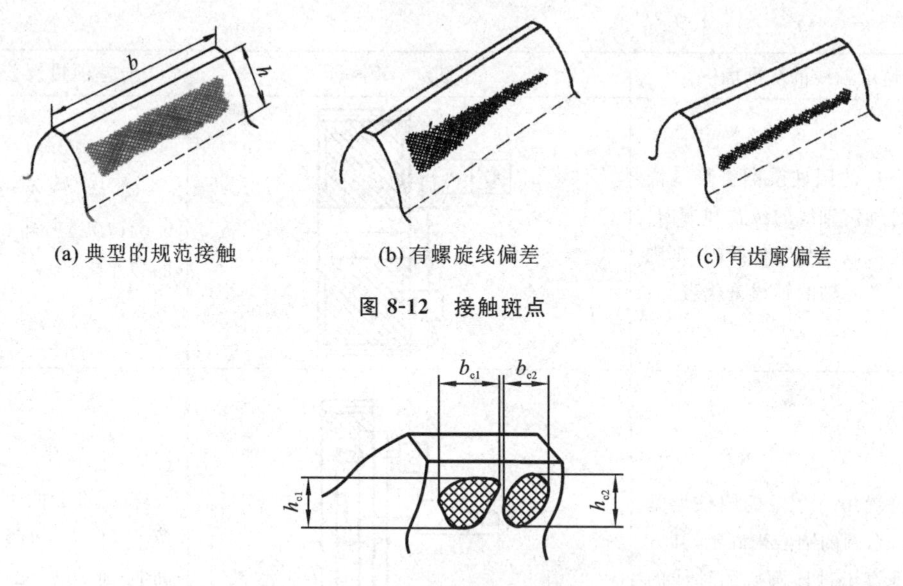

(a) 典型的规范接触　(b) 有螺旋线偏差　(c) 有齿廓偏差

图 8-12　接触斑点

图 8-13　接触斑点计算

表 8-2　齿轮装配后接触斑点(摘自 GB/Z 18620.4—2008)

精 度 等 级	b_{c1}/b		h_{c1}/h		b_{c2}/b		h_{c2}/h	
	直齿轮	斜齿轮	直齿轮	斜齿轮	直齿轮	斜齿轮	直齿轮	斜齿轮
4 级及更高	50%	50%	70%	50%	40%	40%	50%	30%
5 级和 6 级	45%	45%	50%	40%	35%	35%	30%	20%
7 级和 8 级	35%	35%	50%	40%	35%	35%	30%	20%
9 级至 12 级	25%	25%	50%	40%	25%	25%	30%	20%

8.4　齿坯精度

齿坯和齿轮箱体的尺寸偏差和几何误差及表面质量对齿轮的加工和检验及齿轮副的传动情况都有极大的影响,加工齿轮坯和齿轮箱体时保持较高的加工精度可使加工的轮齿精度较易保证,从而保证齿轮的传动性能。

有关齿轮轮齿精度参数(齿廓偏差、相邻齿距偏差等)的数值,只有在明确其特定的旋转轴线时才有意义。测量时齿轮旋转轴线如有改变,则这些参数测量值也将改变。因此,在齿轮的图样上必须把规定轮齿公差的基准轴线明确表示出来。事实上,整个齿轮的几何形状均以其为基准。表 8-3 至表 8-5 是国家标准推荐的基准面的公差要求。

表 8-3　基准面与安装面的几何公差(摘自 GB/Z 18620.3—2008)

确定轴线的基准面	图　　例	公差项目及公差值
用两个短的圆柱或圆锥形基准面上设定的两个圆的圆心来确定轴线上的两点	○ t_1　○ t_1　B　A	圆度公差 t_1 取 $0.04(L/b)F_\beta$ 和 $0.1F_p$ 中的较小者(L 为该齿轮较大的轴承跨距,b 为齿轮宽度)

续表

确定轴线的基准面	图　　例	公差项目及公差值
用一个长的圆柱或圆锥形基准面来同时确定轴线的位置和方向。孔的轴线可以用与之相匹配、正确装配的工作芯轴的轴线来代表	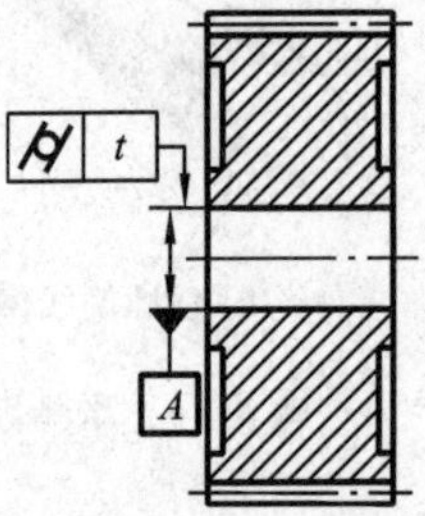	圆柱度公差 t 取 0.04$(L/b)F_\beta$ 和 0.1F_p 中的较小者
轴线位置用一个短的圆柱形基准面上一个圆的圆心来确定，其方向则用垂直于过该圆心的轴线的一个基准端面来确定	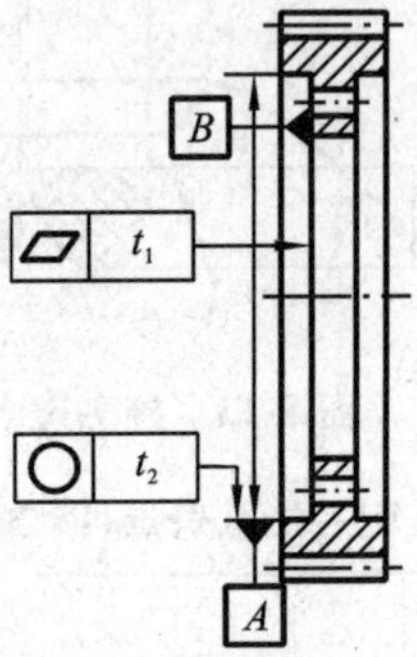	端面的平面度公差 t_1 按 0.06$(D_d/b)F_\beta$ 选取，圆柱面圆度公差 t_2 按 0.06F_p 选取
用中心孔确定基准轴线	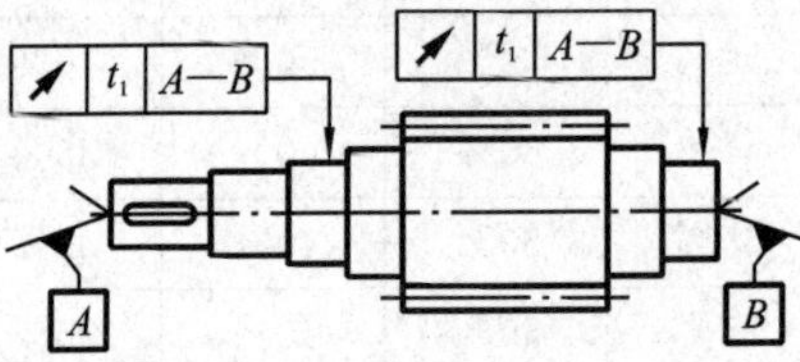	径向圆跳动公差取 0.15$(L/b)F_\beta$ 和 0.3F_p 中的较大者

表 8-4　齿坯径向和轴向圆跳动公差(摘自 GB/Z 18620.3—2008)　　(μm)

分度圆直径 d/mm	齿轮精度等级			
	3、4	5、6	7、8	9～12
～125	7	11	18	28
＞125～400	9	14	22	36
＞400～800	12	20	32	50
＞800～1600	18	28	45	71

表 8-5　齿坯尺寸公差　　(μm)

齿轮精度等级		5	6	7	8	9	10	11	12
孔	尺寸公差	IT5	IT6	IT7		IT8		IT9	
轴	尺寸公差	IT5		IT6		IT7		IT8	
顶圆直径偏差		$\pm 0.05m_n$							

孔、轴的几何公差按包容要求确定。

齿面粗糙度影响齿轮的传动精度、表面承载能力和弯曲强度，对其必须加以控制。表 8-6 是国家标准推荐的齿轮齿面轮廓的算术平均偏差 Ra 极限值。

表 8-6　齿面粗糙度推荐极限值(摘自 GB/Z 18620.4—2008)　(μm)

齿轮精度等级	Ra		Rz	
	$m \leqslant 6$	$6 < m \leqslant 25$	$m \leqslant 6$	$6 < m \leqslant 25$
5	0.5	0.63	3.2	4.0
6	0.8	1.00	5.0	6.3
7	1.25	1.60	8.0	10
8	2.0	2.5	12.5	16
9	3.2	4.0	20	25
10	5.0	6.3	32	40
11	10.0	12.5	63	80
12	20	25	125	160

8.5　圆柱齿轮精度标准及其应用

8.5.1　精度标准

国家标准规定:在文件需叙述齿轮精度要求时,应注明 GB/T 10095.1—2008 或 GB/T 10095.2—2008。

1. 精度等级及表示方法

国家标准对单个齿轮规定了 13 个精度等级,从高到低分别用阿拉伯数字 0,1,2,…,12 表示,其中:0~2 级齿轮要求非常高,属于未来发展级;3~5 级为高精度等级;6~8 级为中精度等级(最常用);9 为较低精度等级;10~12 为低精度等级。

齿轮精度等级标注方法如下。

(1) 8GB/T 10095.1—2008　该标注的含义为:齿轮各项偏差项目均为 8 级精度,且应符合 GB/T 10095.1—2008 要求。

(2) $8F_{p}7(F_{\alpha}F_{\beta})$ GB/T 10095.1—2008　该标注的含义为:齿轮各项偏差项目均应符合 GB/T 10095.1—2008 要求,F_{p} 为 8 级精度,F_{α}、F_{β} 均为 7 级精度。

2. 齿厚偏差标注

按照国家标准《渐开线圆柱齿轮图样上应注明的尺寸数据》(GB/T 6443—1986)的规定,应将齿厚(或公法线长度)及其极限偏差数值注写在图样右上角的参数表中。

8.5.2　各项偏差允许值

GB/T 10095.1—2008 和 GB/T 10095.2—2008 规定:偏差允许值表格中的数值是用针对 5 级精度规定的允许值乘以级间公比计算出来的。两相邻精度等级的级间公比等于$\sqrt{2}$。5 级精度未圆整的计算值乘以 $2^{0.5(Q-5)}$,即可得到任一精度等级的待求值,式中 Q 为待求值的精度等级数。表 8-7 至表 8-10 分别给出了常用精度范围内的各项偏差的允许值。

一齿切向综合偏差 f'_{i} 和切向综合总偏差 F'_{i} 的计算式分别为

$$f'_i = F_p + f_i$$

$$F'_i = K(4.3 + f_{pt} + F_\alpha)$$

系数 K 的取值：当 $\varepsilon_r \geqslant 4$ 时，$K=0.4$；当 $\varepsilon_r < 4$ 时，$K = 0.2\left(\frac{\varepsilon_r + 4}{\varepsilon_r}\right)$。

表 8-7　齿距极限偏差和齿距累积总偏差(摘自 GB/T 10095.1—2008)　(μm)

分度圆直径 d/mm	模数 m/mm	齿距极限偏差 $\pm f_{pt}$					齿距累积总偏差 F_p				
		5 级	6 级	7 级	8 级	9 级	5 级	6 级	7 级	8 级	9 级
$20<d\leqslant 50$	$2.0<m\leqslant 3.5$	5.5	7.5	11	15	22	15	21	30	42	59
	$3.5<m\leqslant 6.0$	6.0	8.5	12	17	24	15	22	31	44	62
$50<d\leqslant 125$	$2.0<m\leqslant 3.5$	6.0	8.5	12	17	23	19	27	38	53	76
	$3.5<m\leqslant 6.0$	6.5	9.0	13	18	26	19	28	39	55	78
$125<d\leqslant 280$	$2.0<m\leqslant 3.5$	6.5	9.0	13	18	26	25	35	50	70	100
	$3.5<m\leqslant 6.0$	7.0	10	14	20	28	25	36	51	72	102
	$6.0<m\leqslant 10$	8.0	11	16	23	32	26	37	53	75	106
$280<d\leqslant 560$	$2.0<m\leqslant 3.5$	7.0	10	14	20	29	33	46	65	92	131
	$3.5<m\leqslant 6.0$	8.0	11	16	22	31	33	47	66	94	133
	$6.0<m\leqslant 10$	8.5	12	17	25	35	34	48	68	97	137

表 8-8　齿廓总偏差、齿廓形状偏差和齿廓倾斜偏差(摘自 GB/T 10095.1—2008)　(μm)

分度圆直径 d/mm	模数 m/mm	齿廓总偏差 F_α					齿廓形状偏差 $f_{f\alpha}$					齿廓倾斜偏差 $f_{H\alpha}$				
		5 级	6 级	7 级	8 级	9 级	5 级	6 级	7 级	8 级	9 级	5 级	6 级	7 级	8 级	9 级
$20<d\leqslant 50$	$2.0<m\leqslant 3.5$	7.0	10	14	20	29	5.5	8.0	11	16	22	5.5	8.0	11	16	22
	$3.5<m\leqslant 6.0$	9.0	12	18	25	35	7.0	9.5	14	19	27	7.0	9.5	14	19	27
$50<d\leqslant 125$	$2.0<m\leqslant 3.5$	8.0	11	16	22	31	6.0	8.5	12	17	24	5.0	7.0	10	14	20
	$3.5<m\leqslant 6.0$	9.5	13	19	27	38	7.5	10	15	21	29	6.0	8.5	12	17	24
$125<d\leqslant 280$	$2.0<m\leqslant 3.5$	9.0	13	18	25	36	7.0	9.5	14	19	28	5.5	8.0	11	16	23
	$3.5<m\leqslant 6.0$	11	15	21	30	42	8.6	12	16	23	33	6.5	9.5	13	19	27
	$6.0<m\leqslant 10$	13	18	25	36	50	10	14	20	28	39	8.0	11	16	23	32
$280<d\leqslant 560$	$2.0<m\leqslant 3.5$	10	15	21	29	41	8.0	11	16	22	32	6.5	9.0	13	18	26
	$3.5<m\leqslant 6.0$	12	17	24	34	48	9.0	13	18	26	37	7.5	11	15	21	30
	$6.0<m\leqslant 10$	14	20	28	40	56	11	15	22	31	43	9.0	13	18	25	35

表 8-9　螺旋线总偏差、螺旋线形状偏差和螺旋线倾斜偏差(摘自 GB/T 10095.1—2008)　(μm)

分度圆直径 d/mm	齿宽 b/mm	螺旋线总偏差 F_β					$f_{f\beta}$ 和 $\pm f_{H\beta}$				
		5 级	6 级	7 级	8 级	9 级	5 级	6 级	7 级	8 级	9 级
$20<d\leqslant 50$	$10<b\leqslant 20$	7.0	10	14	20	29	5.0	7.0	10	14	20
	$20<b\leqslant 40$	8.0	11	16	23	32	6.0	8.0	12	16	23
$50<d\leqslant 125$	$10<b\leqslant 20$	7.5	11	15	21	30	5.5	7.5	11	15	21
	$20<b\leqslant 40$	8.5	12	17	24	34	6.0	8.0	12	17	24
	$40<b\leqslant 80$	10	14	20	28	39	7.0	10	14	20	28
$125<d\leqslant 280$	$20<b\leqslant 40$	9.0	13	18	25	36	6.5	9.0	13	18	25
	$40<b\leqslant 80$	10	15	21	29	41	7.5	10	15	21	29
	$80<b\leqslant 160$	12	17	25	35	49	8.5	12	17	25	35
$280<d\leqslant 560$	$20<b\leqslant 40$	9.5	13	19	27	38	7.0	9.5	14	19	27
	$40<b\leqslant 80$	11	15	22	31	44	8.0	11	16	22	31
	$80<b\leqslant 160$	13	18	26	36	52	9.0	13	18	26	37

表 8-10　径向综合总偏差、一齿径向综合偏差和径向跳动公差(摘自 GB/T 10095.2—2008)　(μm)

分度圆直径 d/mm	模数 m/mm	径向综合总偏差 F_i''					一齿径向综合偏差 f_i''					径向跳动公差 F_r				
		5 级	6 级	7 级	8 级	9 级	5 级	6 级	7 级	8 级	9 级	5 级	6 级	7 级	8 级	9 级
$20<d\leqslant 50$	$1.0<m\leqslant 1.5$	16	23	32	45	64	4.5	6.5	9.0	13	18	11	16	23	32	46
	$1.5<m\leqslant 2.5$	18	26	37	52	73	6.5	9.5	13	19	26	12	17	24	34	47
$50<d\leqslant 125$	$1.5<m\leqslant 2.5$	22	31	43	61	86	6.5	9.5	13	19	26	15	21	29	42	59
	$2.5<m\leqslant 4.0$	25	36	51	72	102	10	14	20	29	41	15	21	30	43	61
	$4.0<m\leqslant 6.0$	31	44	62	88	124	15	22	31	44	62	16	22	31	44	62
$125<d\leqslant 280$	$2.5<m\leqslant 4.0$	30	43	61	86	121	10	15	21	29	41	20	28	40	56	80
	$4.0<m\leqslant 6.0$	36	51	72	102	144	15	22	31	44	62	20	29	41	58	82
	$6.0<m\leqslant 10$	45	64	90	127	180	24	34	48	67	95	21	30	42	60	85
$280<d\leqslant 560$	$2.5<m\leqslant 4.0$	37	52	73	104	146	10	15	21	29	41	26	37	52	74	105
	$4.0<m\leqslant 6.0$	42	60	84	119	169	15	22	31	44	62	27	38	53	75	106
	$6.0<m\leqslant 10$	51	73	103	145	205	24	34	48	68	96	27	39	55	77	109

8.5.3　齿轮精度设计

齿轮精度设计主要包括以下四个方面的内容。

1. 齿轮精度等级的确定

选择齿轮精度等级的主要依据是齿轮的用途、使用要求和工作条件。确定齿轮精度等级的方法一般有两种:计算法和类比法。类比法是参考同类产品的齿轮精度,结合所设计齿轮的具体要求来确定其精度等级。表 8-11 所示为各类机械设备的齿轮精度等级,可供设计时参考。

表 8-11　各类机械设备的齿轮精度等级

应用范围	精度等级	应用范围	精度等级
测量齿轮	3～5	拖拉机	6～10
汽轮机、减速器	3～6	一般用途的减速器	6～9
金属切削机床	3～8	轧钢设备小齿轮	6～10
内燃机与电气机车	6～7	矿用绞车	8～10
轻型汽车	5～8	起重机机构	7～10
重型汽车	6～9	农业机械	8～11
航空发动机	4～7		

对于中等速度和中等载荷的齿轮,通常应由分度圆处圆周速度,参考表 8-12 来确定精度等级。

表 8-12　齿轮精度等级的适用范围

精度等级	圆周速度 v/(m/s)		工作条件与适用范围
	直齿	斜齿	
4	$20<v\leqslant 35$	$40<v\leqslant 70$	①特精密分度机构用齿轮或在最平稳、无噪声的条件下极高速工作的传动齿轮; ②高速透平传动齿轮; ③检测 7 级齿轮的测量齿轮
5	$16<v\leqslant 20$	$30<v\leqslant 40$	①精密分度机构用齿轮或在极平稳、无噪声的条件下高速工作的传动齿轮; ②精密机构用齿轮; ③透平齿轮; ④检测 8 级和 9 级齿轮的测量齿轮
6	$10<v\leqslant 16$	$15<v\leqslant 30$	①在高效率、无噪声的条件下高速、平稳工作的传动齿轮; ②特别重要的航空、汽车齿轮; ③读数装置用的特别精密的传动齿轮
7	$6<v\leqslant 10$	$10<v\leqslant 15$	①增速和减速用传动齿轮; ②金属切削机床进给机构用齿轮; ③高速减速器齿轮; ④航空、汽车用齿轮; ⑤读数装置用齿轮
8	$4<v\leqslant 6$	$4<v\leqslant 10$	①一般机械制造用齿轮; ②分度链之外的机床传动齿轮; ③汽车用的不重要齿轮; ④起重机构用齿轮、农业机械中的重要齿轮; ⑤通用减速器齿轮
9	$v\leqslant 4$	$v\leqslant 4$	不提出精度要求的粗糙工作齿轮

2. 最小侧隙和齿厚偏差的确定

如前所述，为保证齿轮润滑，补偿齿轮的制造误差、安装误差以及热变形等造成的误差，必须在非工作齿面间留有侧隙。单个齿轮没有侧隙，只有齿厚，相互啮合的轮齿的侧隙由一对齿轮运行时的中心距以及每个齿轮的实际齿厚控制。国家标准规定采用基准中心距制，即在中心距一定的情况下，用控制轮齿齿厚的方法获得必要的侧隙。

1）齿侧间隙的表示法

齿侧间隙通常有两种表示法：法向侧隙 j_{bn} 和圆周侧隙 j_{wt}（见图 8-14）。法向侧隙 j_{bn} 是两个齿轮的工作齿面相互接触时，其非工作面之间的最短距离。测量 j_{bn} 需沿基圆切线方向，也就是沿啮合线方向进行。一般可以通过压铅丝方法测量，即于齿轮啮合时在齿间放入一根铅丝，啮合后取出压扁了的铅丝测量其厚度；也可以用塞尺直接测量 j_{bn}。圆周侧隙 j_{wt} 是固定两啮合齿轮中的一个时，另一个齿轮所能转过的节圆弧长的最大值。理论上 j_{bn} 与 j_{wt} 之间存在以下关系：

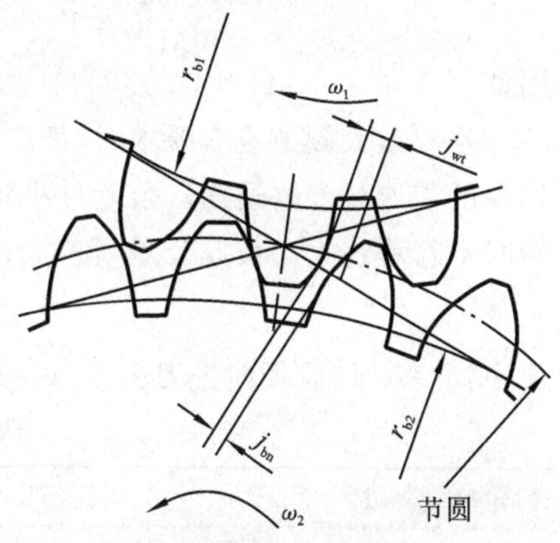

图 8-14　传动侧隙

$$j_{bn}=j_{wt}\cos\alpha_{wt}\cdot\cos\beta_b \qquad (8\text{-}7)$$

式中：α_{wt}——端面工作压力角；

β_b——基圆螺旋角。

2）最小侧隙（j_{bnmin}）的确定

在设计齿轮传动机构时，必须保证有足够的最小侧隙 j_{bnmin}，以使齿轮机构能正常工作。对于齿轮和箱体都采用钢铁金属材料的情况，若工作时齿轮节圆线速度小于 15 m/s，箱体、轴和轴承都采用常用的商业制造公差的齿轮传动机构，j_{bnmin} 可按下式计算：

$$j_{bnmin}=\frac{2}{3}(0.06+0.0005a+0.03m_n)\quad(\text{mm}) \qquad (8\text{-}8)$$

按式(8-8)计算可以得出如表 8-13 所示的推荐数据。

表 8-13　中、大模数齿轮最小侧隙 j_{bnmin} 的推荐数据（摘自 GB/Z 18620.2—2008）　(mm)

模数 m_n	最小中心距 a					
	50	100	200	400	800	1 600
1.5	0.09	0.11	—	—	—	—
2	0.10	0.12	0.15	—	—	—
3	0.12	0.14	0.17	0.24	—	—
5	—	0.18	0.21	0.28	—	—
8	—	0.24	0.27	0.34	0.47	—
12	—	—	0.35	0.42	0.55	—
18	—	—	—	0.54	0.67	0.94

3）齿侧间隙的获得和检验

齿轮轮齿的配合采用基准中心距制，在此前提下，齿侧间隙必须通过减小齿厚来获得。可采用控制齿厚或公法线长度等方法来保证齿侧间隙。

(1) 用齿厚极限偏差控制齿厚。为了获得最小侧隙 j_{bnmin},应保证轮齿有最小减薄量,它是由分度圆齿厚上偏差 E_{sns} 形成的,如图 8-10 所示。

对 E_{sns} 可类比选取,也可参考下述方法计算选取。

将主动轮与被动轮齿厚都按最大值即按上偏差制造时,可获得最小侧隙 j_{bnmin}。通常取两齿轮的齿厚上偏差相等,此时可有

$$j_{bnmin}=2|E_{sns}|\cos\alpha_n$$

因此

$$E_{sns}=-j_{bnmin}/2\cos\alpha_n$$

当对最大侧隙也有要求时,齿厚下偏差 E_{sni} 也需要控制,此时需进行齿厚公差 T_{sn} 的计算。选择的齿厚公差要适当。公差过小势必增加齿轮制造成本;公差过大会使侧隙加大,使齿轮反转时空行程过大。齿厚公差 T_{sn} 的计算式为

$$T_{sn}=\sqrt{F_r^2+b_r^2}\cdot 2\tan\alpha_n$$

式中:b_r——切齿径向进刀公差,可按表 8-14 选取。

表 8-14 切齿径向进刀公差

齿轮精度等级	4	5	6	7	8	9
b_r 值	1.26IT7	IT8	1.26IT8	IT9	1.26IT9	IT10

注:用于查 IT 值的主参数为分度圆直径尺寸。

这样 E_{sni} 可按下式求出:

$$E_{sni}=E_{sns}-T_{sn}$$

式中:T_{sn}——齿厚公差。显然,若齿厚偏差合格,实际齿厚偏差 E_{sn} 应处于齿厚公差带内,从而保证轮齿侧隙满足要求。

(2) 用公法线长度极限偏差控制齿厚。齿厚偏差的变化必然引起公法线长度的变化,因此,通过控制公法线平均长度同样可以控制齿侧间隙。公法线长度的上偏差 E_{bns} 和下偏差 E_{bni} 与齿厚偏差有如下关系:

$$E_{bns}=E_{sns}\cos\alpha_n-0.72F_r\sin\alpha_n$$

$$E_{bni}=E_{sni}\cos\alpha_n+0.72F_r\sin\alpha_n$$

3. 检验组的确定

齿轮精度标准 GB/T 10095.1~2—2008 及 GB/Z 18620.2—2008 等文件中给出了很多偏差项目,用于划分齿轮质量等级。一般只有下列几项:齿距偏差 F_p、f_{pt}、F_{pk},齿廓总偏差 F_α,螺旋线总偏差 F_β,齿厚偏差 E_{sn}。其他参数不是必检项目,可根据需方要求确定,这充分体现了用户第一的思想。按照我国的生产实践及现有生产和检测水平,特推荐五个检验组(见表 8-15),设计人员可按齿轮使用要求、生产批量和检验设备选取其中一个检验组来评定齿轮的精度等级。

表 8-15 齿轮的检验组(推荐)

检验组	检验项目	精度等级	测量仪器	备注
1	F_p、F_α、F_β、F_r、E_{sn} 或 E_{bn}	3~9	齿距仪、齿形仪、齿向仪、摆差测定仪、齿厚卡尺或公法线千分尺	单件小批量
2	F_p、F_{pk}、F_α、F_β、F_r、E_{sn} 或 E_{bn}	3~9	齿距仪、齿形仪、齿向仪、摆差测定仪、齿厚卡尺或公法线千分尺	单件小批量

续表

检验组	检 验 项 目	精度等级	测 量 仪 器	备　　注
3	F''_i、f''_i、E_{sn}或E_{bn}	6～9	双啮仪、齿厚卡尺或公法线千分尺	大批量
4	f_{pt}、F_r、E_{sn}或E_{bn}	10～12	齿距仪、摆差测定仪、齿厚卡尺或公法线千分尺	较低精度
5	F'_i、f'_i、F_β、E_{sn}或E_{bn}	3～6	单啮仪、齿向仪、齿厚卡尺或公法线千分尺	大批量

确定检验组就是确定检验项目，一般根据以下几方面内容来选择：

(1) 齿轮的精度等级，齿轮的切齿工艺；

(2) 齿轮的生产批量；

(3) 齿轮的尺寸大小和结构；

(4) 齿轮的检测设备情况。

综合以上情况，从表 8-15 中选取检验组。

4. 齿轮及箱体精度的确定

根据齿轮的具体结构和使用要求，按 8.3.2 节所述内容确定齿坯及箱体精度。

例 8-1　某通用减速器齿轮中有一对直齿齿轮副，模数 $m=3$ mm，压力角 $\alpha=20°$，齿数 $z_1=32$，$z_2=96$，齿宽 $b=20$ mm，轴承跨度为 85 mm，传递最大功率为 5 kW，转速 $n_1=1\ 280$ r/min，齿轮箱用喷油润滑，生产条件为小批生产。试设计小齿轮精度，并画出小齿轮零件图。

解　(1) 确定齿轮精度等级。

从给定条件知该齿轮为通用减速器齿轮，由表 8-11 可以大致得出齿轮精度等级在 6～9 级之间，而且该齿轮既传递运动又传递动力，可按线速度来确定精度等级。

$$v=\frac{\pi d n_1}{1\ 000\times 60}=\frac{3.14\times 3\times 32\times 1\ 280}{1\ 000\times 60}\ \text{m/s}=6.43\ \text{m/s}$$

由表 8-12 确定该齿轮精度等级为 7 级，表示为 7GB/T 10095.1—2008。

(2) 最小侧隙和齿厚偏差的确定。

中心距为　　$a=m(z_1+z_2)/2=3\times(32+96)/2\ \text{mm}=192\ \text{mm}$

最小侧隙为

$$j_{bnmin}=\frac{2}{3}(0.06+0.0005a+0.03m)$$

$$=\frac{2}{3}(0.06+0.0005\times 192+0.03\times 3)\ \text{mm}=0.164\ \text{mm}$$

齿厚上偏差为

$$E_{sns}=-j_{bnmin}/(2\cos\alpha)=-0.164/(2\cos 20°)\ \text{mm}=-0.087\ \text{mm}$$

分度圆直径为

$$d=mz=3\times 32\ \text{mm}=96\ \text{mm}$$

由表 8-10 查得 $F_r=30\ \mu\text{m}=0.03$ mm；由表 8-14 查得 $b_r=\text{IT9}=0.087$ mm。

所以，齿厚公差为

$$T_{sn}=\sqrt{F_r^2+b_r^2}\times 2\tan 20°=\sqrt{0.03^2+0.087^2}\times 2\times\tan 20°\ \text{mm}=0.067\ \text{mm}$$

齿厚下偏差为

$$E_{sni}=E_{sns}-T_{sn}=(-0.087-0.067)\ \text{mm}=-0.154\ \text{mm}$$

而公称齿厚为

$$\bar{s}=zm\sin\frac{90^\circ}{z}=4.71\ \text{mm}$$

公称齿厚上极限偏差为−0.087 mm,下极限偏差为−0.154 mm。

也可以用公法线长度极限偏差来代替齿厚偏差。

上偏差为

$$\begin{aligned}E_{bns}&=E_{sns}\cos\alpha_n-0.72F_r\sin\alpha_n\\&=(-0.087\times\cos20^\circ-0.72\times0.03\sin20^\circ)\ \text{mm}=-0.089\ \text{mm}\end{aligned}$$

下偏差为

$$\begin{aligned}E_{bni}&=E_{sni}\cos\alpha_n+0.72F_r\sin\alpha_n\\&=(-0.154\times\cos20^\circ+0.72\times0.03\sin20^\circ)\ \text{mm}=-0.137\ \text{mm}\end{aligned}$$

跨齿数为

$$k=z/9+0.5=32/9+0.5\approx4$$

公法线公称长度为

$$\begin{aligned}W_k&=m[2.9521\times(k-0.5)+0.014z]\\&=3[2.9521\times(4-0.5)+0.014\times32]\ \text{mm}=32.341\ \text{mm}\end{aligned}$$

公法线公称长度上极限偏差为−0.089 mm,下极限偏差为−0.137 mm。

(3) 确定检验项目。

参考表8-15,该齿轮生产类型为小批生产,中等精度,无特殊要求,确定检验项目为 F_p、F_α、F_β、F_r。

由表8-7查得 $F_p=0.038$ mm;由表8-8查得 $F_\alpha=0.016$ mm;由表8-10查得 $F_r=0.030$ mm;由表8-9查得 $F_\beta=0.015$ mm。

(4) 确定齿轮箱体精度(齿轮副精度)。

① 中心距极限偏差为

$$\pm f_a=\pm\text{IT9}/2=\pm115/2\ \mu\text{m}\approx\pm57\ \mu\text{m}=\pm0.057\ \text{mm}$$

$$a=(192\pm0.057)\ \text{mm}$$

② 轴线平行度偏差 $f_{\sum\beta}$ 和 $f_{\sum\delta}$ 分别为

$$f_{\sum\beta}=0.5(L/b)F_\beta=0.5\times(85/20)\times0.015\ \text{mm}=0.032\ \text{mm}$$

$$f_{\sum\delta}=2f_{\sum\beta}=2\times0.032\ \text{mm}=0.064\ \text{mm}$$

(5) 齿轮坯精度。

① 内孔尺寸偏差。由表8-5查出公差为IT7,其尺寸要求为 $\phi40\text{H7}(^{+0.025}_{0})$Ⓔ。

② 齿顶圆直径偏差。齿顶圆直径为

$$d_a=m(z+2)=3\times(32+2)\ \text{mm}=102\ \text{mm}$$

齿顶圆直径偏差为±0.05×3 mm=±0.15 mm,即

$$d_a=(102\pm0.15)\ \text{mm}$$

③ 基准面的几何公差。内孔圆柱度公差为

$$t_1=0.04(L/b)F_\beta=0.04\times(85/20)\times0.015\ \text{mm}\approx0.002\,6\ \text{mm}$$

$$0.1F_p=0.1\times0.038\ \text{mm}=0.003\,8\ \text{mm}$$

取较小值0.002 6,即 $t_1=0.002\,6$ mm≈0.003 mm。

查表8-4,得端面的轴向圆跳动公差 $t_2=0.018$ mm,顶圆的径向圆跳动公差 $t_3=0.018$ mm。

④ 齿面粗糙度。查表 8-6 得齿面粗糙度 Ra 的推荐极限值为 1.25 μm，按实际情况确定 Ra=1.6 μm。图 8-15 为小齿轮零件图。

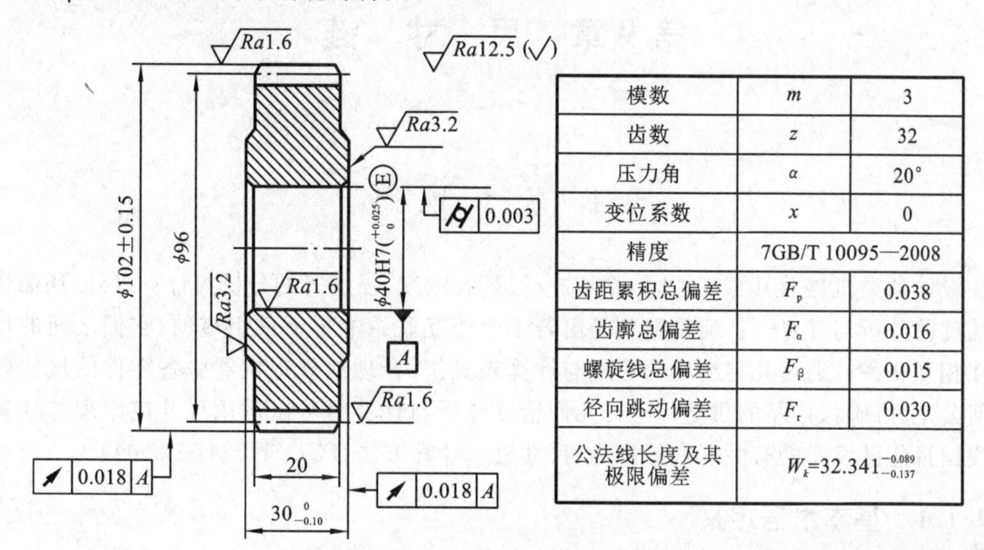

模数	m	3
齿数	z	32
压力角	α	20°
变位系数	x	0
精度	7GB/T 10095—2008	
齿距累积总偏差	F_p	0.038
齿廓总偏差	F_α	0.016
螺旋线总偏差	F_β	0.015
径向跳动偏差	F_r	0.030
公法线长度及其极限偏差	$W_k=32.341^{-0.089}_{-0.137}$	

图 8-15　小齿轮零件图

习　题

8-1　齿轮传动有哪些使用要求？影响这些使用要求的误差有哪些？

8-2　什么是接触斑点？为什么要控制齿轮副的接触斑点？

8-3　齿轮精度等级分几级？如何表示？

8-4　规定齿侧间隙的目的是什么？对于单个齿轮，可用哪两项指标控制齿侧间隙？

8-5　某直齿圆柱齿轮精度代号为 7GB/T 10095.1—2008，其模数 m=2 mm，齿数 z=40，压力角 α=20°，现测量得齿轮径向跳动公差 F_r=40 μm，齿距累积总偏差 F_p=45 μm，试问该齿轮运动准确性精度是否合格。

8-6　某直齿圆柱齿轮副，其模数 m=3 mm，齿数 z_1=22，z_2=44，齿宽 b_1=40，b_2=35，压力角 α=20°，孔径分别为 D_1=25 mm，D_2=50 mm，精度代号为 8GB/T 10095.1—2008，试查表确定两齿轮的 F_p、f_{pt}、F_r、F_α、F''_i、f''_i和 F_β 的允许值。

8-7　某通用减速器中相互啮合的两个直齿圆柱齿轮的模数 m=2.5 mm，齿形角 α=20°，齿宽 b=40 mm，传递功率为 6 kW，齿数分别为 z_1=24，z_2=69，孔径分别为 D_1=30 mm，D_2=45 mm，小齿轮的转速为 1 440 r/min。生产类型为小批生产。试设计该小齿轮所需的各项精度，并画出小齿轮的图样，将各精度要求标注在齿轮图样上。

第9章 尺 寸 链

9.1 基 本 概 念

在设计各类机器及其零部件时，除了进行运动、刚度、强度等的分析与计算以外，还需进行几何精度的分析与计算。任何机器都是由若干个相互联系的零部件组成的，它们之间的尺寸也存在相互联系。通过几何精度的分析与计算来经济、合理地规定机器中各零件的尺寸公差和几何公差，可确保产品的质量。进行几何精度分析与计算时可以运用尺寸链原理与计算方法。我国目前已发布的有关国家标准为《尺寸链　计算方法》(GB/T 5847—2004)。

9.1.1 基本术语定义

1. 尺寸链

在机器装配或零件加工过程中，由相互连接的尺寸形成的封闭尺寸组称为尺寸链。如图9-1(a)所示的零件，其轴向尺寸 A_0、A_1、A_2、A_3 之间具有封闭性。尺寸 A_1、A_2、A_3 一旦确定，尺寸 A_0 也就确定了，所以 A_0 是加工后间接得到的。尺寸 A_0 的大小受尺寸 A_1、A_2、A_3 大小的影响。

图9-1(b)所示为键和键槽的装配，间隙 B_0 与键槽尺寸 B_1、键尺寸 B_2 组成封闭图形，它们也构成一个尺寸链。其中 B_1 和 B_2 是直接获得的尺寸，B_0 是装配后间接获得的尺寸。

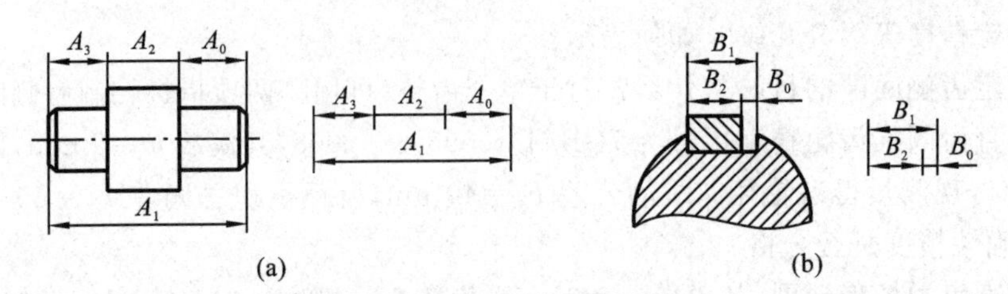

图9-1　尺寸链的组成

如图9-2(a)所示，车床主轴轴线与尾架顶尖轴线之间的高度差 A_0，尾架顶尖轴线与尾架底板的距离 A_1、尾架底板高度 A_2 和主轴轴线高度 A_3 等设计尺寸相互连接，形成封闭的尺寸组，即尺寸链，如图9-2(b)所示。

2. 环

尺寸链中的每一个尺寸都称为环。如图9-1和图9-2中的 A_0、A_1、A_2 和 A_3 都是环。

(1) 封闭环。封闭环是尺寸链中，在装配过程或加工过程中最后自然形成的一环，它也是确保机器装配精度要求或零件加工质量的一环。封闭环用下角标"0"注明。任何一个尺寸链中都只有一个封闭环。如图9-1和图9-2所示，A_0、B_0 都是封闭环。

(2) 组成环。尺寸链中除封闭环以外的其他各环都称为组成环，如图9-1和图9-2中的 A_1、A_2 和 A_3。组成环用拉丁字母 $A,B,C,\cdots$ 或希腊字母 $\alpha,\beta,\gamma,\cdots$ 再加下角标"i"表示，序号 $i=1,2,\cdots,m$。同一尺寸链的各组成环一般用同一字母表示。

组成环按其对封闭环影响的不同，又分为增环与减环。

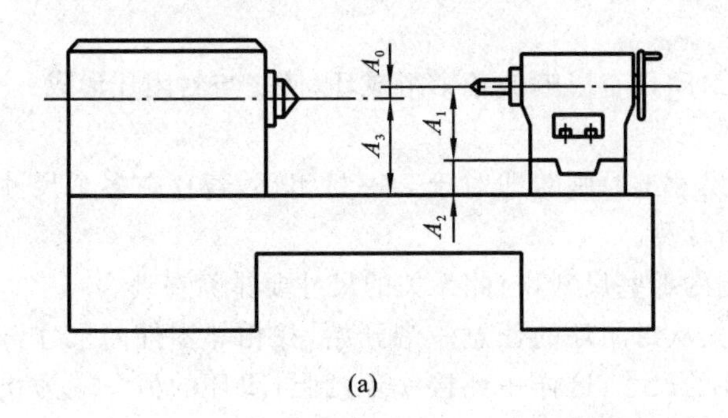

(a)

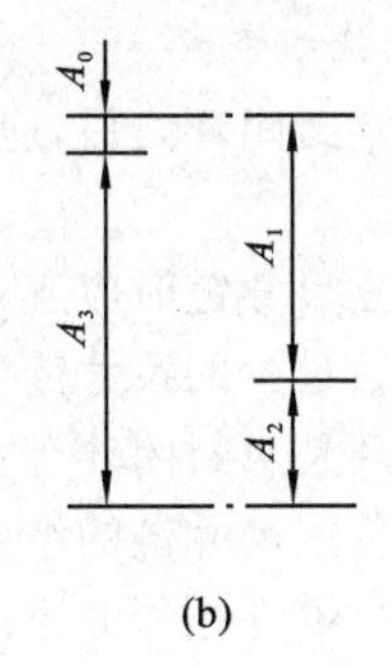

(b)

图 9-2　装配尺寸链

（1）增环　当尺寸链中其他组成环不变时，若某一组成环增大，封闭环亦随之增大，则该组成环称为增环。如图 9-1 中，若 A_1 增大，A_0 将随之增大，所以 A_1 为增环。

（2）减环　当尺寸链中其他组成环不变时，若某一组成环增大，封闭环反而随之减小，则该组成环称为减环。如图 9-1 中，若 A_2 和 A_3 增大，A_0 将随之减小，所以 A_2 和 A_3 为减环。

有时增、减环的判别不是很容易，如图 9-3 所示的尺寸链，当 A_0 为封闭环时，增、减环的判别就较困难，这时可用回路法进行判别。方法是从封闭环 A_0 开始顺着一定的路线标箭头，凡是箭头方向与封闭环的箭头方向相反的环均为增环，箭头方向与封闭环的箭头方向相同的环便为减环。如图 9-3 所示，A_1、A_3、A_5 和 A_7 为增环，A_2、A_4、A_6 为减环。

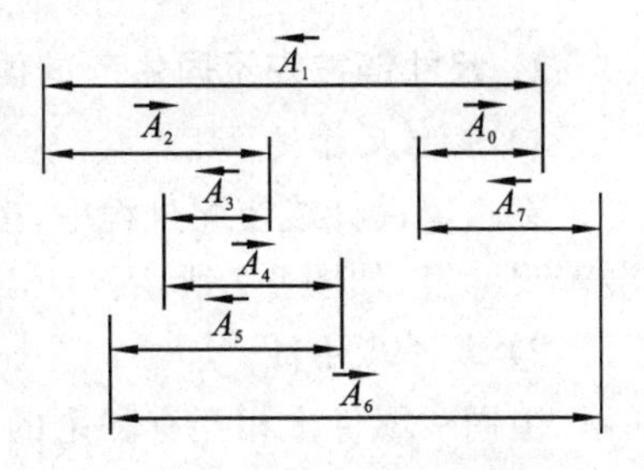

图 9-3　用回路法判别增、减环

3. 传递系数 ξ

表示各组成环对封闭环影响大小的系数，称为传递系数。

尺寸链中封闭环与组成环的关系，表现为函数关系，即

$$A_0 = f(A_1, A_2, \cdots, A_m) \tag{9-1}$$

式中：A_0——封闭环；

$A_1, A_2, \cdots, A_m$——组成环。

第 i 个组成环的传递系数为 ξ_i，则有

$$\xi_i = \frac{\partial f}{\partial A_i} \quad (1 \leqslant i \leqslant m) \tag{9-2}$$

对于一般直线尺寸链，$\xi=1$，且对于增环 ξ_i 为正值，对于减环 ξ_i 为负值。例如图 9-1 中的尺寸链（$\xi_1=1, \xi_2=\xi_3=-1$），按式(9-2)计算可得

$$A_0 = A_1 - (A_2 + A_3)$$

4. 尺寸链的建立与分析

1）确定封闭环

在装配尺寸链中，封闭环就是产品上有装配精度要求的尺寸。如同一部件中保证各零件之间相互位置要求的尺寸，或保证相互配合性能零件间要求的间隙或过盈量。

零件尺寸链的封闭环应为公差等级要求最低的环，在零件图上一般不进行标注，以免引起加工中的混乱。

工艺尺寸链的封闭环是在加工中最后自然形成的环，一般为被加工零件要求达到的设计尺寸或工艺过程中需要的余量尺寸。加工顺序不同，封闭环也不同。所以工艺尺寸链的封闭环必须在加工顺序确定之后才能判断。一个尺寸链中只有一个封闭环。

2）查找组成环

在确定封闭环之后，应确定对封闭环有影响的各个组成环，使之与封闭环形成一个封闭的尺寸回路。

在建立尺寸链时应遵守“最短尺寸链原则”，即对于某一封闭环，若存在多个尺寸链，应选择组成环数最少的尺寸链进行分析计算。

组成环是对封闭环有直接影响的那些尺寸，与此无关的尺寸要排除在外。

查找装配尺寸链的组成环时，先从封闭环的任意一端开始，找相邻零件的尺寸，然后再查找与第一个零件相邻的第二个零件的尺寸，这样一环接一环，到封闭环的另一端为止，从而形成封闭的尺寸组。

3）判断增减

在尺寸链线图中，常用带单箭头的线段表示各环，箭头仅表示查找尺寸链组成环的方向。如前所述，与封闭环箭头方向相同的环为减环，与封闭环箭头方向相反的环为增环。

9.1.2 尺寸链的类型

1. 尺寸链按在不同生产过程中的应用情况分类

1）装配尺寸链

在机器设计或装配过程中，按有关零件的尺寸或相互位置关系所组成的封闭尺寸组，称为装配尺寸链，如图 9-2 所示。

2）零件尺寸链

由同一零件上相互有联系的各个设计尺寸构成的封闭的尺寸组，称为零件尺寸链，如图 9-1 所示。设计尺寸是指图样上标注的尺寸。

3）工艺尺寸链

在零件机械加工过程中，由同一零件上相互有联系的各个工艺尺寸构成的封闭的尺寸组，称为工艺尺寸链。工艺尺寸包括工序尺寸、定位尺寸、基准尺寸。

装配尺寸链与零件尺寸链统称为设计尺寸链。

2. 尺寸链按组成尺寸链的各环在空间所处的形态分类

1）直线尺寸链

尺寸链的全部环都位于两条或几条平行的直线上，称为直线尺寸链。如图 9-1 至图 9-3 所示的尺寸链。

2）平面尺寸链

尺寸链的全部环都位于一个或几个平行的平面上，但其中某些组成环不平行于封闭环，这类尺寸链称为平面尺寸链，如图 9-4 所示。将平面尺寸链中各有关组成环按平行于封闭环的方向投影，就可将平面尺寸链简化为直线尺寸链来计算。

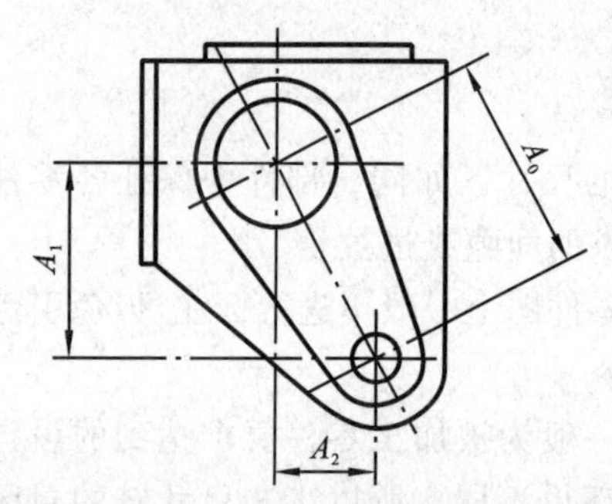

图 9-4 平面尺寸链

3）空间尺寸链

全部环均位于空间不平行的平面上的尺寸链称为空间尺寸链。

对于空间尺寸链，一般将其按三维坐标分解，化成平面尺寸链或直线尺寸链，然后根据需要，在某特定平面上求解。

本书讨论的都是直线尺寸链。

3. 尺寸链按构成尺寸链各环的几何特征分类

1）长度尺寸链

表示零件两要素之间距离的为长度尺寸，由长度尺寸构成的尺寸链称为长度尺寸链，如图9-1、图9-2所示尺寸链，其各环均位于平行线上。

2）角度尺寸链

表示两要素之间相对位置的尺寸为角度尺寸。由角度尺寸构成的尺寸链称为角度尺寸链，其各环尺寸为角度量，或平行度、垂直度等等。图9-5所示为由各角度所组成的封闭多边形，这时α_1、α_2、α_3及α_0构成一个角度尺寸链。

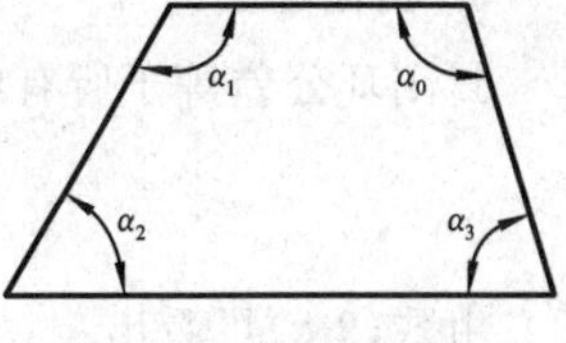

图9-5　角度尺寸链

9.2　极　值　法

极值法是按各环的极限值进行尺寸链计算的方法。这种方法的特点是，从保证完全互换性着眼，由各组成环的极限尺寸计算封闭环的极限尺寸，从而求得封闭环公差，所以这种方法又称为完全互换法。

9.2.1　极值法解尺寸链的基本公式

1. 封闭环的公称尺寸 A_0

封闭环的公称尺寸等于所有增环的公称尺寸A_i之和减去所有减环的公称尺寸A_j之和，用公式表示为

$$A_0 = \sum_{i=1}^{n} \overrightarrow{A}_i - \sum_{j=n+1}^{m} \overleftarrow{A}_j \tag{9-3}$$

式中：n——增环环数；

m——全部组成环环数。

2. 封闭环的上极限尺寸 A_{0s}

封闭环的上极限尺寸等于所有增环的上极限尺寸之和减去所有减环的下极限尺寸之和，用公式表示为

$$A_{0s} = \sum_{i=1}^{n} \overrightarrow{A}_{is} - \sum_{j=n+1}^{m} \overleftarrow{A}_{ji} \tag{9-4}$$

3. 封闭环的下极限尺寸 A_{0i}

封闭环的下极限尺寸等于所有增环的下极限尺寸之和减去所有减环的上极限尺寸之和，用公式表示为

$$A_{0i} = \sum_{i=1}^{n} \overrightarrow{A}_{ii} - \sum_{j=n+1}^{m} \overleftarrow{A}_{js} \tag{9-5}$$

4. 封闭环的上偏差 ES_0

封闭环的上偏差等于所有增环的上偏差之和减去所有减环的下偏差之和，用公式表示为

$$ES_0 = \sum_{i=1}^{n} \overrightarrow{ES}_i - \sum_{j=n+1}^{m} \overleftarrow{EI}_j \tag{9-6}$$

5. 封闭环的下偏差 EI_0

封闭环的下偏差等于所有增环的下偏差之和减去所有减环的上偏差之和,用公式表示为

$$EI_0 = \sum_{i=1}^{n} \overrightarrow{EI_i} - \sum_{j=n+1}^{m} \overleftarrow{ES_j} \tag{9-7}$$

6. 封闭环公差 T_0

封闭环公差等于所有组成环公差之和,用公式表示为

$$T_0 = \sum_{i=1}^{m} T_i \tag{9-8}$$

由式(9-8)可看出:

(1) $T_0 > T_i$,即封闭环公差最大,精度最低。因此在零件尺寸链中,应尽可能选取最不重要的尺寸作为封闭环。在装配尺寸链中,对封闭环的要求往往是装配后应达到的要求,不能随意选定。

(2) T_0 一定时,组成环数越多,则各组成环的公差必然越小,经济性越差。因此,设计中应遵守"最短尺寸链"原则,即使组成环数尽可能少。

9.2.2 极值法解尺寸链

1. 校核计算

已知各组成环的公称尺寸和极限偏差,求封闭环的公称尺寸和极限偏差,以校核几何精度设计的正确性。

例 9-1 加工如图 9-6(a)所示的套筒时,外圆柱面加工至 $A_1 = \phi 80f9$,内孔加工至 $A_2 = \phi 60H8$,外圆柱面轴线对内孔轴线的同轴度公差为 $\phi 0.02$ mm,试计算套筒壁厚尺寸的变动范围。

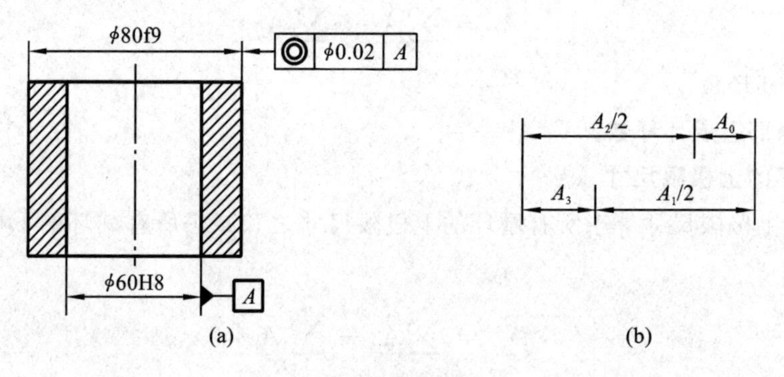

图 9-6 校核计算示例

解 (1) 画出尺寸链。尺寸链如图 9-6(b)所示,A_3 为同轴度公差,将它作为长度尺寸的组成环纳入尺寸链,写成 $A_3 = 0 \pm 0.01$ mm。为便于建立尺寸间的联系,以半径代替直径进行计算;另外题中给出了 $A_1 = \phi 80f9$,$A_2 = \phi 60H8$,需要查表计算出相应的极限偏差。

查表 2-1,IT9 级精度的 $\phi 80$ 轴的公差值为 74 μm。

查表 2-6 得,对于 $\phi 80$ 轴,f 的上偏差 es=-30 μm,因此其下偏差为

$$ei = es - IT9 = (-30-74)\ \mu m = -104\ \mu m$$

所以 $A_1 = \phi 80f9(^{-0.030}_{-0.104})$。

查表 2-1,IT8 级精度的 $\phi 60$ 孔的公差值为 46 μm。

因为是基孔制，所以

$$EI=0, ES=EI+IT8=(0+46)\ \mu m=46\ \mu m$$

因此
$$A_2=\phi 60H8(^{+0.046}_{0})$$

故 $A_1/2=40(^{-0.015}_{-0.052})$ mm，$A_2/2=30(^{+0.023}_{0})$ mm，$A_3=0\pm 0.01$ mm。

(2) 判断封闭环 A_0。

(3) 判断增减环。增环：$A_1/2$、A_3；减环：$A_2/2$。

(4) 计算。

$$A_0=\sum \overrightarrow{A}_i-\sum \overleftarrow{A}_j=(A_1/2+A_3)-A_2/2=(40+0-30)\ mm=10\ mm$$

$$ES_0=\sum \overrightarrow{ES}_i-\sum \overleftarrow{EI}_j=[0.01+(-0.015)-0]\ mm=-0.005\ mm$$

$$EI_0=\sum \overrightarrow{EI}_i-\sum \overleftarrow{ES}_j=[-0.01+(-0.052)-0.023]\ mm=-0.085\ mm$$

$$T_{A_0}=ES_0-EI_0=[-0.005-(-0.085)]\ mm=0.08\ mm$$

(5) 校核。

$$T_0=\sum T_i=(0.037+0.023+0.02)\ mm=0.08\ mm$$

可见计算正确。故最终确定 $A_0=10^{-0.005}_{-0.085}$ mm，$A_{0max}=9.995$ mm，$A_{0min}=9.915$ mm。

2. 设计计算

设计计算常涉及已知封闭环的公称尺寸和极限偏差，求各组成环的公称尺寸和极限偏差，即合理分配各组成环公差的问题。确定各组成环公差可用两种方法：等公差法和等公差等级法。

1) 等公差法

等公差法假设各组成环的公差值是相等的，按照已知的封闭环公差 T_0 和组成环环数 m，计算各组成环的平均公差 T，即

$$T=\frac{T_0}{m} \tag{9-9}$$

在此基础上，根据各组成环的尺寸大小、加工的难易程度，对各组成环公差做适当调整，并应保证组成环公差之和等于封闭环公差。

2) 等公差等级法

等公差等级法假设各组成环的公差等级是相等的。对于公称尺寸不大于 500 mm 的情况，如果公差等级在 IT5～IT18 范围内，公差值的计算公式为 IT$=ai$。按照已知的封闭环公差 T_0 和各组成环的公差因子 i_i，计算各组成环的平均公差等级系数 a，即

$$a=\frac{T_0}{\sum i_i} \tag{9-10}$$

为方便计算，将各尺寸分段的 i 值列于表 9-1。

表 9-1 公称尺寸不大于 500 mm 时各尺寸分段的公差因子值

分段尺寸	≤3	>3～6	>6～10	>10～18	>18～30	>30～50	>50～80	>80～120	>120～180	>180～250	>250～315	>315～400	>400～500
$i/\mu m$	0.54	0.73	0.90	1.08	1.31	1.56	1.86	2.17	2.52	2.90	3.23	3.54	3.89

求出 a 值后，将其与标准公差计算公式表给出的公差相比较，得出最接近的公差等级后，可按该等级查标准公差表，求出组成环的公差值，从而进一步确定各组成环的极限偏差。各组

成环的公差之和应等于封闭环公差。

例 9-2 图 9-7(a)所示为某齿轮箱的一部分,根据使用要求,间隙 $A_0=1\sim1.75$ mm,若已知 $A_1=140$ mm,$A_2=5$ mm,$A_3=101$ mm,$A_4=50$ mm,$A_5=5$ mm,试按极值法计算$A_1\sim A_5$各尺寸的极限偏差与公差。

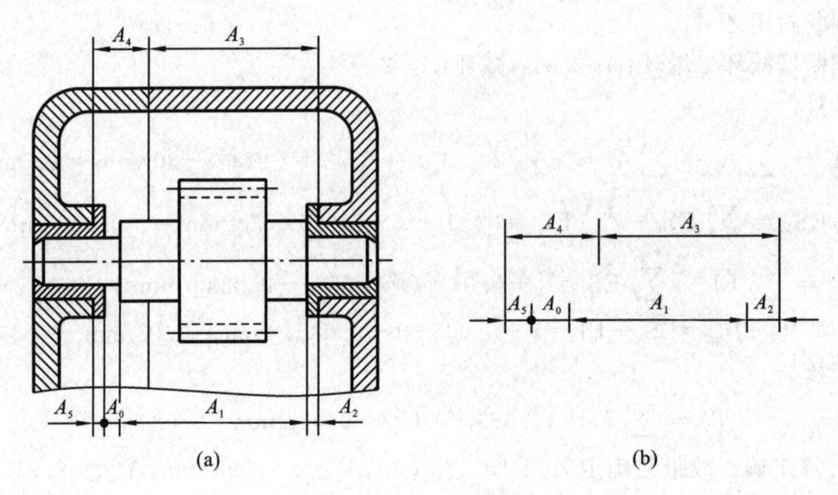

图 9-7 设计计算示例

解 (1) 画出尺寸链,区分增环、减环。

间隙 A_0是在装配过程中最后形成的,是尺寸链的封闭环,$A_1\sim A_5$是 5 个组成环,如图 9-7(b)所示,其中 A_3、A_4是增环,A_1、A_2、A_5是减环。

(2) 计算封闭环的公称尺寸,由式(9-3),有

$$A_0=A_3+A_4-(A_1+A_2+A_5)$$

$$A_0=[101+50-(140+5+5)]\ \text{mm}=1\ \text{mm}$$

所以 $A_0=1^{+0.750}_{0}$ mm。

(3) 用等公差等级法确定各组成环的公差。

首先计算各组成环的平均公差等级系数 a,由式(9-10)并查表 9-1 得

$$a=\frac{T_0}{\sum i_i}=\frac{750}{2.52+0.73+2.17+1.56+0.73}=97.3$$

由标准公差计算公式表查得,公差等级接近 IT11 级。根据各组成环的公称尺寸,从标准公差表查得各组成环的公差:$T_2=T_5=75\ \mu\text{m}$,$T_3=220\ \mu\text{m}$,$T_4=160\ \mu\text{m}$。

由于各组成环的公差之和不得大于封闭环公差,由式(9-8)计算 T_1,有

$$T_1=T_0-(T_2+T_3+T_4+T_5)=[750-(75+220+160+75)]\ \mu\text{m}=220\ \mu\text{m}$$

(4) 确定各组成环的极限偏差。

通常,各组成环的极限偏差按入体原则配置,即内尺寸按 H 配置,外尺寸按 h 配置;一般长度尺寸的极限偏差按对称原则配置,即按 JS(或 js)配置,因此,将组成环 A_1作为调整环,其余各组成环的极限偏差为

$$A_2=A_5=5^{\ 0}_{-0.075},\quad A_3=101^{+0.220}_{\ 0},\quad A_4=50^{+0.160}_{\ 0}$$

(5) 计算组成环 A_1的极限偏差,由式(9-6)和式(9-7),有

$$ES_0=ES_3+ES_4-EI_1-EI_2-EI_5$$

$$EI_1=[+0.22+0.16-0.75-(-0.075)-(-0.075)]\ \text{mm}=-0.22\ \text{mm}$$

$$EI_0 = EI_3 + EI_4 - ES_1 - ES_2 - ES_5$$
$$ES_1 = 0 + 0 - 0 - 0 - 0 = 0$$

所以有 $A_1 = 140_{-0.220}^{\ 0}$ mm。

9.3 统 计 法

9.3.1 统计法解尺寸链的基本公式

极值法是按尺寸链中各环的极限尺寸来计算公差的。但是，由生产实践可知，在成批生产和大量生产中，零件实际尺寸的分布是随机的，多数情况下可考虑呈正态分布或偏态分布。换句话说，如果加工或工艺调整中心接近公差带中心，大多数零件的尺寸分布于公差带中心附近，其尺寸接近极限尺寸的零件数目极少。因此，可利用这一规律，将组成环公差放大，这样不但可使零件易于加工，同时又能满足封闭环的技术要求，从而获得更大的经济效益。当然，此时封闭环超出技术要求的情况是存在的，但其概率很小，所以这种方法又称大数互换法。

根据概率论和数理统计的理论，统计法解尺寸链的基本公式如下。

1. 封闭环公差

由于在大量生产中，封闭环 A_0 的变化和组成环 A_i 的变化都可视为随机变量，且 A_0 是 A_i 的函数，则可按随机函数的标准偏差的求法，得

$$\sigma_0 = \sqrt{\sum_{i=1}^{m} \xi_i^2 \sigma_i^2} \tag{9-11}$$

式中：$\sigma_0, \sigma_1, \cdots, \sigma_m$——封闭环和各组成环的标准偏差；

$\xi_1, \xi_2, \cdots, \xi_m$——传递系数。

若组成环和封闭环尺寸偏差均服从正态分布，且分布范围与公差带宽度一致，$T_i = 6\sigma_i$，则封闭环的公差与组成环的公差有如下关系：

$$T_0 = \sqrt{\sum_{i=1}^{m} \xi_i^2 T_i^2} \tag{9-12}$$

如果各组成环的偏差不服从正态分布，式(9-12)中应引入相对分布系数 K_i。对于不同的分布，K_i 值的大小可由表 9-2 中查出，则

$$T_0 = \sqrt{\sum_{i=1}^{m} \xi_i^2 K_i^2 T_i^2} \tag{9-13}$$

表 9-2 典型分布曲线与 K、e 值

分布特征	正态分布	三角形分布	均匀分布	瑞利分布	偏态分布	
					外尺寸	内尺寸
分布曲线	-3σ　3σ			$eT/2$	$eT/2$	$eT/2$
e	0	0	0	-0.28	0.26	-0.26
K	1	1.22	1.73	1.14	1.17	1.17

2. 封闭环中间偏差

上偏差与下偏差的平均值为中间偏差,用 Δ 表示,即

$$\Delta=\frac{ES+EI}{2} \tag{9-14}$$

当各组成环的偏差服从对称分布时,封闭环中间偏差为各组成环中间偏差的代数和,即

$$\Delta_0 = \sum_{i=1}^{m} \xi_i \Delta_i \tag{9-15}$$

当组成环的偏差服从偏态分布或其他不对称分布时,则平均偏差相对中间偏差之间的偏移量为 $eT/2$,e称为相对不对称系数(对称分布时 $e=0$),这时式(9-15)应改写为

$$\Delta_0 = \sum_{i=1}^{m} \xi_i \left(\Delta_i + e_i \frac{T_i}{2}\right) \tag{9-16}$$

3. 封闭环极限偏差

封闭环上偏差等于中间偏差加二分之一封闭环公差,下偏差等于中间偏差减二分之一封闭环公差,即

$$ES_0 = \Delta_0 + \frac{1}{2}T_0, \quad EI_0 = \Delta_0 - \frac{1}{2}T_0 \tag{9-17}$$

9.3.2 统计法解尺寸链

例 9-3 用统计法解例 9-2。

解 步骤(1)和(2)同例 9-2。

(3) 确定各组成环公差。

设各组成环的尺寸偏差均接近正态分布,则 $K_i=1$,又因该尺寸链为线性尺寸链,故$|\xi_i|=1$。按等公差等级法,由式(9-13),有

$$T_0 = \sqrt{T_1^2 + T_2^2 + T_3^2 + T_4^2 + T_5^2} = a\sqrt{i_1^2 + i_2^2 + i_3^2 + i_4^2 + i_5^2}$$

所以

$$a = \frac{T_0}{\sqrt{i_1^2 + i_2^2 + i_3^2 + i_4^2 + i_5^2}} = \frac{750}{\sqrt{2.52^2 + 0.73^2 + 2.17^2 + 1.56^2 + 0.73^2}} \approx 196.56$$

由标准公差计算公式表查得,公差等级接近 IT12 级。根据各组成环的公称尺寸,从标准公差表查得各组成环的公差为:$T_1 = 400\ \mu m$,$T_2 = T_5 = 120\ \mu m$,$T_3 = 350\ \mu m$,$T_4 = 250\ \mu m$。则

$$T_0' = \sqrt{0.4^2 + 0.12^2 + 0.35^2 + 0.25^2 + 0.12^2}\ mm = 0.611\ mm < 0.750\ mm = T_0$$

可见,确定的各组成环公差是正确的。

(4) 确定各组成环的极限偏差。

按"入体原则"确定各组成环的极限偏差如下:

$A_1 = 140^{+0.200}_{-0.200}$ mm, $A_2 = A_5 = 5^{\ 0}_{-0.120}$ mm, $A_3 = 101^{+0.350}_{\ 0}$ mm, $A_4 = 50^{+0.250}_{\ 0}$ mm

(5) 校核确定的各组成环的极限偏差能否满足使用要求。

设各组成环的尺寸偏差均接近正态分布,则 $e_i=0$。

① 计算封闭环的中间偏差,由式(9-15),有

$$\begin{aligned}\Delta_0' &= \sum_{i=1}^{5} \xi_i \Delta_i = \Delta_3 + \Delta_4 - \Delta_1 - \Delta_2 - \Delta_5 \\ &= [0.175 + 0.125 - 0 - (-0.060) - (-0.060)]\ mm = 0.420\ mm\end{aligned}$$

② 计算封闭环的极限偏差，由式(9-17)，有

$$ES_0'=\Delta_0'+\frac{1}{2}T_0'=(0.420+\frac{1}{2}\times 0.611)\ \text{mm}\approx 0.726\ \text{mm}<0.750\ \text{mm}=ES_0$$

$$EI_0'=\Delta_0'-\frac{1}{2}T_0'=(0.420-\frac{1}{2}\times 0.611)\ \text{mm}\approx 0.011\,5\ \text{mm}>0=EI_0$$

以上计算说明所确定的组成环极限偏差是满足使用要求的。

比较例 9.2 和例 9.3 可以看出，用统计法计算尺寸链，可以在不改变技术要求所规定的封闭环公差的情况下，将组成环公差放大约 60%(相对极限法)，而实际上出现不合格件的可能性却很小(仅有 0.27%)，这会带来显著的经济效益。

习 题

9-1 什么是尺寸链？它有哪几种形式？

9-2 为什么封闭环公差比任何一个组成环公差都大？设计时应遵循什么原则？

9-3 尺寸链中遇到公称尺寸为零，上、下偏差符号相反，绝对值相等的环，如同轴度、对称度等问题时应如何处理？

9-4 加工如题图所示钻套。先按尺寸 $\phi 30^{+0.041}_{+0.020}$ mm 磨内孔，再按尺寸 $\phi 42^{+0.033}_{+0.017}$ mm 磨外圆，外圆对内孔的同轴度公差为 $\phi 0.012$ mm，试计算钻套壁厚尺寸的变化范围。

9-5 加工如题图所示轴套。加工顺序为：车外圆、车内孔，要求保证壁厚为 10 ± 0.05 mm，试计算轴套对外圆的同轴度公差，并标注在图样上。

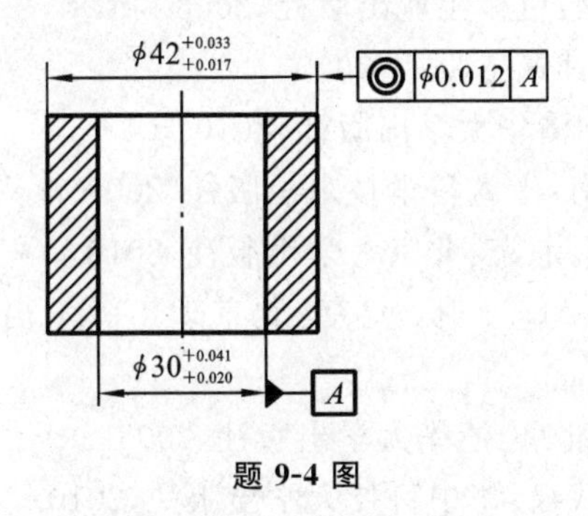

题 9-4 图

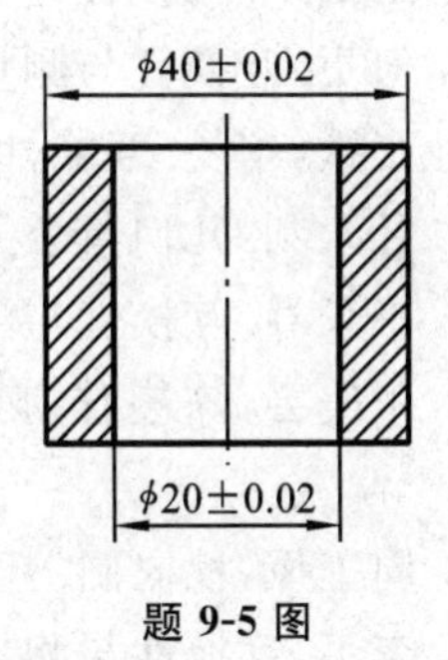

题 9-5 图

9-6 加工一轴套，轴套外圆直径公称尺寸为 $\phi 100$ mm，轴套内孔直径公称尺寸为 $\phi 80$ mm，已知外圆轴线对内孔轴线同轴度为 $\phi 0.028$ mm，要求完工后轴套的壁厚在 9.96～10.014 mm 范围内。求轴套内径和外径的尺寸公差及极限偏差。

9-7 某一轴装配前需要镀铬，镀铬层的厚度为 $10\pm 2\ \mu$m，镀铬后尺寸为 $\phi 80$f7 mm，问：没有镀铬前的尺寸应是多少？

参考文献

[1] 胡凤兰.互换性与技术测量基础[M].2版.北京:高等教育出版社,2010.

[2] 刘巽尔.形状和位置公差原理与应用[M].北京:机械工业出版社,1999.

[3] 陈于萍,周兆元.互换性与测量技术基础[M].2版.北京:机械工业出版社,2000.

[4] 张民安.圆柱齿轮精度[M].北京:中国标准出版社,2002.

[5] 李柱,徐振高,蒋向前.互换性与技术测量——几何产品技术规范与认证GPS[M].北京:高等教育出版社,2004.

[6] 杨沿平.机械精度设计与检测技术基础[M].北京:机械工业出版社,2004.

[7] 刘品,张也晗.机械精度设计与检测基础[M].9版.哈尔滨:哈尔滨工业大学出版社,2016.

[8] 孙玉芹.机械精度设计基础[M].北京:科学出版社,2003.

[9] 任嘉卉.公差与配合手册[M].2版.北京:机械工业出版社,2000.

[10] 廖念钊,古莹菴,莫雨松,等.互换性与技术测量[M].6版.北京:中国质检出版社,2012.

[11] 高晓康.互换性与测量技术[M].3版.上海:上海交通大学出版社,1997.

[12] 王伯平.互换性与测量技术基础[M].北京:机械工业出版社,2008.

[13] 何贡.互换性与测量技术[M].北京:中国计量出版社,2000.

[14] 张铁,李旻.互换性与技术测量[M].北京:清华大学出版社,2010.

[15] 甘永利.几何量公差与检测[M].8版.上海:上海科学技术出版社,2009.

[16] 王长春.互换性与测量技术基础[M].2版.北京:北京大学出版社,2010.

[17] 张美芸,陈凌佳,陈磊.公差配合与测量[M].2版.北京:北京理工大学出版社,2010.

[18] 周玉凤,杜向阳.互换性与技术测量[M].北京:清华大学出版社,2008.

[19] 李军.互换性与测量技术基础[M].2版.武汉:华中科技大学出版社,2010.

[20] 毛平准.互换性与测量技术基础[M].北京:机械工业出版社,2010.

[21] 张卫,方峻.互换性与测量技术[M].北京:机械工业出版社,2021.